数学建模
优秀论文精选

SHUXUE JIANMO
YOUXIU LUNWEN JINGXUAN

主　编○袁　俭　王　璐　蒲　伟
副主编○梁　涛　张　航

西南交通大学出版社
·成都·

图书在版编目（ＣＩＰ）数据

数学建模优秀论文精选 ／ 袁俭，王璐，蒲伟主编.
—成都：西南交通大学出版社，2017.10
ISBN 978-7-5643-5868-6

Ⅰ.①数… Ⅱ.①袁… ②王… ③蒲… Ⅲ.①数学模
型－高等学校－文集 Ⅳ.①O141.4-53

中国版本图书馆 CIP 数据核字（2017）第 261860 号

数学建模优秀论文精选

主编　袁　俭　　王　璐　　蒲　伟

责任编辑	张宝华
封面设计	何东琳设计工作室

出版发行	西南交通大学出版社
	（四川省成都市二环路北一段 111 号
	西南交通大学创新大厦 21 楼）
邮政编码	610031
发行部电话	028-87600564
官网	http://www.xnjdcbs.com
印刷	成都中铁二局永经堂印务有限责任公司

成品尺寸	185 mm×260 mm
印张	19.25
字数	478 千
版次	2017 年 10 月第 1 版
印次	2017 年 10 月第 1 次
定价	40.00 元
书号	ISBN 978-7-5643-5868-6

前　言

　　由中国工业与应用数学学会主办的全国大学生数学建模竞赛自创立以来已历时二十余年，已经成为全国高校规模最大的竞赛活动之一. 大学生通过参加建模竞赛，培养了其运用数学方法解决实际问题的能力，同时也培养了其创新意识和团队精神.

　　随着这一竞赛活动的开展，我校积极参与这一竞赛活动的学生越来越多，每年都有较大规模的队伍参赛，同时也取得了较好的竞赛成绩. 为了帮助更多的学生了解这一赛事，本书收录了自 2009 年以来我校全国一等奖获奖论文十余篇，主要包含：眼科病床的合理安排、储油罐的变位识别与罐容表标定、城市表层土壤重金属污染分析等问题，在这些论文报告中涉及了排队模型、计算机模拟、数值积分、图论模型、方程模型等多种数学模型. 这些参赛同学灵活运用数学方法解决和处理实际问题的能力是值得有兴趣于数学建模竞赛的学生学习和借鉴的.

　　本书可作为本科生、专科生"数学建模"课程的参考书，也可作为大学生、研究生参加国际数学建模竞赛的培训教材，还可用作工程技术人员从事复杂问题建模工作的指导书.

　　最后，我们要感谢历年来获奖同学对本论文集出版的支持！本书采用获奖论文原文，所有细节和计算过程均予以保留，未做删节，只是限于篇幅，去掉了附录程序.

编者

2017 年 4 月

目　录

眼科病床的合理安排

摘 要：

本文运用排队论、马氏链、计算机随机模拟和目标规划等模型解决了眼科病床的合理安排模型.

第一问，首先将该医院的眼科病床安排系统视为排队模型. 其次通过拟合优度检验等方法确定了排队系统中的病人到达时间间隔等参数的理论分布，从而确定了 $M/G/79/\infty/\infty$ 的排队模型，接着考虑病人类型的非强占优先约束，引入马尔科夫模型及状态转移方程来刻画. 考虑到内部参数的随机性，通过计算机仿真模拟的方法求出排队系统的相关运行评价指标，其中平均等待队长为 97.128 人，平均等待时间为 11.177 天. 最后利用这些指标建立了模糊综合评价模型，评价结果显示，现有病床安排规则效率较低.

第二问，以提高病床安排效率为宗旨，建立了具有随机因素的优化模型，并利用计算机模拟仿真算法，提出了新的手术时间分配方案，给出了基于每个病人的实时入院时间安排. 最后通过模糊评价模型验证了新方案较现有方案的优势，新方案的平均等待队长为 50.5 人，平均等待时间为 5.81 天.

第三问，以当前住院病人和等待病人的统计数据为输入变量，通过模拟每天病人的出院及外伤病人的到达等过程预测了门诊病人的等待时间区间. 同时，以缩短时间区间范围、提高预测精度为目标建立了区间选择模型.

第四问，首先给出了周六、周日不做手术的手术时间分配标准，进而求出了每个病人的实时入院时间安排. 其次建立了以手术安排时间为决策变量，以模糊综合评价函数值最低为目标的优化模型，判断该医院是否需要调整手术时间安排. 结果显示，不需要调整手术时间安排.

第五问，建立了五个并联的服务系统，并建立了以不同病患类型的规模为主要约束，所有病人的平均逗留时间最短为目标的优化模型，以求得各类患病类型的病床分配比例. 通过 Lingo 编程求得白内障（单眼）、白内障（双眼）、青光眼、视网膜疾病、外伤五类病患的病床分配分别为：19、20、6、21、13（张）.

本模型结合 Matlab、Excel 和 Lingo 等软件，主要使用了排队论、随机模拟等方法，再结合多种随机数学模型，多角度研究了眼科病床的合理安排问题. 本文不仅评价了现有的眼科病床安排系统，还通过优化模型给出了相对较优的病床安排标准，为该医院病床安排提供了科学的理论依据.

关键词：排队论；计算机模拟；马尔科夫过程；优化；综合评价

1 问题重述

医院就医排队是大家都非常熟悉的现象,它以这样或那样的形式出现在我们面前.例如,患者到门诊就诊、到收费处划价、到药房取药、到注射室打针、等待住院等,这些都需要排队等待接受某种服务.

我们考虑某医院眼科病床的合理安排的数学建模问题.

该医院眼科门诊每天开放,住院部共有病床 79 张.该医院眼科手术主要分为四大类:白内障、视网膜疾病、青光眼和外伤.附录中给出了 2008 年 7 月 13 日至 2008 年 9 月 11 日这段时间里各类病人的情况.

白内障手术较简单,而且没有急症.目前,该院是每周一、周三做白内障手术,此类病人的术前准备时间只需 1~2 天.做两只眼的病人比做一只眼的要多一些,大约占到 60%.如果要做双眼,则是周一先做一只,周三再做另一只.

外伤疾病通常属于急症,病床有空时立即安排住院,住院后第二天便会安排手术.

其他眼科疾病比较复杂,有各种不同情况,但大致住院以后 2~3 天就可以接受手术,主要是术后的观察时间较长.这类疾病手术时间可根据需要安排,一般不安排在周一、周三.由于急症数量较少,建模时这些眼科疾病可不考虑急症.

该医院眼科手术条件比较充分,在考虑病床安排时可不考虑手术条件的限制,但考虑到手术医生的安排问题,通常情况下白内障手术与其他眼科手术(急症除外)不安排在同一天做.当前,该住院部对全体非急症病人是按照 FCFS(First come, First serve)规则安排住院,但等待住院病人队列却越来越长,医院方面希望能通过数学建模来帮助他们解决该住院部的病床合理安排问题,以提高医院资源的有效利用率.

问题一:试分析确定合理的评价指标体系,用以评价该问题的病床安排模型的优劣.

问题二:试就该住院部当前情况,建立合理的病床安排模型,以根据已知的第二天拟出院病人数来确定第二天应该安排哪些病人住院.并对建立的模型利用问题一中的指标体系做出评价.

问题三:作为病人,自然希望尽早知道自己大约何时能住院,所以能否根据当时住院病人及等待住院病人的统计情况,在病人门诊时即告知其大致入住时间区间.

问题四:若该住院部周六、周日不安排手术,请重新回答问题二,医院的手术时间安排是否应做出相应调整.

问题五:有人从便于管理的角度提出建议,在一般情形下,医院病床安排可采取使各类病人占用病床的比例大致固定的方案,试就此方案,建立使得所有病人在系统内的平均逗留时间(含等待入院及住院时间)最短的病床比例分配模型.

2 问题分析

2.1 问题一的分析

问题一要求我们分析并且确定合理的评价指标体系,并运用该评价指标体系来评价该问题的病床安排模型的优劣. 显而易见, 该问题是要我们建立一个评价模型. 因此, 首先, 我们从问题可以分析得出, 眼科病床的安排是一个排队模型, 并且除 "外伤" 类眼科疾病之外都遵守 "先到先服务" 的规则. 所以, 我们先从问题所给的数据入手, 分析历史数据中各类病人的等待住院时间、术后观察时间、治疗总时间等数据, 然后通过该数据, 得到排队模型中各个病人到达的时间分布及服务时间分布. 其次, 依靠这些分布, 我们建立排队论的理论模型, 并求解出病床安排的排队模型的各类指标: 队长、等待队长、平均等待时间等. 由于该排队模型只是一个理论模型, 为了验证该理论模型的合理性和正确性, 我们继续采取随机模拟的方法来模拟该排队模型, 以及模拟排队模型的指标. 得到这些指标之后, 为了综合评价该医院病床安排的合理性, 最后, 我们基于排队模型的各项指标, 采取模糊评价法建立综合评价模型. 因此, 该医院病床安排的优劣与否, 可以通过排队模型的分指标以及综合评价模型的综合指标来评价 (见图 2.1).

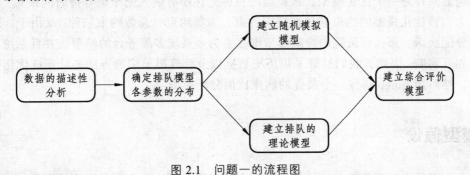

图 2.1 问题一的流程图

2.2 问题二的分析

问题二要求我们根据医院当前的住院情况, 建立一个合理的病床安排模型, 以根据已知的第二天拟出院病人数来确定第二天应该安排哪些病人住院. 因此, 我们期望先建立一个优化模型, 通过优化模型求解出一个最优或者较优的方案来安排床位. 由于随机因素占有较大的比例, 初步认为该方案求解存在很大的困难.

因此, 我们从问题一所得到的优劣评价结果出发, 期望发现该医院在某方面存在的弊端. 根据最初的数据分析, 我们大体上认为, 该弊端主要出现在病人住院到病人第一次手术时间的安排上. 因此, 我们可以通过对弊端的修改, 建立一个优先标准. 然后基于上述方案, 通过计算机模拟, 模拟出排队模型中的各类运行指标, 再通过第一问的综合评价模型, 与医院原有的病床安排模型进行比较.

2.3 问题三的分析

问题三需要我们根据当时住院病人以及等待病人的统计情况, 告知门诊病人的住院时间区间. 因此, 我们期望先通过用计算机模拟的形式, 模拟出一系列病人的等待时间, 并使这些等待时间构成一个区间. 但是这些区间因为计算机模拟的不稳定性也会出现不稳定的波动, 因此, 我们再建立一个区间的选择模型, 以构造出更好和更加精确的区间, 并以此来预报门诊病人的入住时间区间.

2.4 问题四的分析

问题四是问题二的延续. 题目要求我们在周六、周日不安排手术，因此，我们需把该要求加入到问题二中建立的一个标准之中. 然后与第二问相似地，用模拟的方法求得该床位安排模型的各项指标.

接着，我们考虑是否需要调整手术时间. 这里，我们通过建立优化模型来判断，并以问题一中的综合评价函数值最低作为本优化模型的目标，决策变量为手术时间的安排. 若求得的最优时间安排与医院所给的时间安排不同，那么医院的手术时间安排需要调整.

2.5 问题五的分析

问题五同样是一个优化模型，该模型的目标是让所有病人的平均等待时间最短. 因此，我们认为，该优化模型的约束有病患规模约束、非负约束、总数约束三种. 又由于，若给各类病人分配病床，那么该医院的排队模型则变换为多系统多服务台的模型，并且系统与系统之间不相互影响. 因此，我们打算采用历史数据以及计算机模拟的方法来计算该优化模型中的指标，然后用 Lingo 得到一个最优的病床比例分配模型.

3 模型假设

（1）由于历史数据足够多，故假设由历史数据可以反映未来病患到达的规律.
（2）当前，该住院部对全体非急诊病人是按照 FCFS（First come, First serve）规则安排住院的.
（3）白内障手术安排在周一、周三，其他眼科疾病一般不安排在这两天.
（4）病人若在该医院门诊，那么必须在该医院住院并做手术.
（5）住院部的所有病床都可以正常工作.
（6）术前准备时间不能做过大的调整.
（7）一张病床只服务一个病人，不考虑同时服务多个病人的情形.

4 符号说明

$wait_i$：第 i 个病人的等待入院时间；

$enter_i$：第 i 个病人的入院时间；

$outpatient_i$：第 i 个病人的门诊时间；

$wait1_i$：第 i 个病人的第一次手术等待时间；

$operation1_i$：第 i 个病人的第一次手术时间；

$operation2_i$：第 i 个病人的第二次手术时间；

$watch_i$：第 i 个病人的术后观察时间；

$leave_i$：第 i 个病人的术后出院时间；

$P_n(t_1,t_2)$：在时间段 $[t_1,t_2]$ $(t_2 > t_1)$ 内有 n $(n \geqslant 0)$ 个病人到达的概率；

λ：在单位时间内平均到达的病人个数；

L_q：系统中排队等待服务的病人数，即等待队长；

L_n：正在医院住院的病人数；

W_q：一个病人在系统中排队等待住院的时间，即等待时间；

ρ：系统服务强度；

f：综合评价函数；

x_{ij}：第 i 类病患在第 j 天入院的人数；

y_{ij}：第 i 类病患在第 j 天出院的人数；

w_i：第 i 类病患的病床安排比例；

ϖ_i：第 i 类病患占总数的比例.

5 问题一的模型建立与求解

问题一要求分析确定合理的评价指标体系，并用以评价该问题的病床安排模型的优劣. 我们认为由以下四个步骤组成：

步骤一：数据的描述分析，其目的是研究数据的基本特点.

步骤二：医院病床的排队模型的建立，其目的是通过排队系统模型来描述各类指标以及状态转移方程.

步骤三：建立计算机模拟模型，以此来计算该排队模型中的各类运行指标.

步骤四：建立综合评价模型，并通过该模型对步骤三得到的指标进行多指标综合评价，以判断该病床安排模型的优劣.

5.1 数据的描述性分析

5.1.1 表格的基本分类

本文从题目所给的数据观察到该数据分为三个部分：

第一个表格：从 2008 年 7 月 13 日开始的门诊病人所入院治疗的各个阶段的时间数据，并且这些病人都已出院.

第二个表格：2008 年 8 月 15 日到 2008 年 9 月 9 日的 79 个病人，这些病人都已入院并接受手术，但都在术后观察阶段，没有出院. 因此，该表格只有病人的门诊、入院、手术时间.

第三个表格：2008 年 8 月 30 日到 2008 年 9 月 11 日的部分病人，他们都因医院床位已满而不能入院，因此，该表格只有这些病人的门诊时间.

5.1.2 相关指标的定义

为了能够更好地了解该医院的病床安排状况，本文对题目所给表格中的所有相关数据进行了描述性分析. 首先，我们把该数据导入 Excel 表格之中，通过 INT 函数计算出各个病人的等待入院时间、第一次手术等待时间、术后观察时间等.

这些指标的计算公式如下（其中下标 i 表示第 i 个病人）：

定义 1（等待入院时间）：

等待入院时间($wait_i$)=入院时间($enter_i$) – 门诊时间($outpatient_i$).

定义 2（第一次手术等待时间）：

第一次手术等待时间($wait1_i$) = 第一次手术时间($operation1_i$) – 入院时间($enter_i$).

定义 3（术后观察时间）：

术后观察时间($watch_i$) = 出院时间($leave_i$) – 第一次手术时间(或第二次手术时间)($operation1_i / operation2_i$).

定义 4（医院服务时间）：

医院服务时间($service_i$) = 出院时间($leave_i$) – 入院时间($enter_i$).

通过上式，我们可以得到上述数据的图像，如图 5.1 ~ 5.3 所示.

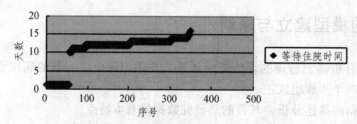

图 5.1 等待住院时间数据图

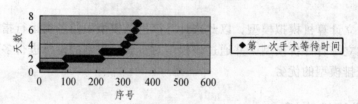

图 5.2 第一次等待时间数据图

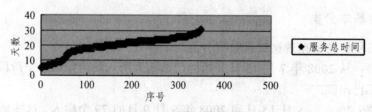

图 5.3 服务总时间图

从图 5.1 可以看出，病人的等待住院时间在 1 天的基本都是患有外伤的（急诊），而患有其他眼科疾病的病人的等待住院时间都在 10 天以上. 这可以说明，该表中的数据都符合题中所给的病床安排规则，没有发现特殊的、错误的病床安排事件. 同时，等待时间偏长也表明目前排队系统效率偏低.

通过上述数据描述图可以看到，病人等待住院时间、手术时间等数据都因个体、病情的差异而出现了显著的随机性变化，并且部分数据的变化幅度较大.

为了更好地刻画这些数据的随机性特点，结合本题题意，我们接下来考虑具有优先等级的排队模型.

5.2　医院病床安排的排队模型

排队是日常生活中常见的一种现象. 在医院病床安排模型中，病人与病床构成了"被服务者"和"服务设施". 当病人进入服务系统后若病床没有空余，病人不能立即得到服务——手术，因此，就出现了排队现象.

根据本问题特点，该医院病床安排排队系统具有以下特点：

（1）输入过程：

① 病人的总体是无限的，并且病人的到来方式可以假设为一个一个地到来. 即在一个很小的时间区间里，病人总是单个人到来.

② 病人相继到达的时间是随机型的，并服从一定的随机分布.

③ 病人的到达是相互独立的.

④ 输入过程是平稳的.

（2）排队规则：

该排队模型具有以下规则：

① 全体非急诊病人是按照 FCFS（First come, First serve）规则安排住院的.

② 外伤疾病通常属于急症，病床有空时立即安排住院.

因此，在该排队模型中，排队病人分成了两个等级：非急诊病人与急诊病人. 其中急诊病人享有更高的优先权，该排队模型属于非强占有限制排队模型.

（3）服务机构：

① 按题中所说：该医院眼科门诊每天开放，住院部共有病床 79 张，即有 79 张病床为病人服务；并且可以认为，该病床的服务是互不干涉的相互独立的服务台. 因此，该服务系统的服务台数量为 79.

② 由于一张病床只能容纳一个病人，所以该服务机构的服务方式为只对单个病人进行服务.

③ 在该排队模型中，服务时间是随机型的. 并且从历史数据来看，服务时间的分布是平稳的，分布的期望值、方差等参数都不受时间影响.

这些特点以及相关的参数在后续小节中进行更详细的阐述（见图 5.4）.

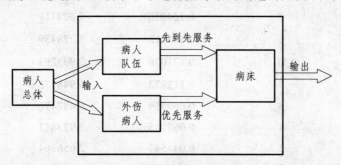

图 5.4　病床安排服务系统

5.2.1　排队模型中各类参数分布的确定

本文研究排队系统中到达时间间隔和服务时间等参数的分布，以此来确定排队论模型的类型.

1）到达时间间隔分布的确定

设 N_t 表示在时间段 $[0,t)$ 内到达的病人数，$P_n(t_1,t_2)$ 表示在时间段 $[t_1,\ t_2)$ $(t_2>t_1)$ 内有 $n\ (n \geq 0)$ 个病人到达的概率，即

$$P_n(t_1,t_2) = P\{N(t_2)-N(t_1)=n\}.$$

在一般的排队论模型中，$P_n(t_1,t_2)$ 要服从泊松过程，因此首先要验证病人的到达流属于泊松流．下面通过拟合优度检验进行验证：

Step1：首先由样本给出 λ 的最大似然估计 $\hat{\lambda}$．由于在泊松过程中，$E[N(t)]=\lambda t$，$D[N(t)]=\lambda t$，则可以通过该式，求得泊松过程中的参数 λ．由于参数 λ 代表在单位时间内平均到达的病人个数，由 $E[N(t)]=\lambda t$，取单位时间 $t=1$，可以得出参数 $\lambda = \dfrac{\sum\limits_{i=1}^{n} N_i}{n}$．针对本文数据，通过 Excel 求解得到 $\lambda = 8.69$．

Step2：计算 p_i 的最大似然估计 $\hat{p}_i = p_i(\hat{\lambda})$．

Step3：计算检验统计量 $\chi^2 = \sum\limits_{i=1}^{k} \dfrac{(n_i - n\hat{p}_i)}{n\hat{p}_i}$，并且 χ^2 统计量在原假设 H_0（病人到达时间服从泊松分布时）成立时近似服从自由度为 $k-r-1$ 的 χ^2 分布，于是构造假设检验的拒绝域为 $\{\chi^2 \geq \chi_{1-\alpha}^2(k-r-1)\}$．

通过上述步骤，我们计算出表 5.1 所示的数据．

表 5.1 拟合优度检验数据表

i	n_i	$\hat{p}_i$	$n\hat{p}_i$	$(n_i - n\hat{p}_i)/n\hat{p}_i$
3	2	0.018403	1.122584	0.685792
4	2	0.039981	2.438814	0.078955
5	5	0.069486	4.238658	0.136751
6	7	0.100639	6.13899	0.120759
7	8	0.124936	7.621118	0.018836
8	6	0.135712	8.278439	0.627085
9	11	0.131038	7.993293	1.130984
10	3	0.113872	6.946172	2.241849
11	5	0.089959	5.487476	0.043305
12	4	0.065145	3.973847	0.000172
13	3	0.043547	2.656364	0.044454
14	2	0.02703	1.648843	0.074787
15	2	0.01566	0.95523	1.142704
16	1	0.008505	0.518809	0.4463
合计	61	0.983912	60.01864	6.792733

若取显著性水平 $\alpha = 0.05$，则 $\chi_{1-\alpha}^2(k-r-1) = \chi^2(14) = 23.6848$．本题中，$\chi^2 = 6.792733$

< 23.6848 ，故接受原假设，则可以认为病人的到达形成泊松流.

2）服务时间分布的确定

下面我们对病人服务时间的分布进行研究. 通过历史数据绘制图表 5.5.

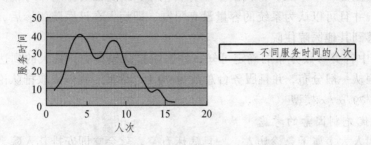

图 5.5　不同服务时间的人次折线图

从该图可以看出，病人的服务时间不服从负二项分布或爱尔朗分布，并且通过假设检验（原假设为病人的服务时间服从泊松流）得到的 $\chi^2 = 38.84176$ ，远远大于接受原假设的条件.

为了得到服务时间的经验分布，首先需要统计出病人被服务的全部时间 t ，并用集合 T 表示，其中 $t \in T = \{0,1,2,3,\cdots\}$ ，然后统计出各项时间发生的次数 N_t . 由大数定律，因为历史数据足够多，则用频率估计概率：

$$p_t = \frac{N_t}{N} ，\text{其中} N = \sum_{t=1} N_t$$

可以求得各个时间内服务人数的一个概率分布列. 因此，单位时间内平均被服务的病人个数为 $u = \sum_{t=1} p_t N_t$.

3）医院排队模型运行指标的选择

与此同时，除了确立排队系统的特点及参数外，在排队系统中，主要是研究排队系统运行的效率，估计服务质量，确定系统参数的最优值，以决定系统结构是否合理，并研究设计改进措施. 因此，研究排队问题，首先要确定用以判断系统运行优劣的基本量化指标，然后求出这些指标的概率分布和数字特征[1].

在本文的医院病床安排排队模型中，主要考虑病人与医院双方的满意度问题. 对于医院来说，自然希望自己的收益更高，因此，病床的被占用率越高，表示医院可以通过病人住院收取更多的费用，其满意度就会高. 对于病人来说，当他在该医院确诊之后，自然会关注自己是否能马上住院，因此往往关注前面排队的病人数和自己入院需要等待的时间. 因此，在该医院排队模型中，我们主要考虑以下指标：

（1）等待队长：指在系统中排队等待服务的病人数，其期望值记作 L_q ，即 $L_s = L_q + L_n$ ，其中 L_n 为正在医院住院的病人数，L_s 为队长.

（2）等待时间：指一个病人在系统中排队等待住院的时间，其期望值记作 W_q ，即 $W_s = W_q + \tau$ ，其中 τ 为住院服务时间，W_s 为逗留时间.

（3）系统服务强度：指病床被占用的概率，用 ρ 表示.

5.2.2　非强制优先制 $M/G/79/\infty/\infty$ 病床排队模型

1）病床排队的基本模型

病床安排模型是一个单队、并列的多服务台情形. 医院在安排病床时，认为病人的到来数量是无限的，并且可以认为系统的容量没有限制，即病人在该医院门诊后，不会因为等待队长过长而转移到其他医院住院.

由 5.2.1 节中各类参数分布的确定可知，在医院排队模型中，病人的到达服从泊松流，而服务时间又服从一般分布，并且服务台总数为 79 台. 因此，我们采取排队论中的一般服务时间模型 $M/G/79/\infty/\infty$ 模型.

2）非强制优先制因素的考虑

因为外伤病人大多属于急诊病人，一旦病床有空，就会立即安排其入院，因此外伤病人享有比其他病人更高的优先权.

当一个外伤病人在门诊确诊之后，需要入院接受手术治疗，而病床都有其他病人，他不能强占病床，只能排在无优先权病人的前面. 另外，如果还有其他的外伤病人比其早到，则应继续采取 FCFS 原则，他只能排在这些外伤病人的后面. 因此，外伤病人的到来可以用图 5.6 描述.

图 5.6　外伤病人优先排队模型

通过上述分析，我们最终建立了非强制优先制 $M/G/79/\infty/\infty$ 病床排队模型.

该模型中，各种状态转移方程如下所示.

设在任意时刻 t 的系统状态为 n 的概率为 $P_n(t)$，在上面的模型中，可以求得单位时间内平均到达的病人个数 λ 和单位时间内平均被服务的病人个数 u. 因此，该系统状态的转移方程如下：

$$\begin{cases} -\lambda P_0 + uP_1 = 0, \\ \lambda P_{n-1} + u(n+1)P_{n+1} - (\lambda + nu)P_n = 0, & n \geqslant 1, \\ cuP_{n+1} + \lambda P_{n-1} = (\lambda + cu)P_n, & n > c. \end{cases}$$

这是关于 P_n 的差分方程，它表明各个状态间的转移关系. 通过上述方程，可以求得医院病床不同人数的状态间的稳定状态.（可以用图例 5.7 表示如下）

注：$P_n(t)$ 是一个关于时间的变量，并且优先原则需依靠 $P_n(t)$ 来体现.

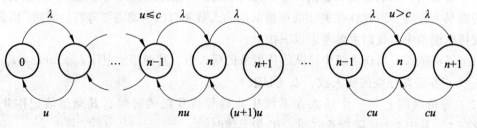

图 5.7　各类状态转移图

在 5.2.1 节中，我们得到了 $\lambda = 8.69$. 然后通过服务时间的一般分布求出其期望值，从而可以计算出平均服务时间 $\bar{\tau}$，再通过 $u = \dfrac{1}{\bar{\tau}}$ 可以算出 $u = 0.11$.

通过上述模型中参数的求解，我们可以得到该状态转移方程：

$$\begin{cases} -8.69P_0 + 0.11P_1 = 0, \\ 8.69P_{n-1} + 0.11(n+1)P_{n+1} - (8.69+0.11n)P_n = 0, & n \geqslant 1, \\ 79 \times 0.11P_{n+1} + 8.69P_{n-1} = (8.69 + 79 \times 0.11)P_n, & n > c. \end{cases}$$

该排队模型可以用图 5.8 描述如下.

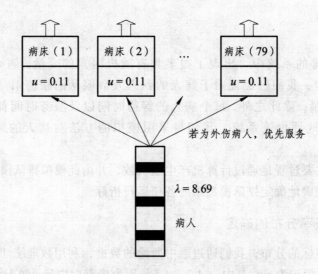

图 5.8 病床安排的排队模型图

3）马尔科夫状态转移模型的建立

由于该非强制优先制 $M/G/79/\infty/\infty$ 病床排队模型是一个具有随机因素影响的动态系统，系统在每个时期所处的状态都是随机的，从这个时期到下个时期的状态都按照一定的概率进行转移，并且下个时期的状态只取决于这个时期的状态和转移概率，与以前各时期的状态无关，因此这个系统的性质具有马尔科夫性.

可以把病人的等待作为第一种状态，病人的入院作为第二种状态，病人的出院作为第三种状态. 记 $a_{ki}(n)$ 表示第 k 类病患第 i 种状态的概率，p_{kij} 表示第 k 类病患的状态转移概率，并且 p_{kij} 是一个关于状态 n 的函数，即 $p_{kij} = p_{kij}(n)$. 因此，状态为 $n+1$ 的状态概率可由全概率公式得到：

$$\begin{cases} a_{k1}(n+1) = a_{k1}(n)p_{k11} + a_{k2}(n)p_{k21} + a_{k3}(n)p_{k31}, \\ a_{k2}(n+1) = a_{k2}(n)p_{k12} + a_{k2}(n)p_{k22} + a_{k3}(n)p_{k32}, \\ a_{k3}(n+1) = a_{k3}(n)p_{k13} + a_{k2}(n)p_{k23} + a_{k3}(n)p_{k33}, \end{cases}$$

并且，由于出院的状态不会对病人的入院和等待造成任何影响，因此 $p_{k31}, p_{k32} = 0$；出院以后不会再入院，因此 $p_{k33} = 1$.

又因为这是一个非强制优先制模型，当外伤病人来医院门诊时，其他病人需要让其优先入院，该优先行为可以如下体现：

$$当 n \geqslant 1时, \quad p_{512} \geqslant \sum_{k=1}^{4} p_{k12}.$$

意思是说，当状态为 1 时，第五类（外伤）病人从等待到入院的概率要大于其他病人从等待到入院的概率之和.

由于在上述模型中，随机因素占有很大的比例，并且 $M/G/79/\infty/\infty$ 的非强占优先制排队模型目前也没有成熟的求解方法，因此可以考虑引入计算机模拟的算法来求解本问题.

5.3 计算机模拟

在医院病床安排的系统中，出现了很多具有随机因素的变量. 例如：病人的到来人数和时间（在 5.2 中，我们已经证明了病人的到来人数服从泊松流）；另外，病人的患病类型也属于随机变量. 除此之外，每个病人的等待时间以及服务时间都具有不确定因素. 因此，为了更准确地评价该系统，我们将采用模拟的方法对病人的病床安排模型进行求解.

计算机模拟的主要过程是通过计算机产生随机数，并由此模拟排队模型中的各类随机因素，从而可以更加准确地确定排队模型中的各项运行指标.

5.3.1 随机因素概率分布的确定

为了找到各个指标的分布，我们通过题中所给的数据，利用数理统计的方法分别统计出每类病患者的人数，简记为 n_i，其中 $i=1,2,3,4,5$ 分别为患有白内障（单眼）、白内障（双眼）、青光眼、视网膜疾病、外伤的人数，则患病的总人数记为 $n=\sum_{i=1}^{5} n_i$. 因此，由大数定律，用频率来估计概率，每类患病的概率为

$$p_i = \frac{n_i}{n}.$$

通过以上概率，我们可以得到每类患病的概率分布（见表 5.2）.

表 5.2　各类病患的概率分布

统计数据	白内障（单眼）	白内障（双眼）	青光眼	视网膜疾病	外伤
n_i	100	133	63	170	64
p_i	0.1887	0.2509	0.1188	0.3208	0.1208

同理，通过这种方法，我们可以模拟出各类病患的等待时间以及服务时间的分布.（由于方法类似，则模型不在此重复，数据表格见附件）

5.3.2 计算机模拟流程（见图 5.9）

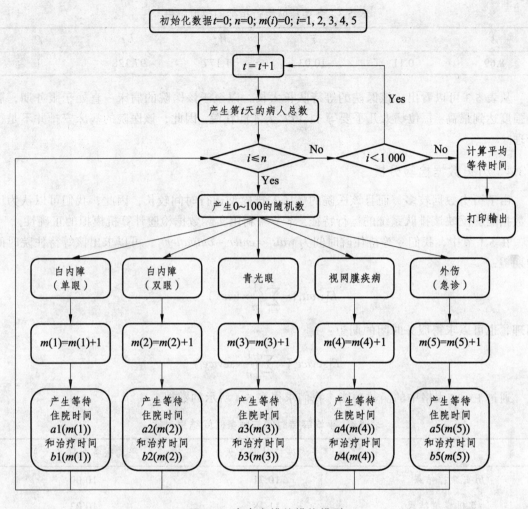

图 5.9 病床安排的模拟模型

5.3.3 排队系统运行指标的确定

我们首先通过模拟得到每类病患的等待时间 a_i 和服务时间 b_i，然后通过下式计算得到总的病患者的平均等待时间和平均服务时间：

$$W_q = \sum_{i=1}^{5} p_i \times a_i , \quad \overline{\tau} = \sum_{i=1}^{5} p_i \times b_i.$$

得到了等待时间之后，由于本模型属于随机排队模型，因此，可以用 Little 公式：

$$L_q = \lambda \times W_q$$

计算出该模型的平均等待队长，其中 λ 表示单位时间内顾客到达的平均数. 与此同时，该系统的服务强度 ρ 也可以用 $\rho = \dfrac{\lambda}{cu}$ 求出.

13

通过 Matlab 编程，最终求得表 5.3 所示的结果.

表 5.3   各类排队运行指标的模拟结果

λ	u	$\bar{\tau}$	W_q	L_q	ρ
8.69	0.11	10.03	11.177	97.128	1

从表 5.3 可以看出，该医院的等待队长太长，以至于该医院的病床一直处于服务期，服务强度达到最高. 每位病人几乎要等 11.177 天才能住院. 因此，该医院的病床安排并不是很合理.

5.3.4   历史数据检验分析

由于历史数据较多，而且该医院的病床安排模型运行时间较长，因此，我们可以认为历史数据能够反映该排队系统的运行特征. 本节将利用实际数据检验计算机模拟的正确性.

在 5.1 节中，我们令等待住院时间为 $wait_i = enter_i - outpatient_i$，可以求出该等待住院时间的期望：

$$E[wait_i] = \sum_{i=1}^{n}(\frac{1}{n} \times wait_i) ;$$

同理，也可以求得服务时间的期望：

$$E[sevice_i] = \sum_{i=1}^{n}(\frac{1}{n} \times sevice_i).$$

通过 Excel 表格中的函数功能，我们求得表 5.4 所示的数据.

表 5.4   平均等待时间与服务时间结果对比

项 目	平均等待时间（天）	平均服务时间（天）
历史数据结果	10.71	10.00
计算机模拟结果	11.18	10.03
变动比例	4.3%	0.3%

将历史数据结果和计算机模拟结果进行比较，可以发现两者差距不是很大，可以认为模拟结果合理.

5.4   综合评价模型的建立

多指标综合评价在用计算机模拟得到排队模型的一般研究指标之后，我们可以对该医院的病床安排模型有一个大致的、分指标的评判，但是本文更希望建立一个更加有适用性的综合评价模型.

在上文中，我们分析了该病床安排模型中需要考虑的三个指标——等待队长、等待时间、服务强度，而这些指标都没有一个客观、准确的评价标准来刻画优劣与否，因此这些指标的好坏与否都具有一定的模糊性. 所以，本文引入模糊评价的方法可以模糊地确定各类指标的好坏，并把这些指标进行定量分析. 然后通过对指标的线性加权的评价方法来综合评价该病床安排模型的合理性.

为了建立一个合理的综合评价模型，我们首先采用模糊评价的方法量化各类评价指标.

5.4.1 各类指标的隶属化

对于一个病床安排模型，我们要考虑两方面的因素：病人和医院. 对于病人来说，病人最在乎的是等待队长和平均等待时间，这两者越大，病人会越不满意. 对于医院来说，服务强度越大，说明医院的生意越好，因此医院越满意. 所以我们认为，等待队长和平均等待时间以及服务强度可以综合评价该医院的病床安排情况.

然后，我们对各项指标进行处理，本文采用模糊隶属函数对指标进行统一处理. 下面以等待队长为例. 我们定义当等待队长取下列值时，病人的不满意度也随之如下变化，如表 5.5 所示.

表 5.5　病人对于等待队长的不满意度刻画

不满意度	很满意	满意	较满意	不太满意	很不满意
等待队长（≤）	10	20	30	40	50

注：当队长大于 50 人时，可以认为病人已经"麻木"，他们的态度也是很不满意.

为了连续量化指标，这里选取偏大型柯西分布和对数函数作为隶属函数：

$$f(x) = \begin{cases} [1+\alpha(x-\beta)^{-2}]^{-1}, & 1 \leqslant x \leqslant 3, \\ a\ln x + b, & 3 \leqslant x \leqslant 5, \end{cases}$$

其中，α, β, a, b 为待定常数.

当很满意时，隶属度为 0，即 $f(10)=0$;

当较满意时，隶属度为 0.8，即 $f(30)=0.8$;

当很不满意时，隶属度为 1，即 $f(50)=1$.

由于在上述定义中，自变量与因变量的数量级之比有 50 倍之多，拟合出来的参数可能是 10^{-3} 数量级，这往往会造成最终拟合出来的参数不精确. 为了使各类待定常数更加精确，我们让队长的数值缩小为原来的 $\frac{1}{10}$，这样减小了它们之间的数量级差距，即 $x' = \frac{x}{10}$. 因此，上述隶属函数的定义可以更改为：

$$f(1)=0 ; \quad f(3)=0.8 ; \quad f(5)=1.$$

最终求得 $\alpha = 1.1086$, $\beta = 0.8942$, $a = 0.3915$, $b = 0.3699$. 则

$$f(x) = \begin{cases} [1+1.1086(x-0.8942)^{-2}]^{-1}, & 1 \leqslant x \leqslant 3, \\ 0.3915\ln x + 0.3699, & 3 \leqslant x \leqslant 5, \\ 1, & x > 5. \end{cases}$$

该隶属函数的图像如图 5.10 所示.

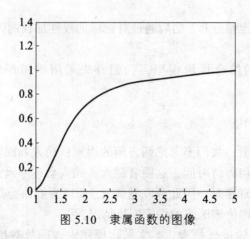

图 5.10　隶属函数的图像

同理，按照该步骤，我们也可以求得平均等待时间、服务强度的隶属函数.

实际上，更简便的方法是，我们只需对平均等待时间、服务强度的指标数值大小做一定的处理，而且处理标准的五个间隔也取为 1、2、3、4、5，这样就可以采取与上述同样的隶属函数. 于是，可以定义为表 5.6 的形式.

表 5.6　病人对于等待时间、服务强度的不满意度刻画

不满意度	很满意	满意	较满意	不太满意	很不满意
等待时间 （≤）	2	4	6	8	10
$W_q' = W_q/2$ 处理后	1	2	3	4	5
服务强度 （≥）	1	0.8	0.6	0.4	0.2
$\rho' = 6 - 5\rho$ 处理后	1	2	3	4	5

于是，通过前面的变换，我们就把等待队长、等待时间、服务强度统一成同一种隶属函数.

5.4.2　线性加权评价模型的建立

在开始的分析中，我们讨论了等待队长、等待时间、服务强度三类指标对医院和病人的意义，而在一个病床安排的评价模型中，病人的态度和医院的态度应该属于同等重要. 然而医院的满意系统只包括服务强度，病人的满意系统包括等待队长和等待时间两类指标，因此，本文认为服务强度的系数可以取为 0.5，同样病人的满意系统（等待队长和等待时间两类指标一起）的系数为 0.5.

再者，对于病人来说，一个病人去医院看病，也要同样考虑等待队长和等待时间，因此，在病人的满意系统里等待队长和等待时间也是同等重要的，因此各自的系数也为 0.5.

综上分析，该线性加权评价模型可以如下建立，令：

$$f = 0.5 \times f(\rho) + 0.5 \times (0.5 \times f(W_q) + 0.5 \times f(L_q)),$$

其中 $f(\rho)$ 为服务强度的隶属函数，$f(W_q)$ 为等待时间的隶属函数，$f(L_q)$ 为等待队长的隶属函数，且 $f(\rho)$，$f(W_q)$，$f(L_q) \in [0,1]$. 通过代入该排队模型的这三类指标，可以得到线性加权模型的分数. 分数越高，表示该病床的安排模型越不好.

综上所述，该模糊综合评价模型表述如下：

$$f = 0.5 \times f(\rho) + 0.5 \times (0.5 \times f(W_q) + 0.5 \times f(L_q)),$$

其中，各项指标确定如下：

$$
\begin{cases}
\lambda = 8.69;\ u = 0.11, \\
W_q \text{由计算机模拟得出,} \\
L_q = \lambda \times W_q, \\
\rho = \dfrac{\lambda}{cu}, \\[2mm]
f(L_q) = \begin{cases}
\left[1 + 1.1086\left(\left(\dfrac{L_q}{10}\right) - 0.8942\right)^{-2}\right]^{-1}, & 10 \leqslant L_q \leqslant 30, \\[4mm]
0.3915\ln\dfrac{L_q}{10} + 0.3699, & 30 \leqslant L_q \leqslant 50, \\[3mm]
1, & L_q > 50,
\end{cases} \\[18mm]
f(W_q) = \begin{cases}
\left[1 + 1.1086\left(\left(\dfrac{W_q}{2}\right) - 0.8942\right)^{-2}\right]^{-1}, & 2 \leqslant W_q \leqslant 6, \\[4mm]
0.3915\ln\dfrac{W_q}{2} + 0.3699, & 6 \leqslant W_q \leqslant 10, \\[3mm]
1, & W_q > 10,
\end{cases} \\[18mm]
f(\rho) = \begin{cases}
[1 + 1.1086((6 - 5\rho) - 0.8942)^{-2}]^{-1}, & 0.6 \leqslant W_q \leqslant 1, \\
0.3915\ln(6 - 5\rho) + 0.3699, & 0.2 \leqslant W_q \leqslant 0.6, \\
1, & W_q < 0.6.
\end{cases}
\end{cases}
$$

5.4.3 模型的求解

在 5.3 中，我们求得了服务强度、等待时间和等待队长的数值，因此，将其代入隶属函数中，可以得到表 5.7 所示的结果.

表 5.7　结果统计表

$f(\rho)$	$f(W_q)$	$f(L_q)$	f
0	1	1	0.5

从该结果可以看出，该病床安排模型并不是很理想.

综合考虑 5.3 中得到的分类指标，我们可以发现，该病床安排中出现的问题主要是病人的等待时间太长，等待队长也达到了一个比较大的长度，因而导致到该医院看病的病人的满意度不高.

6　问题二的模型建立与求解

问题二要求我们就该住院部当前的情况，建立合理的病床安排模型，以根据已知的第二天拟出院病人数来确定第二天应该安排哪些病人住院. 然后通过问题一的指标体系对我们构建的病床安排模型做出评价. 因此，本部分通过以下两步进行：

步骤一：建立合理的病床安排的随机优化模型，以确立不同病人的病床的分配原则.

步骤二：分配优化模型的求解. 主要通过计算机模拟排队模型，来得到分配方案，并依靠综合评价模型对新建的病床安排模型进行评价.

6.1　病床安排的优化模型

为建立合理的病床安排模型，根据第一问的综合评价模型，我们期望得到一个最优的病床安排模型，并考虑以已知的第二天拟出院的病人数作为约束，使得该病床安排模型得到的综合评价函数值最大. 本文认为可以建立随机优化模型来刻画本问题.

1）目标分析

一个合理的病床安排模型，主要考虑医院和病人双方的满意度，因此，可以把问题一中出现的综合评价模型用来给该病床安排模型打分. 运用所得到的分数最小的安排原则，就可以得到一个综合最优的安排模型. 因此，设 x_{ij} 表示第 i 类病患在第 j 天入院的人数，y_{ij} 表示第 i 类病患在第 j 天出院的人数. 因为若第 i 类病患在第 j 天入院的人数确定之后，该排队模型也就随之确定. 所以排队模型中的运行指标：服务强度、等待时间、等待队长都可以由 x_{ij} 确定，也就是说，这些运行指标都是以 x_{ij} 为变量的函数.

综上，综合评价函数可以表示如下：

$$f = f(\rho, W_q, L_q) = f(x_{ij}); j = 1, 2, \cdots, 7, i = 1, 2, 3, 4, 5$$

因此，该优化模型的目标为评价函数值最小，即：

$$\min\ f(x_{ij}).$$

2）约束分析

（1）入院人数约束.

由于医院中的病床只有 79 张，因此，住院的人数不能大于出院的人数，即建立满足入院人数要求的数量平衡约束：

$$\sum_{i=1}^{5} x_{i1} \leqslant \sum_{i=1}^{5} y_{i1}\ （代表第一天入院的人数小于出院人数），$$

$$\sum_{i=1}^{5} x_{i1} + \sum_{i=1}^{5} x_{i2} \leqslant \sum_{i=1}^{5} y_{i1} + \sum_{i=1}^{5} y_{i2} \quad \text{（前两天的入院人数小于出院总人数）},$$

$$\sum_{i=1}^{5} x_{i1} + \sum_{i=1}^{5} x_{i2} + \sum_{i=1}^{5} x_{i3} \leqslant \sum_{i=1}^{5} y_{i1} + \sum_{i=1}^{5} y_{i2} + \sum_{i=1}^{5} y_{i3} \quad \text{（前三天的入院人数小于出院总人数）},$$

……

依此类推.

（2）非负约束.

等待入院病人人数不能为负数，即 $x_{ij} \geqslant 0$.

（3）预测约束.

因为题目要求能够根据第二天的拟出院人数来安排病人入院，因此，入院人数 x_{ij} 是以出院人数 y_{ij} 为变量的函数，即 $x_{ij} = x_{ij}(y_{ij})$.

3）最终模型

由于上述模型中每日出院人数考虑为随机变量，因此我们建立如下随机规划模型：

$$\min \ f(x_{ij}),$$

$$\text{subject to} . \begin{cases} x_{ij} \geqslant 0, \\ x_{ij} = x_{ij}(y_{ij}), \\ \sum_{i=1}^{5} x_{i1} \leqslant \sum_{i=1}^{5} y_{i1}, \\ \sum_{i=1}^{5} x_{i1} + \sum_{i=1}^{5} x_{i2} \leqslant \sum_{i=1}^{5} y_{i1} + \sum_{i=1}^{5} y_{i2}, \\ \sum_{i=1}^{5} x_{i1} + \sum_{i=1}^{5} x_{i2} + \sum_{i=1}^{5} x_{i3} \leqslant \sum_{i=1}^{5} y_{i1} + \sum_{i=1}^{5} y_{i2} + \sum_{i=1}^{5} y_{i3}, \\ \cdots \end{cases}$$

6.2 计算机的模拟模型

由于题目要求我们根据已知的第二天拟出院病人数来确定第二天应该安排哪些病人住院，而第二天出院的病人数具有随机性，并且出院病人的患病种类也是一个随机因素；更多的，当时等待的病人何时入院也同样是一个具有随机因素的变量，因此，6.1 中的优化模型难以求出最优解. 于是，充分考虑到带有随机因素的规划模型求解的复杂性，我们可以采用随机模拟的方法来对题目所要求的过程进行模拟.

与此同时，题目要求我们建立合理的病床安排模型. 在第一问中，我们检测出来的病床安排模型中的缺陷主要是未充分考虑病人的满意度，而病人不满意的地方又体现在等待时间过长这方面. 根据我们的分析，在排队模型中，病人等待时间的长短是由前面已接受服务的病人的服务时间长短决定的，而在一个病人的服务系统里，其术后观察时间是一个随机变量，是不可控制的，不过，病人两个手术之间的间隔是固定的，因此，在服务时间里，只有调整病人住院到第一次手术的时间间隔，才能真正改善病人的服务时间. 只有缩短了病人的服务时间，才可以缩短下一批等待病人的等待时间.

因此，通过缩短病人住院到第一次手术的时间间隔，我们就可以得到一个较优的安排规则. 该安排规则如表 6.1 所示：

表 6.1 各类病患的手术时间安排表

患病类型	白内障（单眼）	白内障（双眼）	青光眼	视网膜疾病	外伤
入院时间	周一、周二 周六、周日	周六、周日	无限制		优先于其他病患

备注：（1）若有两类病患在某天都有手术安排，其安排比例则按照他们的病患规模比例执行.
（2）同类病人中按照 FCFS 原则进行手术.

通过以上的安排规则，并综合考虑题中"根据已知的第二天拟出院病人数来确定第二天应该安排哪些病人住院"这一要求，本文接着建立计算机模拟的模型，用以更加准确地刻画第二问的模型以及求解（见图 6.1）.

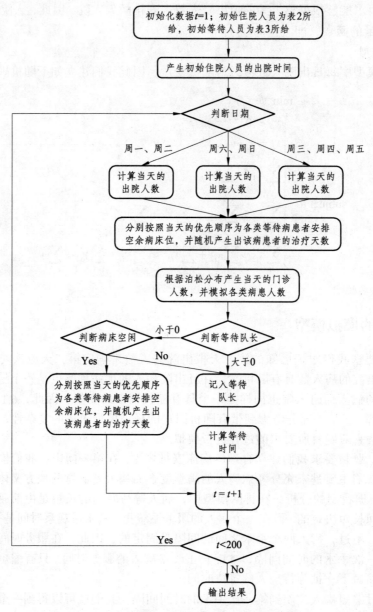

图 6.1 基于标准的病床安排计算机模拟图

依靠以上流程图，并通过 Matlab 编程求解出表 6.2 所示结果.

表 6.2   结果统计表

ρ	W_q	L_q	$f(\rho)$	$f(W_q)$	$f(L_q)$
1	5.81	50.5	0	0.763	1

因此，$f = 0.5 \times f(\rho) + 0.5 \times (0.5 \times f(W_q) + 0.5 \times f(L_q)) = 0.441$. 可以看出，通过问题二的模型对医院病床安排模型的改进，最终算出的等待队长和平均等待时间都有了一个很大的改进. 但是，由于等待队长仍然过长，因此，通过该模型得到的综合评价函数值没有发生太大的变化. 并且，根据该模拟程序，也可以求得由第二天拟出院人数来确定不同病人的入院安排. 下面以 2008 年 8 月 9 日的出院人数为例，该天出院人数为 20 人，则各种分布如表 6.3 所示.

表 6.3   各类病人的入院安排

病患类型	白内障（单眼）	白内障（双眼）	青光眼	视网膜疾病	外伤
入院人数	4	5	3	7	1
病人序号	128、148、150、152	132、141、146、154、161	133、136、139	129、131、134、138、140、143、144	236

7   问题三的模型建立及求解

问题三要求我们建立模型，可以根据当时住院病人及等待住院病人的统计情况，在病人门诊时就告知其大致入住时间区间. 因此，该模型可以通过历史数据来告知现在或将来的病人入住时间的区间. 为了解决该问题，我们通过以下步骤来预测并告知病人的入住时间区间.

步骤一：利用计算机模拟算法，根据当时住院病人及等待住院病人的情况得到一组病人的等待入院时间.

步骤二：建立区间选择模型，构造等待时间的区间.

7.1   计算机模拟算法的实现

本文设计了一个计算机模拟算法，用来在病人门诊之后即告知其等待入院时间，然后通过门诊时间加上等待入院时间，就可以求得其入院时间. 该算法的步骤如下：

Step1：输入在该病人门诊当时已排队病人的等待时间、等待队长和正在住院病人的入院时间，n=0；

Step2：n=n+1, 以下开始循环；

Step3：判断该病人是否住院，若没有，则进行 Step4 ~ Step7，否则直接跳进 Step8；

Step4：随机产生正在住院病人的住院时间分布，通过入院时间和住院时间分布可以求得这些病人的出院时间；

Step5：依时间推移，计算出每天出院的人数. 然后让队列中等待的病人按照外伤优先以及 FCFS 原则进入队列；

    Step6：新进入队列的病人随机产生出各自的住院时间；

    Step7：每天随机产生新的到来病人人数和病人种类，并把其排入队列. 返回 Step3；

    Step8：用数组记录病人的入院时间；

    Step9：判断 n 是否小于 1000，若满足则返回 Step2，若不满足，进入 Step10；

    Step10：输出所有的等待时间. 并根据其门诊时间，可以得到其入院时间.

    通过上述步骤，我们可以得到一个区间，里面有通过计算机随机模拟出的 1000 个等待时间. 其实，这些等待时间就可以构成一个区间，但是由于计算机模拟的随机因素造成区间的上下界不稳定，接下来我们建立一个区间选择模型，以此构造更好的区间.

7.2　区间的选择模型

    通过 7.1 节，我们初步得到了门诊病人的 1000 个等待时间，这些等待时间 t_i 可以构成一个区间，即 $[\min\{t_i\}, \max\{t_i\}]$. 由于本区间中的所有天数都是通过随机模拟得到的，考虑到该区间的上下界附近是频率低且最容易出现误差的地方，则该上下界附近不能合理地反映门诊病人的等待入院时间. 并且通过计算机模拟得到的区间可能会过长. 因此，采取选取位于中间位置的 80% 的模拟数据能更准确地预知其等待时间.

    通过模拟编程求解得到的原始区间为：$[4,30]$，其等待时间的频数分布直方图如图 7.1 所示：

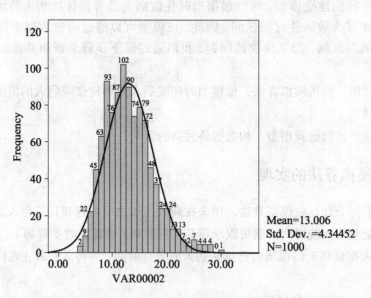

图 7.1　等待时间的频数分布直方图

    由上述区间选择模型计算出可信度为 80% 的等待时间区间为 $[8,18]$. 由于本结果是基于第二个表格作为初始住院病人的状态和第三个表格作为初始等待病人的状态，因此，该门诊病人的入住时间区间为：$[2008/9/19, 2008/9/29]$.

8 问题四的模型建立及求解

问题四中，题目要求该住院部周六、周日不安排手术，然后通过这项规则重新回答问题二，并回答医院的手术时间安排是否做出相应调整．因此，我们通过以下两个步骤进行回答：

步骤一：由问题四的要求建立标准，重新回答问题二．
步骤二：建立优化模型，判断是否需要调整手术时间．

8.1 问题二的重新回答

若该院住院部在周六、周日不安排手术，并且手术时间安排不做出调整，则若要重新回答问题二，我们需先依靠上述标准改变问题二中的标准，如表 8.1 所示．

表 8.1 各类病患的手术时间安排标准

患病类型	白内障（单眼）	白内障（双眼）	青光眼	视网膜疾病	外伤
入院时间	周一、周二 周六、周日	周六、周日	周一、周二、周三、周六、周日		无限制

备注：（1）若有两类病患在某天都有手术安排，则其安排比例按照他们的病患规模比例执行．
（2）同类病人中按照 FCFS 原则进行手术．

通过上述标准，我们建立与第二问的计算机模拟类似的算法（流程图与第二问流程图类似），可以求得第二问需得到的相关数据（见表 8.2）．

表 8.2 相关数据结果

ρ	W_q	L_q	$f(\rho)$	$f(W_q)$	$f(L_q)$
1	6.21	50.5	0	0.813	1

则相应的综合评价函数 $f = 0.453$．

可以发现，当周六与周日不做手术时，病人的平均等待时间与平均服务时间相对于第二问得到的结果都有了相应的提高，据分析这个是比较合理的．并且以 2008 年 8 月 11 日（星期一）为例，该天出院的人数为 6 人，可以计算出相应的入院病人人数（见表 8.3）．

表 8.3 各类病人的入院安排

病患类型	白内障（单眼）	白内障（双眼）	青光眼	视网膜疾病	外伤
入院人数	1	0	1	2	2
病人序号	181	无	165	162、164	250、251

8.2 优化模型的建立

依靠第四问新建立的标准重新回答第二问之后，本文继续对是否要调整手术时间这一问题建立相应的模型．若要调整手术时间，那么前提应是调整手术时间之后，该病床安排模型比以前更好或者更加合理．因此，我们可以建立一个优化模型，找出一个基于第一问综合评价模型最优的手术安排时间. 从得到的结果就可以回答手术时间是否需要调整这一问题.

因此, 该优化模型的建立需要有以下几个步骤:

1) 决策变量的选择

题中所给的手术安排时间主要涉及两类:

（1）白内障手术安排在周一、周三.

（2）其他眼科疾病的手术由于医生的手术安排与白内障手术发生冲突则不安排在周一、周三.

因此, 决策变量可以取白内障手术的安排时间: t_1, t_2（若为白内障双眼, 则 t_1 代表第一只眼的手术时间, t_2 代表第二只眼的手术时间）, 且 $t_1, t_2 \in \{1,2,3,4,5,6,7\}$. 因为只需改变白内障手术的安排时间, 其他眼科疾病的手术安排时间也相应改变.

2) 目标分析

我们建立的优化模型是为了判断是否需要调整手术时间, 而手术时间的调整是为了让该病床分配模型相对较优, 因此, 通过第一问的综合评价模型, 可以判断病床分配模型的优劣. 并且, 第一问综合评价函数 f 中的自变量也都为因变量 t_1, t_2, 即在该模型中, f 为一个复合函数: $f = f(W_q, L_q, \rho) = f(t_1, t_2)$. 因此, 该目标可以写成如下形式:

$$\min f(t_1, t_2)$$

3) 约束分析

（1）非手术时间约束.

题中要求在周六与周日不安排手术, 故 t_1, t_2 不能取 6 与 7. 因此, 该约束如下:

$$t_1, t_2 \neq 6 \ \text{且} \ t_1, t_2 \neq 7.$$

（2）手术间隔约束.

在白内障手术中, 其原安排是: 病人若做双眼手术, 则是周一先做一只, 周三再做另一只. 这样做的原则是使第二次手术的术前准备时间缩小为 1 天, 这样就可以减小病人的总治疗时间. 因此我们也需遵守这一规则, 即

$$t_2 - t_1 = 1.$$

4) 最终模型

因此, 该规划模型可如下综合描述:

$$\min f(t_1, t_2),$$

$$\text{subject to.} \begin{cases} t_1, t_2 \neq 6 \text{且} t_1, t_2 \neq 7, \\ t_2 - t_1 = 1. \end{cases}$$

为了得出该模型的最优解, 我们建立如下的搜索算法进行求解:

Step1: 按要求搜索所有的可能时间安排, 其数目记为 n, 并用矩阵存储各时间安排.

Step2: 初始化数据 i=1.

Step3: 把第 i 组的时间安排代入计算机模拟程序, 得到各个排队模型指标.

Step4: 把该指标代入综合评价模型, 计算函数值, 并用数组存储.

Step5: 判断 i 是否小于等于 1, 若满足则 i=i+1, 并返回 Step3. 若不满足, 则到 Step6.

Step6：比较综合评价函数值大的那个 i，并输出其时间安排.

根据上述算法，我们通过 Matlab 编程，可以得到表 8.4 所示的结果：

表 8.4　不同手术时间安排模型结果对比表

手术时间	周一、周三	周二、周四	周三、周五
平均等待时间	6.14	8.34	8.26
平均服务时间	10.35	10.34	10.85

通过表 8.3 可以发现，不调整手术时间比调整手术时间的各项排队运行指标都优. 所以，我们没有必要相应地调整手术时间安排.

事实上，产生该现象的原因主要是该医院在周六、周日囤积了大量未做手术的白内障病人，因此若不把手术时间安排在周一、周三，他们的相应的服务时间也会增加. 并且，把手术时间安排在周一、周三也符合现实生活中的手术时间安排.

9　问题五的模型建立及求解

问题五要求得到一个病床的比例分配方案，此方案要使各类病人占用病床的比例大致固定，并要求使得所有病人在系统内的平均逗留时间（含等待入院及住院时间）最短.

由于要考虑每类病人占用比例大致固定，因此，此时需要将所有病床按照病情类型进行分类，不同病人需要按照病情的不同而排不同的队列. 因此，本问题的排队模型初步判定是五系统的 $M/G/c$ 模型，该模型的示意图如图 9.1 所示：

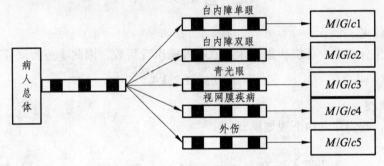

图 9.1　五系统的 M/G/c 模型

由于要限定各类病人占用病床的比例，同时要保证所有病人在系统内的平均逗留时间最短，因此可以将问题设定为最优化模型进行求解. 具体步骤如下：

步骤一：建立最优化模型，目的是通过该优化模型分配各类病人占用病床的比例.

步骤二：通过排队论模型以及计算机模拟，计算出平均逗留时间.

步骤三：模型求解.

9.1　最优化模型的建立

1）目标函数

题中要求我们得到的方案应该使所有病人在系统内的平均逗留时间最短. 因此，记 w_i 为

第 i 类病患的病床安排比例, W_{si} 为第 i 类病患的平均逗留时间, 则 $w_i \times W_{si}$ 为第 i 类病患的病床安排数量. 相应的, 所有病人的平均逗留时间最短可以表述为:

$$\min \sum_{i=1}^{5} w_i \times W_{qi} .$$

2) 约束条件

经分析, 本文认为在该优化模型中要考虑以下约束: 非负约束、规模约束、总数约束.

（1）规模约束.

由于各类病患的患病人数总量不同, 因此在病床数量的安排上要体现出病患者规模的约束. 该规模的统计可根据题中所给的表格中数据统计出. 我们记 ϖ_i 为该表中不同病患的比例, 且 $\varpi_i = \dfrac{n_i}{N}$, 其中 n_i 为病人总体中患第 i 类病的人数. 因此我们认为, 在床位数量的分配上要体现出不同病患的比例. 而床位的比例分配是在该病患规模比例上的一种较小波动:

$$w_i \in [\varpi_i - \varepsilon, \varpi_i + \varepsilon], i = 1, 2, 3, 4, 5$$

因此, 规模约束可以表示如下:

$$\varpi_i - \varepsilon \leqslant w_i \leqslant \varpi_i + \varepsilon; i = 1, 2, 3, 4, 5$$

（2）总数约束.

由于各类病患的病床数在分配之后, 它们之和应该为总的病床数——79床, 则总数约束体现在安排比例上则为:

$$\sum_{i=1}^{5} w_i = 1 .$$

（3）非负约束.

由于在床位分配中, 各类病患的床位数不可能出现负数, 因此非负约束可以表示如下:

$$w_i \geqslant 0, i = 1, 2, 3, 4, 5 .$$

3) 最终模型

综上所述, 我们建立如下规划模型:

$$\min \sum_{i=1}^{5} w_i \times W_{qi} ,$$

$$\text{subject to.} \begin{cases} w_i \geqslant 0, i = 1, 2, 3, 4, 5, \\ \varpi_i - \varepsilon \leqslant w_i \leqslant \varpi_i + \varepsilon; i = 1, 2, 3, 4, 5, \\ \sum_{i=1}^{5} w_i = 1. \end{cases}$$

9.2 五系统的 *M*/*G*/*c* 模型

五系统的 $M/G/c$ 模型的含义是有 5 个相互独立的排队系统, 它们都为 $M/G/c$ 模型, 其中不同的只是它们各个排队系统的服务台数量不同.

在 5.2 节中，我们已经详细阐述了 $M/G/c$ 模型，因此该模型的细节不再赘述. 但是为了求解出该模型的相关数据，主要是平均等待时间，考虑到该排队模型中随机因素太多，我们设计模拟算法如下：

Step1：计算该类病患服务时间的概率分布列.

Step2：初始 t=0.

Step3：开始循环，t=t+1. 当 t 小于 200 时停止.

Step4：随机产生该类病患的服务时间、等待时间，并记录. 返回 Step3.

Step5：计算出该类病患的平均服务时间、平均等待时间.

Step6：求得该类病患的平均等待时间.

9.3 模型求解

依据上述模型，我们可以统计出各类病患在总病患中的比例（见表 9.1）.

表 9.1　各类病患比例表

白内障（单眼）	白内障（双眼）	青光眼	视网膜疾病	外伤
0.189	0.251	0.119	0.321	0.12

然后，我们分类从历史数据中统计出每类病患的平均逗留时间，计算公式为：
$W_{qi} = \sum \dfrac{m_t \times t}{n_i}$. 可以通过该历史数据得到的平均逗留时间与排队模拟得到的平均逗留时间进行对比，并都代入优化模型中进行求解与比较（见表 9.2）.

表 9.2　各类病患的平均逗留时间　　　　　　　　　　　　　　单位：天

患病类型	白内障（单眼）	白内障（双眼）	青光眼	视网膜疾病	外伤
历史数据值	17.9	21.07	22.74	25.09	8.04
排队模拟值	17.542	21.098	22.01	25.172	7.878

根据以上规划模型，我们只需确定 ε 的波动大小，然后通过 Lingo 求解得到每类病患的病床分配比例. 我们取 ε 为 0.05 为例（见表 9.3）.

表 9.3　各类病患的床位安排

方法	项目	白内障（单眼）	白内障（双眼）	青光眼	视网膜疾病	外伤	平均逗留时间
历史数据值	比例	0.239	0.251	0.069	0.271	0.170	19.3
	床位数	19	20	6	21	13	
排队模拟值	比例	0.239	0.251	0.069	0.271	0.170	19.167
	床位数	19	20	6	21	13	

从表 9.3 可以看出，由于平均逗留时间中由历史数据得到的值和排队模拟得到的值十分近似，从而导致各类病患的床位安排比例及床位数也十分相似. 因此，通过对比可知，两者

得到的结果都较为合理.

通过病床分配后，该医院的病床安排模型可变为图 9.2 所描述的（以历史数据值为例）：

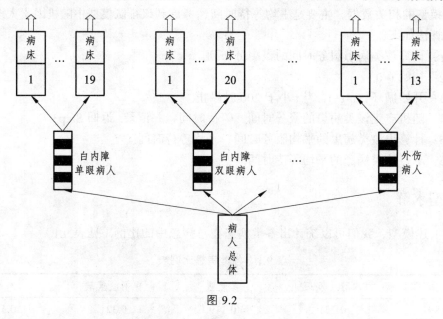

图 9.2

10 模型评价及推广

问题一的模型主要有：非强制优先制 $M/G/79/\infty/\infty$ 病床排队模型、马尔科夫随机过程模型、模糊综合评价模型. 通过这三种模型，详细地刻画了该医院原有的病床安排模型，考虑到各类参数中所包含的随机因素，这样描述使得该模型更具有科学性. 在参数分布确定方面，本文运用了拟合优度的统计方法检验参数分布的正确性，体现了本文在模型构造时的严密性.

用计算机模拟的方法对问题一进行求解是问题一中最大的亮点. 因为用计算机模拟的方法，可以仿真出该排队论每一过程的状态变化，这样得到的结果会更加真实可靠. 并且，我们对计算机模拟出来的排队结果进行灵敏性分析，可以让模拟的天数进行一定范围的改变，可以得到表 10.1 所示的结果.

表 10.1 计算机模拟结果的灵敏性分析

	100 天	110 天	120 天	150 天	200 天	300 天
平均等待时间	11.159	11.168	11.2	11.158	11.18	11.184
平均服务时间	10.013	10.33	9.975	9.99	10.03	10.012

由上可以看出，通过计算机模拟得到的各类指标根据天数不同其变化也十分微小. 因此，运用理论模型加模拟模型的方法来综合考虑和描述求解排队模型，是一个可行且较优的.

问题一的不足之处在于，建立综合评价模型时，各项指标的选取以及权重的确定带有一定的主观性. 有时候正是因为这种主观性，会导致评价结果的偏差. 因此，我们建议可以通过设计问卷的形式，让不同的人对各项指标的选取以及权重进行确定，并通过统计结果确定最终指标和权重，这样也许会让综合评价模型更具有客观性和说服性.

问题二的解决主要是通过自己建立规则，然后靠计算机模拟实现. 如果能够考虑一种带有随机变量的优化模型，并对其进行求解，结果应该更加精确. 对于问题二，我们继续采用灵敏性分析检验随机模拟的效果（见图 10.1）.

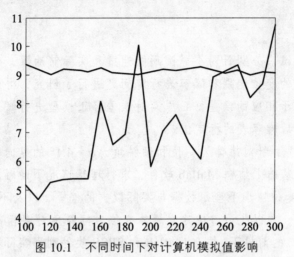

图 10.1   不同时间下对计算机模拟值影响

从图 10.1 可以看出，平均等待时间的波动较大，而平均服务时间的波动较小.

由于问题四是问题二的延续，故对问题四的评价与推广就不再赘述.

问题三由于随机模拟过程中波动太大，所以得到的区间长度过长，并且通过区间选择模型之后的预测精度也不是很高. 因此，我们认为在计算机模拟编程过程中，需适当地选择具有随机因素的变量，以消除模拟波动太大的弊端.

问题五是建立了一个优化模型，主要是考虑了各类病患的人数规模约束. 但是不足之处在于波动范围 ε 的选取需人工确定，并且不同的值对结果的影响也很大.

综上所述，本文所建立的模型与算法能够具体地描述与求解随机排队模型，故可以把该模型与算法推广到其他具有随机性的排队模型中，但需更加细致考虑随机因素.

11   参考文献

[1]   韩中庚. 数学建模方法及其应用. 北京：高等教育出版社，2005.

[2]   甘应爱，田丰. 运筹学. 8 版. 北京：清华大学出版社，2007.

[3]   谢金星，薛毅. 优化建模与 Lindo/Lingo 软件. 3 版. 北京：清华大学出版社，2007.

[4]   姜启源，谢金星，叶俊. 数学模型. 3 版. 北京：高等教育出版社，2007.

储油罐的变位识别与罐容表标定

摘　要：

本文利用积分知识，分别针对小椭圆形储油罐和实际储油罐，建立积分模型及数值离散模型，对储油罐的变位识别和罐容表标定问题进行了研究，得到了罐体变位对罐容表的影响关系，并基于相应的误差修正原则对误差修正模型进行修正，得到了相应的变位参数，及罐体变位后罐容表的标定值.

对于问题一，首先，针对罐体无变位和倾斜角为 $\alpha = 4.1°$ 的纵向变位两种情况建立相应的理想模型，在此基础上结合 Matlab 软件，求得理想情况下油罐内油量与油位高度的关系. 其次，分析无变位情形下理想数据与实际数据的偏差，以及不同纵向倾斜角 α 下所对应的理想数据偏差，并以此为基础建立罐体变位后倾斜角对罐容表的影响模型. 最后，在纵向倾斜角 $\alpha = 4.1°$ 的前提下，结合 Matlab 和 SPSS 软件利用实际数据对理论数据进行误差修正，得到与实际情形更为相符的实际修正模型，并通过 Matlab 软件进行求解得到与实际情况更为相符的罐内油量与油位高度的关系，即得到罐体变位后油位高度间隔为 1 cm 的罐容表标定值，同时结合实际数据插值所得到的罐体内油量值，引入相对误差，进行误差分析，检验了模型的精度及合理性.

对于问题二，首先，在问题一的基础上，通过建立积分模型及相应的离散模型，结合 Matlab 软件，求解得到罐内储油量与油位高度及变位参数的关系，再以此为基础，建立相应的变位理想模型 $V = f(\alpha, \beta, h)$. 其次，利用罐体变位后在进/出油过程中的实际检测数据，依据最小二乘原理确定变位参数，结合 Matlab 软件用搜索算法进行求解，得到变位参数 $\alpha_0 = -3.7°$，$\beta_0 = \pm 2.0°$. 再次，应用问题一中所得到的罐体变位后会对罐容表的影响模型，建立相应的修正模型，对理想数据进行修正得到与实际情况更为相符的修正数据，并结合问题一引入相对误差，进行误差分析，检验了模型的正确性及方法的可靠性. 最后，依据修正模型得出罐体变位后油位高度间隔为 10 cm 的罐容表标定值.

本文结合 Matlab、SPSS 等软件，主要使用了最小二乘、搜索算法等方法，研究了储油罐的变位识别与罐容表标定的问题. 并结合相对误差对模型及相应方法的合理性及正确性做了分析，为储油罐的变位识别与罐容表标定提供了科学的理论依据.

关键词： 积分模型；离散模型；罐容表标定；变位参数；Matlab

1 问题重述

通常，加油站都有若干个储存燃油的地下储油罐，并且一般都有与之配套的"油位计量管理系统"，采用流量计和油位计来测量进/出油量与罐内油位高度等数据，通过预先标定的罐容表（即罐内油位高度与储油量的对应关系）进行实时计算，以得到罐内油位高度和储油量的变化情况.

许多储油罐在使用一段时间后，由于地基变形等原因，使罐体的位置会发生纵向倾斜和横向偏转等变化（以下称为变位），从而导致罐容表发生改变. 按照有关规定，需要定期对罐容表进行重新标定. 题中给出一种典型的储油罐尺寸及形状示意图，其主体为圆柱体，两端为球冠体. 还给出其罐体纵向倾斜变位的示意图，以及罐体横向偏转变位的截面示意图.

用数学建模方法研究解决储油罐的变位识别与罐容表标定的问题.

（1）为了掌握罐体变位后对罐容表的影响，利用题中所给的小椭圆型储油罐（两端平头的椭圆柱体），分别对罐体无变位和倾斜角为 $\alpha = 4.1°$ 的纵向变位两种情况做了实验，附件中给出实验数据. 建立数学模型研究罐体变位后对罐容表的影响，并给出罐体变位后油位高度间隔为 1 cm 的罐容表标定值.

（2）对于题中所示的实际储油罐，建立罐体变位后标定罐容表的数学模型，即罐内储油量与油位高度及变位参数（纵向倾斜角度 α 和横向偏转角度 β）之间的一般关系. 请利用罐体变位后在进/出油过程中的实际检测数据（附件 2），根据所建立的数学模型确定变位参数，并给出罐体变位后油位高度间隔为 10 cm 的罐容表标定值. 进一步利用附件 2 中的实际检测数据来分析检验模型的正确性与方法的可靠性.

2 基本假设

（1）油罐壁的厚度不计，油罐内没有气孔、凹凸；

（2）油位计测量时始终垂直油面，油面总是保持平静，且油位计测量值是准确无误的；

（3）出油量为实际上的燃油体积，没有误差；

（4）油罐体倾斜程度不会太大，大致认为有 $\alpha \in (-5°, 5°)$, $\beta \in (0, 4°)$；

（5）罐体的位置只会发生纵向倾斜和横向偏转；

（6）题中附件所给数据都是真实可靠的.

3 符号说明

h：油位探针显示的油位高度；

$V_l(h)$：理想模型下不同油位高度 h 所对应的罐体内储油量；

$V_x(h)$：最终修正模型下不同油位高度 h 所对应的罐体内储油量；

$V_s(h)$：实测数据下不同油位高度 h 所对应的罐体内储油量；

ε：无变位情形下实测数据与理论理想数据的相对误差；

ε_α：纵向变位为 α 的情形下实测数据与理论数据的相对误差；

ε_l：未经修正的理论理想模型与根据实测数据所得插值数据的相对误差；

ε_x：修正后的模型与根据实测数据所得插值数据的相对误差.

4 问题分析

4.1 问题一的分析

该问题是要求利用小椭圆型储油罐来分析罐体变位后对罐容表的影响，并得到变位后的罐容表标定值. 因此，应首先确立合适的坐标系，分别针对罐体无变位和倾斜角为 $\alpha = 4.1°$ 的纵向变位两种情况建立相应的理论理想模型，在此基础上求得理想情况下油罐内油量与油位高度的关系. 其次，应根据实际所测数据进行插值得到一个近似模型，并得到相应的油罐内油量与油位高度的关系. 由于注油管、出油管等附加设备的存在，使得理想数据必然与实测数据之间存在偏差. 此外，由于罐体发生纵向变位，罐体变位后会对罐容表产生影响. 因而，首先要分析无变位情形下理想数据与实际数据的偏差，以及不同倾斜角 α 下所对应的理想数据偏差，并以此为基础分析罐体变位后对罐容表的影响. 最后，在上述模型的基础上，利用实际数据对理论数据进行误差修正，得到与实际情形更为相符的实际修正模型，进而使得到的油罐内油量与油位高度的关系与实际情况更为接近. 同时结合插值所得到的一系列值，进行误差分析以检验模型的精度及合理性. 因此，罐体变位后油位高度间隔为 1 cm 的罐容表标定值，就可以通过修正模型及相应油罐内油量与油位高度的函数关系来求得（见图 4.1）.

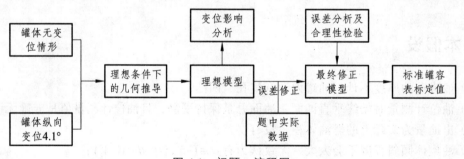

图 4.1 问题一流程图

4.2 问题二的分析

该问题是要求针对实际储油罐，建立罐体变位后标定罐容表的数学模型，进而得到罐内储油量与油位高度及变位参数（纵向倾斜角度 α 和横向偏转角度 β）之间的一般关系，并根据所建立的数学模型确定变位参数. 因此，应首先选择合适的坐标系，在问题一的基础上，通过相应的积分求解即可得到罐内储油量与油位高度及变位参数的关系，建立相应的变位理想模型 $v = f(\alpha, \beta, h)$. 其次，在变位理想模型的基础上，利用罐体变位后在进/出油过程中的实际检测数据确定变位参数，再应用问题一中所得到的罐体变位后对罐容表的影响模型，对理想数据进行修正进而得到与实际情况更为相符的修正数据，并据此可得出罐体变位后油位高度间隔为 10 cm 的罐容表标定值. 最后，应结合实际检测数据来分析检验所建理想模型及修正模型的正确性与方法的可靠性.

考虑到该问题的变位理想模型的求解过于复杂，采用普通定积分的方式难以求解出合理解析解，因此，可参考数值积分的思想，应用 Matlab 语言建立 M 函数，在一个变位参量组合 (α, β) 下，对应可求得理想情况的油罐内的燃油体积向量 $v(i)(i = 1, 2, \cdots, N)$，再根据在附表二实际油罐变位出油高度向量 $h(i)(i = 1, 2, \cdots, N)$，对其进行修正，从而建立该问题的数值离散模型. 并采用搜索算法在可能范围内，找到变位参数的最优解. 最后利用题目附件 2 中的实际检测数据来分析检验模型的正确性与方法的可靠性（见图 4.2）.

图 4.2　问题二流程图

5　问题一的模型建立与求解

基于以上问题分析可知，该问题应首先选定合适的坐标系，分别针对罐体无变位和倾斜角为 $\alpha = 4.1°$ 的纵向变位两种情况建立相应的理论理想积分模型，进而得到理想情况下油罐内油量与油位高度的关系，并以此为基础依据实际测量数据对理想模型进行修正.

5.1　罐体无变位情形下的理想模型

设椭圆柱形储油罐的长为 L 米，侧界面椭圆的半长轴为 a 米，半短轴为 b 米，油位高为 h 米，以椭圆的中心为坐标原点，以长半轴、短半轴所在的直线为 x 轴、y 轴，建立空间直角坐标系，如图 5.1 所示.

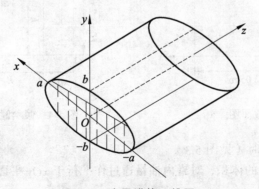

图 5.1　水平罐体三维图

对罐内油量作平行于 xOy 平面的截面，再对截面进行累加积分，即得罐内油量体积. 则罐体无变位情形下油罐油量的理想模型为：

$$V = \int_0^L S\,\mathrm{d}z \; ,$$

其中，

$$S = 2\int_{-b}^{h-b}\mathrm{d}y\int_0^{\frac{a}{b}\sqrt{b^2-y^2}}\mathrm{d}x$$

即可得罐体无变位情形下，理论理想积分模型下罐体内储油量 $V(h)$ 与 h 的关系：

$$V(\alpha,h) = abL\left(\frac{h-b}{b^2}\sqrt{dh} + \arcsin\frac{h-b}{b} + \frac{\pi}{2}\right).$$

5.2 罐体纵向变位倾斜角为 α 时的理想模型

当储油罐倾斜时，以椭圆下顶点为坐标原点，以平行于半长轴的直线和短半轴所在直线为 x 轴、y 轴，于油罐截面上建立空间直角坐标系，如图 5.2 所示.

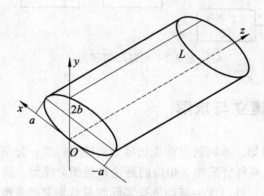

图 5.2 倾斜罐体三维图

经分析可知，当 $h = H_0 - L_1\tan\alpha$ 时，储油罐内的储油量的体积计算公式将发生变化，因此，罐体内储油量体积的计算分两种情况（见图 5.3 和图 5.4）进行讨论.

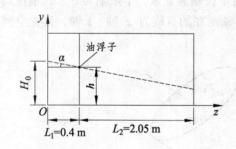

图 5.3 倾斜罐体截面图（a）

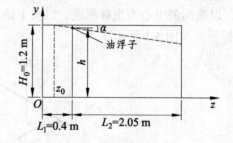

图 5.4 倾斜罐体截面图（b）

（1）$h < H_0 - L_1\tan\alpha$ 时（见图 5.3）.

为求得罐体内储油量的体积，对罐内油量通过作平行于 xOy 平面的截面，再对截面进行累加积分，可得罐内油量：

$$V = \int_0^L S\,\mathrm{d}z \; ,$$

其中截面面积分：

$$S = 2\int_0^H \mathrm{d}y \int_0^{\frac{a}{b}\sqrt{2by-y^2}} \mathrm{d}x \quad \text{且} \quad H = h + (L_1 - z)\tan\alpha \,,$$

即此时罐体理论理想积分模型下罐体内储油量 $V(\alpha, h)$ 与 α, h 的关系为：

$$V(\alpha, h) = 2\int_0^L \mathrm{d}z \int_0^{h+(L_1-z)\tan\alpha} \mathrm{d}y \int_0^{\frac{a}{b}\sqrt{2by-y^2}} \mathrm{d}x \,.$$

（2） $H_0 > h \geqslant H_0 - L_1\tan\alpha$ 时（见图 5.4）。

此时，$V = V_1 + V_2$，其中 $V_1 = \pi abz_0$ 为左端椭圆柱的体积，对罐内油量通过作平行于 xOy 平面的截面，再对截面进行累加积分，可得 V_2（ z_0 为椭圆柱的高，且 $z_0 = L_1 - \dfrac{H_0 - h}{\tan\alpha}$ ），即罐内油量：

$$V = V_1 + V_2 = \pi abz_0 + \int_{z_0}^L S\mathrm{d}z \,,$$

其中

$$S = 2\int_0^H \mathrm{d}y \int_0^{\frac{a}{b}\sqrt{2by-y^2}} \mathrm{d}x \quad \text{且} \quad H = h + (L_1 - z)\tan\alpha \,.$$

即罐体倾斜角为 α 的纵向变位下的理想模型为：

$$V(\alpha, h) = \pi ab\left(L_1 - \frac{H_0 - h}{\tan\alpha}\right) + 2\int_{z_0}^L \mathrm{d}z \int_0^{h+(L_1-z)\tan\alpha} \frac{a}{b}\sqrt{2by-y^2}\,\mathrm{d}y \,.$$

综合两种情况，罐体纵向变位倾斜角为 α 的理想模型为：

$$V = \begin{cases} \displaystyle\int_0^L S\mathrm{d}z, & h < H_0 - L_1\tan\alpha, \\[2mm] \displaystyle\pi abz_0 + \int_{z_0}^L S\mathrm{d}z, & H_0 > h \geqslant H_0 - L_1\tan\alpha. \end{cases} \tag{5.1}$$

5.3 纵向发生变位时理想模型的求解

通过 Matlab 编程求解上述理想积分模型的解析解[3]，即得到罐体倾斜角为 α 的纵向变位下，罐内油量 $V(\alpha, h)$ 与倾斜角 α 及油位高度 h 的函数关系，从而可得到理想情况下罐体无变位和倾斜角为 $\alpha = 4.1°$ 的纵向变位两种情况下的罐体内油量与油位高度的函数关系（见附录），并得到理论理想情形下各油位高度所对应的油量，如图 5.5 和图 5.6 所示（其中图 5.5 储油罐平放，图 5.6 储油罐纵向倾斜 $\alpha = 4.1°$，实线为所得到的理想数据，虚线为实际数据点）。

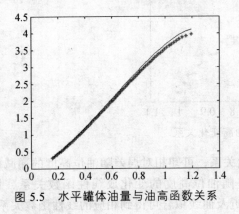

图 5.5　水平罐体油量与油高函数关系　　　图 5.6　倾斜罐体油量与油高函数关系

列出其中 8 组数据，如表 5.1 所示.

表 5.1

油位高度（m）	0.41129	0.42345	0.43833	0.45054	0.4639	0.47774	0.48937	0.50256
罐体油量（m³）	1.01	1.0583	1.118	1.1675	1.222	1.279	1.3274	1.3826

5.4 运用实际数据分析罐体变位后对罐容表的影响

基于问题分析可知，由于注油管、出油管等附加设备的存在，使得理想数据必然与实测数据之间存在偏差. 此外，由于罐体发生纵向变位，罐体变位后会对罐容表产生影响，因此，首先要分析无变位情形下理想数据与实际数据的偏差，即理想数据与实际数据的相对误差，并以此为基础分析罐体变位后对罐容表的影响.

5.4.1 无变位情形下理想数据与实际数据的偏差

基于问题分析可知，由于注油管、出油管等附加设备的存在，使得理想数据必然与实测数据之间存在偏差，我们运用 Matlab 编程求解发现，无变位情形下实测数据与理论理想数据的相对误差为定值，即相对误差 ε_r 为：

$$\varepsilon_r = \frac{V_l - V_s}{V_l} = 0.0337 .$$

5.4.2 罐体倾斜角为 $\alpha = 4.1°$ 的纵向变位下理想数据与实际数据的偏差

基于以上理想积分模型所求得的罐体内油量与油位高度的函数关系，及附表中实测的数据，运用 Matlab 软件编程求解可得，在罐体斜角为 $\alpha = 4.1°$ 的纵向变位下相对误差 $\varepsilon_r(\alpha) = \frac{V_l - V_s}{V_l}$ 随油位高度的变化关系如图 5.7 所示.

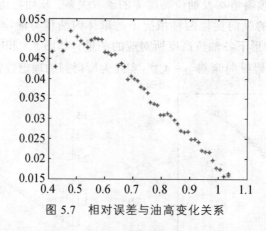

图 5.7 相对误差与油高变化关系

通过分析图 5.7 中相对误差随油位高度的变化关系，可知相对误差随油位高度的递减成近似的线性递减关系. 因此，我们假设相对误差随油位高度的变化成线性函数关系，即 $\varepsilon_r(\alpha) = ah + b$，结合 SPSS 软件进行相应的函数逼近及曲线拟合可得到相应的线性函数关系，如图 5.8 所示.

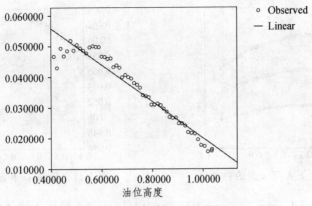

图 5.8　相对误差与油高拟合图

表 5.2 为 SPSS 拟合后的模型汇总及参数估计值.

表 5.2

因变量：相对误差				
R^2	F	Sig.	a	b
0.927	629.34	0.000	-0.059	0.08
自变量：油位高度				

由表 5.2 可知，对于直线拟合，它的可决系数 $R^2 = 0.927$，F 统计量等于 649.34，概率 P 值小于显著性水平 0.0.5，说明该模型具有统计学意义，且直线拟合方程如下：

$$\varepsilon_r(\alpha) = -0.059h + 0.08,$$

即相对误差与油位高度的函数关系为

$$\varepsilon_r(\alpha) = -0.059h + 0.08.$$

5.5　罐体倾斜角为任意 α 的纵向变位下的理想数据分析及影响模型的建立

为了分析罐体变位后对罐容表的影响，本文基于罐体倾斜角为任意 α 的纵向变位下所得的理想理论模型（5.1）及所求的罐内油量 $V(h, \alpha)$ 与倾斜角 α 及油位高度 h 的函数关系，分别针对不同 α（$\alpha = 4.1$，$\alpha = 3.1$，$\alpha = 2.1$，$\alpha = 1.1$）作出相应的油罐内油量与油位高度的函数关系，如图 5.9 所示.

通过图 5.9 分析可知，相邻 α 之间的油罐内油量与油位高度的差值近似相同. 引入不同倾斜角 α 下理想模型之间的差值 $\varepsilon = V_1(h, \alpha) - V_2(h, \alpha)$ 进行分析，并结合 Matlab 软件可求出不同 h 及不同 α 角下罐内油量的差值 ε，如图 5.10 所示.

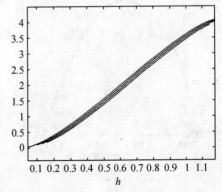

图 5.9　不同 α 下油量与油高的函数关系

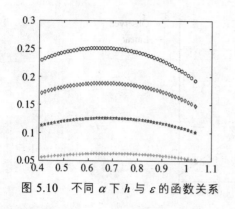

图 5.10 不同 α 下 h 与 ε 的函数关系

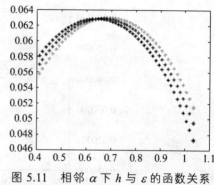

图 5.11 相邻 α 下 h 与 ε 的函数关系

图 5.10 表示 $\alpha = 3.1$，$\alpha = 2.1$，$\alpha = 1.1$，$\alpha = 0.1$ 与 $\alpha = 4.1$ 情形下罐体内油量的差值与油位高度的关系，图 5.11 表示相邻 α 之间罐体内油量的差值与油位高度的关系. 通过图 5.10、图 5.11 可以直观地发现，倾斜角 α 下油罐内油量的差值与油位高度近似成二次函数关系，再结合 SPSS 软件进行曲线拟合，分别得到图 5.10 中对应 α 的罐体内油量的差值与油位高度的二次函数曲线，如图 5.12 所示.

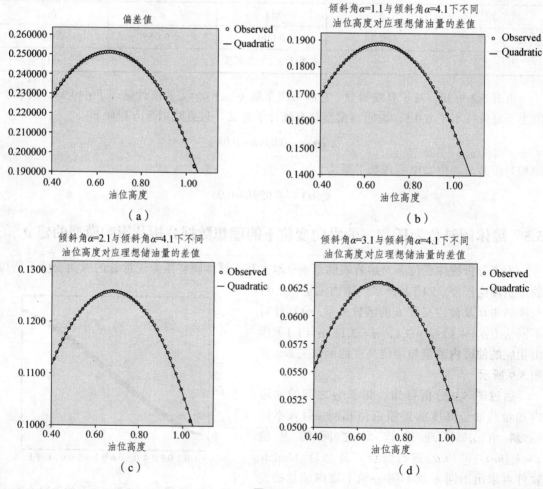

图 5.12

并得相应的函数关系表达式：

$$y_1 = -0.095x^2 + 0.131x + 0.018,$$
$$y_2 = -0.190x^2 + 0.257x + 0.190,$$
$$y_3 = -0.288x^2 + 0.382x + 0.062,$$
$$y_4 = -0.388x^2 + 0.506x + 0.087.$$

通过对比发现，这四个函数的系数近似成比例，由此本文做出合理推理，在不同的 α 下，倾斜角 α 下理想模型之间的差值 $\varepsilon = V_1(h,\alpha) - V_2(h,\alpha)$ 以及倾斜角 $\alpha = 4.1°$ 下理想模型的差值与油位高度的关系都近似为二次函数关系，并且分析上述函数表达式发现，在其他倾斜角 α 与倾斜角 $\alpha = 4.1°$ 所对应的罐体储油量的差值与油位高度的二次函数的系数是线性变化的，因此有：

$$\varepsilon = V(\alpha,h) - V_{\alpha=4.1}(h) = (\alpha-4.1)*(-0.095h^2 + 0.131h + 0.018),$$

即罐体变位后对罐容表影响的模型为：

$$V(\alpha,h) = (\alpha-4.1)*(-0.095h^2 + 0.131h + 0.018) + V(4.1,h).$$

5.6   运用实际数据对理论模型进行修正

由以上分析可知，罐体倾斜角为 $\alpha = 4.1°$ 的纵向变位下，相对误差随油位高度的递减成近似的线性递减关系．因此，根据拟合出的线性函数，引入相对误差对理论理想模型进行修正，即最终修正模型为：

$$V_X(h) = V_l(h) - V_l(h)\varepsilon_r(h).$$

代入相对误差与油位高度的函数关系即得：

$$V_X(h) = V_l(h) - V_l(h)(-0.059h + 0.08).\tag{5.2}$$

因此，变位情形下罐体内油量与油位高度的函数关系如图 5.13 所示．

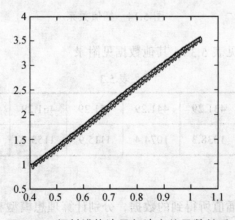

图 5.13   倾斜罐体油量与油高的函数关系

图中实线表示理想模型下罐体内油量与油位高度的关系，虚线表示经修正后罐体内油量与油位高度的关系，圆圈线表示实测数据中罐体内油量与油位高度的关系，通过该图发现，理想模型经修正后与实测数据十分接近. 这说明该修正模型能反应实际情况下罐体内油量与油位高度的关系.

通过上述分析，本文做出合理推理，认为不同 α 角度下修正模型满足如下关系，即在修正模型条件下罐体内储油量与 h,α 的函数关系如下：

$$V_x(h,\alpha) = (\alpha - 4.1)*(-0.095h^2 + 0.131h + 0.018) + V_l(h,\alpha) - V_l(h,\alpha)(-0.059h + 0.08).$$

5.7 误差分析

虽然图 5.13 能从直观上定性分析理想模型经修正后与实测数据十分接近，但无法定量说明修正模型的精度及合理性，因而我们考虑根据实测数据采用样条插值的方法得到与实测数据一组近似的数据，并以此为基础与修正后模型所得的数据做相应的误差分析.

5.7.1 样条插值

本文采用 Matlab 软件对所给实测数据进行等间距的样条内插值，得到一系列实测数据之间的罐体内油量与油位高度的关系值，如图 5.14 所示.

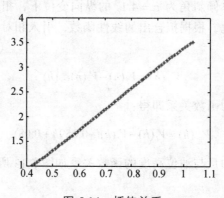

图 5.14　插值关系

列出其中 8 组数据（见表 5.3），其他数据见附录.

表 5.3

油位高度（mm）	421.29	431.29	441.29	451.29	461.29	471.29	481.29	491.29
罐体油量（L）	1005.3	1038.3	1074.4	1115.9	1153.7	1188.5	1227.9	1270.6

5.7.2 误差分析

在变位前提下，根据插值所得到的数据，分别计算理想模型和修正模型与插值所得数据的相对误差 ε_{rl} 和 ε_{rx}，即：

$$\varepsilon_{rl} = \frac{V_l - V_c}{V_l}, \quad \varepsilon_{rx} = \frac{V_x - V_c}{V_x}.$$

结合 Matlab 软件进行求解得到结果，如图 5.15 所示.

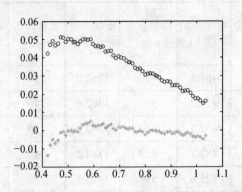

图 5.15　理想模型和修正模型下的相对误差

其中圆圈线表示未经修正的理论理想模型与根据实测数据所得插值数据的相对误差 ε_l 与油位高度的关系，星型点线表示修正后的模型与根据实测数据所得插值数据的相对误差 ε_x 与油位高度的关系. 通过图 5.15 可以直观看出，修正后模型所得数据的相对误差大都集中在零点附近，明显优于未经修正的理论理想模型所得的数据；再结合 SPSS 软件对误差数据做描述性分析，得到定量数据；对相对误差进行定量分析，得到结果如表 5.4 和表 5.5 所示.

表 5.4

ε_l	N	最小值	最大值	均值	标准差	方差
	65	0.014814	0.051137	0.03619710	0.011316452	0.001

表 5.5

ε_x	N	最小值	最大值	均值	标准差	方差
	65	-0.013577	0.004906	-0.00071127	0.003059881	0.000

通过表 5.4，5.5 分析结果可知，修正后的模型所得到的相对误差的均值为 -0.00071127，标准差为 0.003059881，都明显优于未经修正的理想模型所得的相对误差的均值 0.03619710 与标准差 0.011316452，并且修正后模型所得均值与方差都近似为 0，因而可以认为在满足题设要求及误差允许的范围内该修正模型是合理的. 继而可以根据此修正模型对罐容表进行标定.

5.8　罐体变位后罐容表标定

基于以上分析可知，在满足题设要求及误差允许的范围内该修正模型是合理的，因而可以根据上述修正模型（5.2）对罐容表进行标定，运用 Matlab 编程求解得到罐体变位后油位高度间隔为 1 cm 的罐容表标定值，如表 5.6 所示.

表 5.6　罐容表标定值

油位高度（mm）	罐容表标定值（L）	油位高度（mm）	罐容表标定值（L）	油位高度（mm）	罐容表标定值（L）	油位高度（mm）	罐容表标定值（L）	油位高度（mm）	罐容表标定值（L）
10	3.3	250	401.6	490	1262.2	730	2275	970	3265.6
20	5.8	260	431.7	500	1302.6	740	2318	980	3303.6
30	9.2	270	462.3	510	1343.3	750	2360.8	990	3341.1
40	13.6	280	493.7	520	1384.2	760	2403.7	1000	3378.3
50	19.1	290	525.6	530	1425.3	770	2446.4	1010	3414.9
60	25.7	300	558.2	540	1466.7	780	2489.1	1020	3451.1
70	33.6	310	591.3	550	1508.2	790	2531.7	1030	3486.7
80	42.7	320	624.9	560	1549.9	800	2574.1	1040	3521.9
90	53.1	330	659.1	570	1591.8	810	2616.5	1050	3556.4
100	64.9	340	693.7	580	1633.8	820	2658.7	1060	3590.4
110	78.2	350	728.9	590	1676	830	2700.7	1070	3623.7
120	92.9	360	764.5	600	1718.3	840	2742.6	1080	3656.4
130	109.2	370	800.5	610	1760.7	850	2784.4	1090	3688.4
140	127.1	380	837	620	1803.3	860	2825.9	1100	3719.6
150	146.6	390	873.9	630	1845.9	870	2867.2	1110	3750.1
160	167.5	400	911.2	640	1888.6	880	2908.3	1120	3779.7
170	189.7	410	948.9	650	1931.4	890	2949.2	1130	3808.4
180	213	420	986.9	660	1974.3	900	2989.8	1140	3836.1
190	237.4	430	1025.3	670	2017.2	910	3030.1	1150	3862.8
200	262.6	440	1064	680	2060.1	920	3070.2	1160	3888.4
210	288.8	450	1103	690	2103.1	930	3109.9	1170	3912.7
220	315.8	460	1142.4	700	2146.1	940	3149.4	1180	3935.4
230	343.7	470	1182	710	2189.1	950	3188.5	1190	3956.4
240	372.3	480	1222	720	2232.1	960	3227.2	1200	3975.8

6　问题二模型的建立与求解

　　基于问题分析可知，应首先选择合适的坐标系，在问题一的基础上，建立相应的理论理想模型 $v = f(\alpha, \beta, h)$，通过相应的积分求解即可得到罐内储油量与油位高度及变位参数，即在理论理想模型的基础上，利用罐体变位后在进/出油过程中的实际检测数据确定变位参数．其次，类比问题一中所得到的罐体变位后对罐容表的影响模型，对理想数据进行修正，进而得到与实际情况更为相符的修正数据，并据此可得出罐体变位后油位高度间隔为 10 cm 的罐容表标定值．最后，结合实际检测数据来分析检验所建理想模型及修正模型的正确性与方法的可靠性．

6.1 理想模型的建立

以过与左球冠面顶点相切的直线和圆柱母线的交点为坐标原点 O，以与左球冠面顶点相切的直线为 y 轴，以圆柱母线为 z 轴，再根据 y、z 轴建立 x 轴，建立图 6.1 所示的空间直角坐标系：

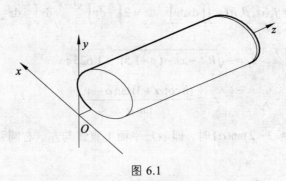

图 6.1

依据图 6.1 分析可知，yOz 平面截左冠球面得左圆弧方程为：

$$(z-1.625)^2 + (y-1.5)^2 = 1.625^2 ;$$

yOz 平面截右冠球面得右圆弧方程为：

$$(z-8.375)^2 + (y-1.5)^2 = 1.625^2 ;$$

油位计量高设为 h，则油浮子坐标可表示为 $(3,h)$，油罐倾斜角度为 α，则油面方程可表示为：

$$y - h = -\tan(\alpha) \times (z-3) .$$

联立方程分别解得油面与左、右球冠在 yOz 平面上的交点坐标分别为 (x_1, y_1), (x_2, y_2)，其中：

$$\Delta_1 = ((2h\cot^2(\alpha) + 2.75\cot(\alpha) + 3)^2 - 4(h^2\cot^2(\alpha) + 2.75h\cot(\alpha) + 1.5)) / \sin^2(\alpha) ;$$

$$\Delta_2 = ((2h\cot^2(\alpha) - 10.75\cot(\alpha) + 3)^2 - 4(h^2\cot^2(\alpha) - 10.75h\cot(\alpha) + 28.5)) / \sin^2(\alpha) ;$$

$$y_1 = 0.5\sin^2(\alpha) \times ((2h\cot^2(\alpha) + 2.75\cot(\alpha) + 3) + \sqrt{\Delta_1})) ;$$

$$y_2 = 0.5\sin^2(\alpha) \times ((2h\cot^2(\alpha) - 10.75\cot(\alpha) + 3) - \sqrt{\Delta_2})) .$$

下面对不同油面高度，计算罐内油量值．

（1）当 $h < 6\tan(\alpha)$ 时，即 yOz 平面上直线与左圆弧有交点而与右圆弧方程无交点，如图 6.2 所示．

43

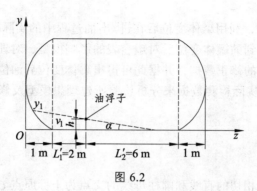

图 6.2

则相应的理想模型为:

$$v_1 = f_1(\alpha,\beta,h) = \iint\limits_{d_1} \mathrm{d}x\mathrm{d}y \int_{z_1}^{z_2} \mathrm{d}z = 2\int_0^{y_1}\mathrm{d}y\int_0^{\sqrt{3y-y^2}}\mathrm{d}x\int_{z_1}^{z_2}\mathrm{d}z ,$$

其中:

$$z_1 = -\sqrt{R'^2 - x^2 - (y-1.5)^2} + 1.625 ;$$

$$z_2 = \frac{(h\cot\alpha + 3)\tan\alpha - y}{\tan\alpha}.$$

（2）当 $6\tan(\alpha) \leqslant h \leqslant 3-2\tan(\alpha)$ 时，即 yOz 平面上直线与左、右圆弧均有交点，如图 6.3 所示.

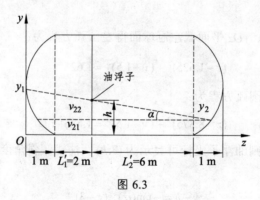

图 6.3

则对左、右积分面 z_1, z_{21}, z_{22} 积分有:

左积分面:

$$z_1 = -\sqrt{R'^2 - x^2 - (y-1.5)^2} + 1.625 ;$$

右积分面:

$$\begin{cases} z_1 = -\sqrt{R'^2 - x^2 - (y-1.5)^2} + 1.625, \\ z_{21} = \sqrt{R'^2 - x^2 - (y-1.5)^2} + 8.375, \\ z_{22} = \dfrac{(h\cot\alpha + 3)\tan\alpha - y}{\tan\alpha}; \end{cases}$$

则有

$$v_2 = v_{21} + v_{22} = 2\int_0^{y_2}\mathrm{d}y\int_0^{\sqrt{3y-y^2}}\mathrm{d}x\int_{z_1}^{z_{21}}\mathrm{d}z + 2\int_{y_2}^{y_1}\mathrm{d}y\int_0^{\sqrt{3y-y^2}}\mathrm{d}x\int_{z_1}^{z_{22}}\mathrm{d}z .$$

（3）当 $3 - 2\tan(\alpha) < h \leqslant 3$ 时，即 yOz 平面上直线与左圆弧没有交点而与右圆弧有交点，如图 6.4 所示.

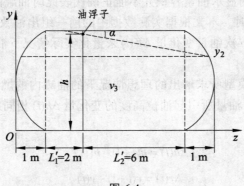

图 6.4

同理可得：

$$v_3 = 2\int_0^{y_2} \mathrm{d}y \int_0^{\sqrt{3y-y^2}} \mathrm{d}x \int_{z_1}^{z_{21}} \mathrm{d}z + 2\int_{y_2}^3 \mathrm{d}y \int_0^{\sqrt{3y-y^2}} \mathrm{d}x \int_{z_1}^{z_{22}} \mathrm{d}z.$$

其中：

$$\begin{cases} z_1 = -\sqrt{R'^2 - x^2 - (y-1.5)^2} + 1.625, \\ z_{21} = \sqrt{R'^2 - x^2 - (y-1.5)^2} + 8.375, \\ z_{22} = \dfrac{(h\cot\alpha + 3)\tan\alpha - y}{\tan\alpha}, \end{cases}$$

即得罐内油量关于变位参数 α, β, h 的积分模型：

$$v = \begin{cases} 2\int_0^{y_1} \mathrm{d}y \int_0^{\sqrt{3y-y^2}} \mathrm{d}x \int_{z_1}^{z_2} \mathrm{d}z, & h < 6\tan(\alpha); \\ 2\int_0^{y_2} \mathrm{d}y \int_0^{\sqrt{3y-y^2}} \mathrm{d}x \int_{z_1}^{z_{21}} \mathrm{d}z + 2\int_{y_2}^{y_1} \mathrm{d}y \int_0^{\sqrt{3y-y^2}} \mathrm{d}x \int_{z_1}^{z_{22}} \mathrm{d}z, & 6\tan(\alpha) \leqslant h \leqslant 3 - 2\tan(\alpha); \\ 2\int_0^{y_2} \mathrm{d}y \int_0^{\sqrt{3y-y^2}} \mathrm{d}x \int_{z_1}^{z_{21}} \mathrm{d}z + 2\int_{y_2}^3 \mathrm{d}y \int_0^{\sqrt{3y-y^2}} \mathrm{d}x \int_{z_1}^{z_{22}} \mathrm{d}z, & 3 - 2\tan(\alpha) < h \leqslant 3. \end{cases}$$

6.2 理想模型求解

考虑到该问题的理论理想积分模型的求解过于复杂，而采用普通定积分的方式难以求解出合理解析解，因此，借鉴数值积分的思想，采用搜索算法解模，即依据上述理论理想模型，根据附表二中实际油罐变位后油位高度向量 $h(i)(i = 1, 2, \cdots, 302)$，在任意一个变位参量组合 (α, β) 下，对应可求得理想情况下油罐内的燃油体积向量 $v(i)(i = 1, 2, \cdots, 302)$，且有：

$$v(i) = f(\alpha, \beta, h(i)).$$

6.3 实际变位参数(α_0, β_0)的求解

由实际分析可知，附表二中油罐内实际油罐的显示油量容积主要受两方面因素的影响：

（Ⅰ）油罐内的燃油热胀冷缩以及大气压力；

（Ⅱ）油罐内的不确定管道以及残余气体.

也就是说，实际油罐的显示油量容积并不能正确代表此时油罐内的实际油量，因而，在求解实际变位参数 (α_0, β_0) 时，本文根据实测数据中的前一组出油数据，用在第 i 次出油后，油罐显示油高为 $h(i)$ 时，第 i 次油量变化量 $\Delta V(i)$ 来量化实际情况下油面变化 $\Delta h(i)$ 时对于实际燃油体积的影响.

再根据基于上述理想模型所求解出的理想情况下的油罐内的燃油体积向量 $v(i)$，得出在同一油位高度 $h(i)$，由于出油量所引起油位高度的变化量 $\Delta h(i)$ 相同的情况下，所得到的出油量 $\Delta v(i)$ 有：

$$\Delta h(i) = h(i+1) - h(i) \, ;$$

$$\Delta v(i) = v(i+1) - v(i) \, .$$

即可求得在任意变位参量组合 (α, β) 下，向量 $\Delta h(i)$ 对应的油量变化量向量 $\Delta v(i)$：

$$\Delta v(i) = g(\alpha, \beta, h(i)) \, .$$

根据最小二乘原理构造最小二乘函数：

$$\min \sum_{i=1}^{n} \left(\Delta v(i) - \Delta V(i) \right)^2 \, ,$$

即可求得近似接近实际的最优变位参数 (α_0, β_0).

下面通过搜索算法解模.

Step1：确定 α, β 搜索步长均为 $0.1°$，搜索范围有 $(\alpha \in (-5°, 5°), \beta \in (0, 3°))$；

Step2：确定搜索初值 $\alpha = -5°$，$\beta = 0°$；

Step3：开始循环，将 α, β 分别代入 $g(\alpha, \beta)$ 返回值 g'；

Step4：结束循环，将所有返回值 g' 进行比较，得出 g' 最小时所对应的变位参数 (α, β)，即在 $(\alpha \in (-5°, 5°), \beta \in (0, 3°))$ 搜索到的最优变位参数.

需要求得的油罐的变位变量为 (α, β)，最优的解向量 (α, β) 应使得目标函数有一个最小值，即使用搜索算法在 $(\alpha \in (-7°, 5°), \beta \in (0, 4°))$ 求得对应最小 $g(\alpha, \beta)$ 的最优实际变位参量 (α_0, β_0). 结合 Matlab 软件编程求解可得 $\alpha_0 = -3.7°$，$\beta_0 = \pm 2.0°$.

6.4 误差分析及模型修正

6.4.1 误差分析

依据以上分析及所确定的实际变位参数 (α_0, β_0)，本文通过实测数据中的后一组数据进行检验，即在给定实际变位参数 (α_0, β_0) 的前提下，油罐显示油高为 $h(i)$ 时，求解出的理想情况下的油罐内的燃油体积向量 $v(i)$，并以此为基础得到由于出油量所引起油位高度的变化量 $\Delta h(i)$ 相同的情况下，所对应的理想出油量 $\Delta v(i)$.

在上述分析基础上对理想出油量 $\Delta v(i)$ 与实际出油量的相对误差进行分析，得到不同 h 值下的相对误差值，如图 6.5 所示（具体值见附录）.

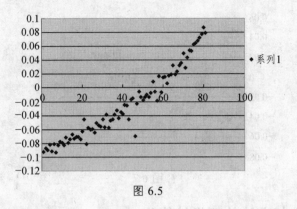

图 6.5

通过对结果所做的分析可知，大部分数据在标准行业误差允许的范围内，我们认为结果是相对合理的，但仍然有相当数量的相对误差值偏大，因而考虑建立修正模型对数据进行修正.

6.4.2 第一种修正模型

由于 $\alpha_0 = -3.7°$ 与问题一中 $\alpha = 4.1°$ 的绝对值比较接近，类比问题一中相对误差与油位高度的函数关系，我们近似认为在该问题中相对误差与油位高度的函数关系为：

$$\varepsilon_\alpha = -0.059h + 0.08.$$

即在 $\alpha_0 = -3.7°$ 下相应的修正模型为：

$$V_X(h) = V_l(h) - V_l(h)(-0.059h + 0.08). \tag{6.1}$$

修正后的结果如图 6.6 所示.

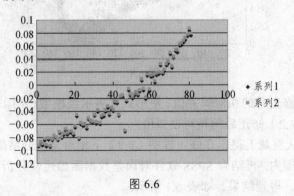

图 6.6

6.4.3 第二种修正模型

通过对结果所做的分析发现，此修正模型的修正效果不明显，因此在上述模型的基础上根据问题一中罐体变位后对罐容表的影响模型（5.1）以及在修正模型条件下罐体内储油量的真实值 $V_X(\alpha, h)$ 与 h, α 的函数关系（5.2），引入新的修正模型：

$$V_x(h, \alpha) = (\alpha - 4.1) * (-0.095h^2 + 0.131h + 0.018) + V_l(h, \alpha) - V_l(h, \alpha)(-0.059h + 0.08). \tag{6.2}$$

同理得到修正后相对误差值的结果，如图 6.7 所示.

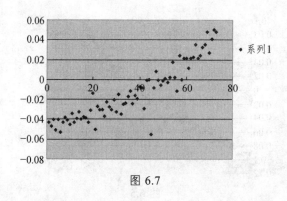

图 6.7

6.5 模型的正确性与方法的可靠性检验

基于以上分析,引入理想出油量与实际出油量相对误差 $\varepsilon_r = \dfrac{\Delta v(i) - \Delta V(i)}{\Delta V(i)}$,对修正模型的正确性进行检验,得到未修正以及修正后所得理想出油量与实际数据的相对误差值的结果,如图 6.8 所示.

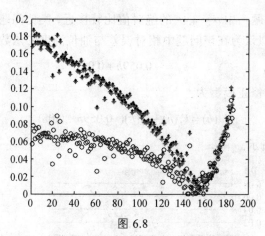

图 6.8

图中实心点线表示未修正时的相对误差值,星形点线表示经模型(6.1)修正后的相对误差值,圆圈线表示经模型(6.2)修正后的相对误差值.

通过图 6.8 可以从直观上得出在修正模型(6.2)下相对误差的结果:绝大部分数据在标准行业误差允许的范围内. 再结合 SPSS 软件对误差数据做描述性分析,得到定量数据;对相对误差进行定量分析,得到结果,如表 6.1 所示.

表 6.1

	N	最小值	最大值	平均值	标准差	方差
第二次修正	186	0.000038	0.107263	0.04772778	0.021678669	0.000
第一次修正	186	0.005765	0.186622	0.09757834	0.050731346	0.003
未修正	186	0.003983	0.188730	0.09900670	0.051342019	0.003

通过表 6.1 的分析结果可知,经模型(6.2)修正后所得的相对误差的均值为 0.0472,

都明显优于未经修正的理想模型以及经模型（6.1）修正后所得的相对误差的均值 0.099 与标准差 0.0975，并且修正后模型所得均值与方差都近似为 0，因而可以认为在满足题设要求及误差允许的范围内该修正模型是合理的. 继而可以根据此修正模型（6.2）对罐容表进行标定.

6.6 罐体变位后罐容表标定值

通过上述模型的合理性及可靠性检验可知，上述修正模型（6.2）是相对科学合理的，因而可以根据上述修正模型（6.2）对罐容表进行标定，运用 Matlab 编程求解得到罐体变位后油位高度间隔为 1 cm 的罐容表标定值，如表 6.2 所示.

表 6.2

油位高度（mm）	罐容表标定值（L）	油位高度（mm）	罐容表标定值（L）	油位高度（mm）	罐容表标定值（L）	油位高度（mm）	罐容表标定值（L）	油位高度（mm）	罐容表标定值（L）
100	4532.3	700	15952.2	1300	30643.6	1900	46310.7	2500	59348.4
200	6130.9	800	18228.3	1400	33259.3	2000	48804.6	2600	60710.9
300	7858.6	900	20586.9	1500	35891.9	2100	51213.4	2700	61323.4
400	9712.4	1000	23018	1600	38528.3	2200	53510.7	2800	62078.4
500	11685.1	1100	25511.6	1700	41154.3	2300	55664	2900	63084.6
600	13768	1200	28057.1	1800	43754.1	2400	57630.4	3000	-

7 模型评价与改进及推广

7.1 模型评价

本文结合 Matlab、SPSS 等软件，主要使用了最小二乘、搜索算法等方法，建立了相应的理想及修正模型，研究了储油罐的变位识别与罐容表标定的问题. 并结合相对误差对模型及相应方法的合理性及正确性做了分析，为储油罐的变位识别与罐容表标定提供了科学的理论依据.

此外，本文针对罐体无变位和倾斜角为 $\alpha = 4.1°$ 的纵向变位两种情况建立相应的理想模型，从理想情况下罐体内油量与油位高度的关系入手，建立罐体变位后对罐容表的影响模型，并结合实际数据得到变位参数及相应的修正模型，引入相对误差对修正模型进行合理性检验，其结果在很大程度上通过了检验，这说明本文的讨论是相对科学合理的.

但本文的模型也存在一些不足：因为问题一和问题二中罐体结构不同，修正模型不能直接通过问题一的修正模型类比而来，因而本文所得标定值必然存在误差，我们的结果只是一种相对合理的结果. 为了尽可能反映和接近实际，应多角度考虑变位对实际结果的影响. 可以考虑运用 Matlab 构建问题中几何罐体，通过数值积分的思想进行求解.

7.2 模型推广

本文建立的理想及修正模型，是依据理论几何推导及实际数据推导比较得来的，而变位参数的估计是依据最小二乘法原理及搜索算法的思想估计出来的，因而对于此类理论几何推导与实际数据相结合的问题具有普遍实用性.

8 参考文献

[1] 韩中庚. 数学建模方法及其应用. 北京：高等教育出版社，2005.

[2] 姜启源，谢金星，叶俊. 数学模型. 3 版. 北京：高等教育出版社，2007.

[3] 王正林，龚纯，何倩. 精通 MATLAB 科学计算. 北京：电子工业出版社，2009.

城市表层土壤重金属污染分析

摘　要：

本文运用综合指数法、因子分析、数值模拟等方法，对城市表层土壤重金属污染程度进行评价，分析重金属污染的主要原因，确定污染源位置．

第一问，首先，对附件 2 中的数据进行预处理，用 griddata 格点样条函数内插的方法使非网格空间分布点连续化，然后绘制该城区重金属污染物浓度的空间分布图；其次，建立土壤重金属污染程度的综合评价模型，用单项污染指数与综合指数法，根据国家土壤环境质量标准建立重金属污染程度综合评价指数，并以多因子以内梅罗污染综合指数标准，评价土壤重金属污染等级．结果为：工业区和交通区为重度污染；生活区和公园绿地区为中度污染；山区为轻度污染．

第二问，先对八种重金属污染物的数据进行相关性分析，然后用因子分析计算因子得分，找出各功能区及整个城区的主要重金属污染物元素，再分析污染物来源．分析结果为：城区整体上主要受工矿企业污染；生活区主要受生活垃圾污染，工业区和山区主要受工矿企业污染，交通区主要受交通污染，公园绿地区主要受商业污染和生活垃圾污染．

第三问，用对流-弥散模型，根据质量守恒建立重金属污染物运移基本方程，分析传播特征，然后用数值模拟，采用三次样条插值法得到区域内重金属污染物浓度值在空间的连续分布，再用网格法搜索浓度值超过正常值范围的极大值点，即为污染源坐标，最后对照问题一作出的重金属污染物浓度空间分布图，验证了结果的准确性．各重金属元素污染源具体坐标值见表 5.15.

第四问，分析模型优缺点，建立新的综合评价指数模型以研究地质环境的演变模式．首先分析影响重金属污染物浓度的因素，收集十年间每年重金属的排放量、人工处理量、土壤自净量数据，用多项式拟合预测未来几年这几种因素的变化趋势．其次，计算综合污染指数值，通过分析连续若干年内城市土壤污染程度变化的数据，判断城市地质环境的演变模式．

总之，本文结合 Matlab、SPSS、Excel 软件，综合运用综合指数法、griddata 格点样条函数内插法、因子分析、数值模拟、网格法等方法，较为合理地评价了各功能区重金属污染程度，给出了重金属污染的客观原因，并精确地计算出污染源的位置，简单探讨了城市地质环境的演变模式．

关键词：综合指数法；因子分析；数值模拟；网格法；多项式拟合

1　问题重述

随着城市经济的快速发展和城市人口的不断增加，人类活动对城市环境质量的影响日显突出. 对城市土壤地质环境异常的查证，以及如何应用查证获得的海量数据资料开展城市环境质量评价，研究人类活动影响下城市地质环境的演变模式，日益成为人们关注的焦点.

按照功能划分，城区一般可分为生活区、工业区、山区、主干道路区及公园绿地区等，分别记为1类区、2类区、……、5类区，不同的区域环境受人类活动影响的程度不同.

现对某城市城区土壤地质环境进行调查. 为此，将所考察的城区划分为间距1公里左右的网格子区域，按照每平方公里1个采样点对表层土（（0~10）cm深度）进行取样、编号，并用GPS记录采样点的位置. 应用专门仪器测试分析，获得了每个样本所含的多种化学元素的浓度数据. 另外，按照2公里的间距在那些远离人群及工业活动的自然区取样，将其作为该城区表层土壤中元素的背景值.

附件1列出了采样点的位置、海拔高度及其所属功能区等信息，附件2列出了八种主要重金属元素在采样点处的浓度，附件3列出了八种主要重金属元素的背景值.

通过数学建模来完成以下任务：

（1）给出八种主要重金属元素在该城区的空间分布，并分析该城区内不同区域重金属的污染程度.

（2）通过数据分析，说明重金属污染的主要原因.

（3）分析重金属污染物的传播特征，由此建立模型，确定污染源的位置.

（4）分析所建立模型的优缺点. 为更好地研究城市地质环境的演变模式，还应收集什么信息？有了这些信息，如何建立模型以解决问题？

2　模型假设

（1）假设从网上搜索到的资料真实可靠.

（2）假设从自然区取样的城区表层土壤中元素的背景值准确无误.

（3）假设采样点数据能够反映区域重金属污染的平均情况.

（4）假设土壤中重金属污染物的传播不受人力干扰.

（5）假设重金属污染源的元素浓度是最高的.

3　符号说明

x：横坐标，单位：m；

y：纵坐标，单位：m；

z：竖坐标，代表海拔高度，单位：m；

n：采集点编号，其中$n = 1, 2, \cdots, 319$；

i：重金属污染物种类，其中 $i = 1, 2, \cdots, 8$，分别代表砷、镉、铬、铜、汞、镍、铅和锌；

j：城区的功能区域，其中 $j = 1, 2, \cdots, 5$，分别代表生活区、工业区、山区、交通区（主干道路区）和公园绿地区；

C_i：采样点单位质量土壤含重金属的质量，单位：ug/g；

S_i：污染物 i 的土壤环境背景值，其中 $i = 1, 2, \cdots, 8$；

P_i：单项污染指数，其中 $i = 1, 2, \cdots, 8$；

$P_{综合n}$：采集点综合污染指数，其中 $n = 1, 2, \cdots, 319$；

F_k：因子分析主因子，其中 $k = 1, 2, \cdots, 8$；

F：因子得分.

4 问题分析

4.1 问题一分析

问题一要求作出八种主要重金属在该城区的空间分布图，并分析不同区域内重金属的污染程度.

首先，对附件中的数据进行预处理，分析是否存在缺失、错误. 其次，作出重金属的空间分布图. 由于附表 1 中 319 个采样点的空间位置坐标是一系列离散的点，不能说明重金属污染物在整个区域的分布情况，因此，用 griddata 格点样条函数内插的方法可使非网格空间分布点连续化，然后用 Matlab 软件绘制该城区重金属污染物浓度的空间分布图.

不同区域内重金属的污染程度，需要建立综合评价模型. 用单项污染指数与综合指数法，根据国家土壤环境质量标准建立重金属污染程度综合评价指数，并以多因子以内梅罗污染综合指数标准，评价土壤重金属污染等级.

4.2 问题二分析

问题二要求分析数据，找出重金属污染的主要原因. 先用因子分析法[1]找出各个功能区主要的重金属污染物，然后分析重金属污染的来源，进而找出重金属污染的主要原因.

具体步骤如下：

（1）相关性分析，包括一致化处理、描述性分析和 Pearson 相关性分析，剔除相关性较大的指标，使建立的评价体系之间相关性较弱，甚至不具备相关性，使因子分析的结果更具客观性；

（2）因子分析，先后进行显著性检验、主因子提取、因子旋转，使尽可能少的因子之间有密切的关系；

（3）计算因子得分，分析结果判断各功能区主要重金属污染物.

4.3 问题三分析

问题三要求分析重金属污染物的传播特征，建立模型确定污染源的位置.

用对流-弥散模型，根据质量守恒建立重金属污染物运移基本方程，分析传播特征；由于采样点在空间是离散的，用样条插值法得到区域内重金属污染物浓度值在空间的连续分布，然后用网格法，将城区分为面积为 $1\,m \times 1\,m$ 的方格，用 Matlab 编程得到该区域浓度值超过正常值范围的极大值点搜索，即为污染源，之后对照问题一作出的重金属污染物空间分布图，验证结果.

4.4 问题四分析

问题四要求分析模型优缺点，收集信息，建立新的模型，研究城市地质环境的演变模式.

要研究城市地质环境演变模式，需要观测一段时间内（设为 10 年）城市重金属污染物的情况，并对未来几年内城市的重金属污染进行简单的预测. 本文拟通过分析影响重金属污染物浓度的人为及自然因素，收集 10 年间每年重金属的排放量、人工处理量、土壤自净量，预测未来几年这几种因素的变化趋势；再计算综合污染指数并用之表示其污染程度，最后分析连续若干年内城市土壤污染程度变化的数据，判断城市地质环境的演变规律.

5 模型的建立及求解

5.1 问题一模型的建立与求解

根据问题分析，首先对附表数据进行预处理，并作出八种主要重金属在该城区的浓度分布图，然后用综合指数法建立重金属污染程度的评价模型，分析不同城区重金属的污染程度.

5.1.1 主要重金属的空间分布

5.1.1.1 数据预处理

一般情况下，实际的数据都会受到人为因素和自然因素的影响，产生误差甚至出现错误，因此要得到合理的结果，必须首先对数据的合理性和正确性进行验证.

用 SPSS[4] 作出城区采样点的散点图，如图 5.1 所示.

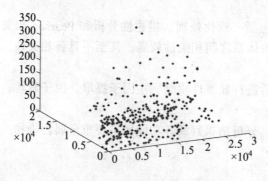

图 5.1 城区采样点散点图

用 SPSS 检验数据，检查数据是否错误、缺失，剔除错误数据，对缺失的数据进行修补. 如表 5.1 所示.

表 5.1　SPSS 数据检验

	N	极小值	极大值	均值	标准差
VAR00001	319	1.610	30.130	5.67649	3.024292
有效的 N（列表状态）	319				

结果表明，附件中的数据不存在缺失、错误，不需要进行修补.

5.1.1.2　重金属元素的空间分布

1）绘制地表曲面图

附件中的数据是按照每平方公里 1 个采样点对表层土进行取样，取样点是不连续的，不能得到地表曲面图，因此，首先要用插值的方法得到各个位置的坐标，然后作出图形.

本文用 griddata 格点样条函数内插的方法得到整个区域的 x, y, z（其中 z 表示海拔）的关系：

$$z = f(x, y). \tag{5.1}$$

用 Matlab 绘图[3] 得到地表曲面图（程序见附录 1），如图 5.2 所示.

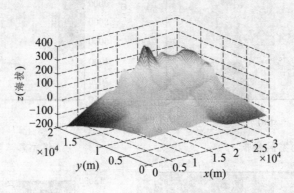

图 5.2　城区地表曲面图

2）重金属元素浓度的空间分布

根据图 5.2 地表曲面图的结果，将海拔高度 z 用某种重金属浓度代替，就可以得到该重金属浓度 C_i 与水平投影 (x, y) 之间的关系：

$$C_i = f(x, y), \quad i = 1, 2, \cdots, 8. \tag{5.2}$$

以采样点砷元素为例，用 Matlab 作出等高线图（程序见附录 1），如图 5.3 所示. 其中颜色由深到浅代表砷元素浓度由低到高.

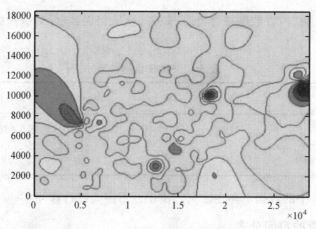

图 5.3　砷元素浓度的空间分布

分析图 5.3，该城区除了几片小区域外，其他地方的砷元素浓度均较低. 由附件 3 的砷元素正常值范围可知，白色区域和黑色区域的砷元素浓度超标，其中黑色区域严重超标.

用同样的方法，作出其他七种重金属元素的浓度分布图，结果如图 5.4 所示.

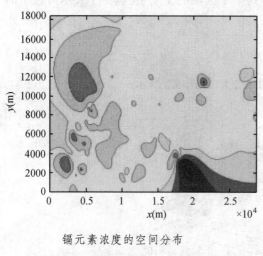

镉元素浓度的空间分布

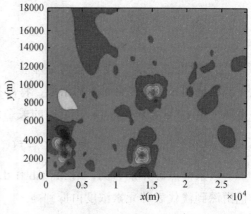

铬元素浓度的空间分布

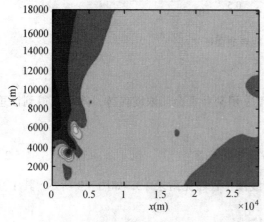

铜元素浓度的空间分布

汞元素浓度的空间分布

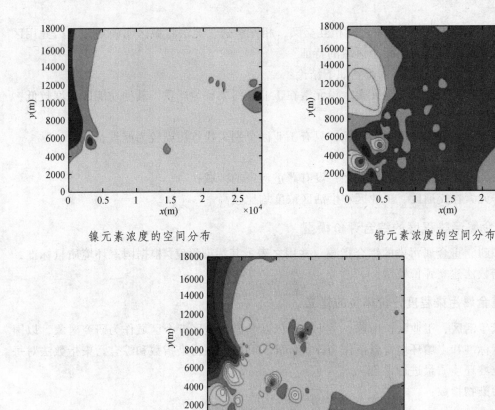

镍元素浓度的空间分布

铅元素浓度的空间分布

锌元素浓度的空间分布

图 5.4 主要重金属元素在城区空间分布

3）结果分析

得到砷元素在空间的分布情况，还不足以表现出砷元素在不同功能区的具体分布，因此本文用 Matlab 软件将不同区域采样点绘制在一个图形中（程序见附录1），如图 5.5 所示.

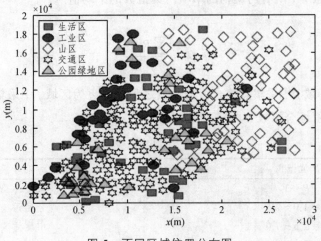

图 5 不同区域位置分布图

分析图 5.5，不同功能区域之间相互交叉，相互渗透，无法将城区明确划分，因此用区域包含的采样点数据来反映整个区域的特征.

对比图 5.4 与图 5.5，可以得到如下结论：

（1）砷元素、镉元素、铜元素、铅元素在工业区污染较为严重，其他功能区浓度较低，只有轻度污染；

（2）铬元素在整个城区污染较轻，只有工业区个别采样点污染较为严重；

（3）汞元素在公园区污染较为明显；

（4）镍元素在整个城区污染较轻，没有严重污染的区域；

（5）锌元素在交通区、工业区和生活区浓度均比较高.

5.1.2　重金属污染程度的综合评价模型

本文拟建立重金属污染的综合指数，并用之表示其污染程度. 根据国家环境质量标准，利用综合指数法建立评价模型.

5.1.2.1　重金属污染程度评价模型的建立

分别以生活区、工业区、山区、主干道路区及公园绿地区五个区域作为研究对象，以国家环境质量标准和土壤环境背景值作为评价标准，利用单项污染指数和综合污染指数法对每个采样点土壤环境质量进行评价.

单项污染物指数：

$$P_i = \frac{C_i}{S_i} \tag{5.3}$$

其中，P_i 为土壤污染物 i 的环境质量指数；C_i 为污染物 i 的实测值（ug/g）；S_i 为污染物 i 的土壤环境背景值，即污染物元素的评价值.

综合污染指数：

$$P_{综合} = \sqrt{(P_{j\max}^2 + P_{jave}^2)/2} \tag{5.4}$$

其中，$P_{综合}$ 为采样点土壤环境质量指数；$P_{j\max}$ 为采样点 j 中所有污染物单项污染指数中的最大值；P_{jave} 为采样点 j 中所有污染物的单项污染指数的平均值.

综合污染指数：

$$Q_j = \frac{\sum P_{综合n}}{\sum n} \tag{5.5}$$

其中，$\sum P_{综合n}$ 为区域 j 中采集点综合污染指数之和；$\sum n$ 为区域 j 中采集点的个数.

多因子以内梅罗综合指数（P）标准如表 5.2 所示.

表 5.2　污染等级评价

P 值范围	污染等级
$P < 1$	未受污染
$P = 1.0 \sim 2.5$	轻度污染
$P = 2.5 \sim 7.0$	中度污染
$P > 7.0$	重度污染

污染物 i 的土壤环境背景值 S_i 如表 5.3 所示：

表 5.3　污染物 i 的土壤环境背景值 S_i

污染物	As	Cd	Cr	Cu	Hg	Ni	Pb	Zn
背景值	3.6	130	31	13.2	35	12.3	31	69
标准偏差	0.9	30	9	3.6	8	3.8	6	14
范围	1.8～5.4	70～190	13～49	6～20.4	19～51	4.7～20	19～43	41～97

5.1.2.2　计算综合污染指数

本问题以生活区为例，计算其综合污染指数.

1）提取生活区所含取样点的污染物浓度

由附件 1 和附件 2 可以得到生活区的取样点及其污染物浓度（见附录 2）.

2）单项污染指数计算

由式（5.3）单项污染物指数计算公式可知，重金属元素的污染物浓度值除以其背景值即为单项污染指数 P_i，结果见附录 3.

3）每个采样点的综合污染指数计算

由式（5.4）计算出每个采样点的综合污染指数，生活区 $j = 1$，计算结果见附录 4.

4）综合污染指数 Q_j

计算出每个采样点的综合污染指数后，用平均值法反映整个生活区的综合污染指数.

$$Q_j = \frac{\sum P_{综合n}}{\sum n}, \tag{5.6}$$

其中，n 为 1～319 中属于区域 j 的采样点；对生活区，$j = 1$；$\sum P_{综合n}$ 为区域 j 中采集点综合污染指数之和；$\sum n$ 为区域 j 中采集点的个数.

计算得到生活区综合污染指数：$Q_1 = 4.558631$.

用同样的方法可计算出工业区、山区、交通区（主干道路区）和公园绿地区的综合污染指数，根据表 1 评价其污染等级，如表 5.4 所示.

表 5.4　各功能区综合污染指数 Q_j

功能区	生活区	工业区	山区	交通区	公园绿地区
综合污染指数 Q_j	4.558631	14.68165	1.652859	11.90536	3.744167
污染等级	中度污染	重度污染	轻度污染	重度污染	中度污染

5.2　问题二模型的建立与求解

本文用因子分析法分析不同功能区及整个城区的主要污染物，然后查找资料以分析不同污染物元素的来源，从而确定不同区域重金属污染的主要原因.

以生活区为例. 首先对生活区的采集点数据进行相关性分析，剔除相关性系数较大的元素，然后对处理后的数据进行因子分析，计算因子得分，得到区域的主要污染物.

5.2.1 相关性分析

1）指标的一致化处理

由于给出的数据均为极大型指标，因此不用对数据进行一致化处理.

2）描述性分析（见表 5.5）

表 5.5　描述性分析

重金属元素浓度	极小值	极大值	均值	标准差
As	2.340	11.450	6.27045	2.15020
Cd	86.800	1044.500	289.961	183.681
Cr	18.460	744.460	69.0184	107.891
Cu	9.730	248.850	49.4032	47.1629
Hg	12.000	550.000	93.0407	102.902
Ni	8.890	32.800	18.3423	5.66227
Pb	24.430	472.480	69.1064	72.3252
Zn	43.370	2893.470	237.009	443.638

3）相关性分析

用 SPSS 软件进行 Pearson 相关分析，得到相关系数矩阵（见附录 4），发现各个指标间的相关系数不大，没有相关系数超过 0.8，显著性水平小于 0.005 的元素，因此，这些数据可以用来建模.

5.2.2 因子分析

1）相关性分析及显著性检验

用 SPSS 进行因子分析，得到相关系数矩阵及变量共同度表（见附录 5）．由相关系数矩阵可以看出，各项指标之间的相关系数不小于 0.3，可以进行因子分析；由变量共同度表看出，各个变量的共同度都比较大，说明变量空间转换为因子空间时，保留了比较多的信息，证明因子分析的效果是显著的.

2）主因子提取

根据 SPSS 分析得到的总方差解释表（见附录 6），按照特征值大于 1 的原则，选取主因子，得到总方差分解表及因子载荷矩阵表（见表 5.6 和表 5.7）.

表 5.6　总方差分解表

主因子	特征值	方差贡献率（%）	累计方差贡献率（%）
F_1	3.616	45.199	45.199
F_2	1.133	14.165	59.365
F_3	1.075	13.432	72.797

表 5.7　因子载荷矩阵表

重金属元素	F_1	F_2	F_3
As	0.803	0.112	-0.348
Cd	0.784	0.171	-0.417
Cr	0.729	-0.246	0.024
Cu	0.686	-0.253	0.523
Hg	0.669	-0.646	-0.01
Ni	0.643	0.234	0.493
Pb	0.492	0.13	-0.437
Zn	0.501	0.691	0.267

3）因子旋转

通过坐标变换使每个原始变量在尽可能少的因子之间有密切的关系，这样因子间的实际意义更容易解释，旋转后的因子载荷矩阵如表 5.8 所示.

表 5.8　旋转后的因子载荷矩阵表

重金属元素	F_1	F_2	F_3
As	0.3	0.868	-0.148
Cd	0.849	0.224	0.216
Cr	0.105	0.405	0.733
Cu	0.4	0.635	0.169
Hg	0.666	0.066	0.048
Ni	0.006	0.785	0.439
Pb	0.798	0.302	0.226
Zn	0.277	-0.083	0.846

4）因子得分

对因子载荷矩阵进行旋转后，根据回归法确定因子得分函数的系数，进而得到因子得分函数，然后以各因子的方差贡献率占两个因子总方差贡献率的比重作为权重进行加权汇总，计算各项重金属元素的综合得分，即：

$$F = (45.199F_1 + 14.165F_2 + 13.432F_3)/72.797 \qquad (5.6)$$

根据式（5.6）计算各重金属元素的综合得分，如表 5.9 所示.

表 5.9　生活区污染物综合得分表

重金属元素	As	Cd	Cr	Cu	Hg	Ni	Pb	Zn
综合得分	0.328	0.611	0.279	0.403	0.435	0.237	0.596	0.312

生活区污染物综合得分的大小即反映了不同污染物对生活区的污染影响的大小，分析表

5.9 可知，对生活区影响最大的是镉、铅、汞和铜.

同样，可以得到其他功能区及整个城区的主要污染元素，如表 5.10 所示.

表 5.10   各区域主要重金属污染物

功能区	主要污染物
生活区	Cd、Pb、Hg、Cu
工业区	Cu、Hg、Cd、Pb
山区	Zn、Cr、Ni、Cu
交通区	Cu、Cr、Ni、Zn
公园绿地区	Pb、Zn、Cd、Cu
整个城区	Ni、Cd、Zn、Cu

5.2.3   结果验证

对各功能区污染程度最大的重金属，同时也是达到中度污染等级以上的重金属. 根据问题一建立的综合评价模型，对功能区内所有采集点的单项污染指数 P_i 取平均值，结果如表 5.11 所示. 其中 $j = 1, 2, \cdots, 5$，分别代表生活区、工业区、山区、交通区（主干道路区）和公园绿地区.

表 5.11   各功能区重金属污染物 P_i 平均值

功能区	元　素							
	As	Cd	Cr	Cu	Hg	Ni	Pb	Zn
生活区	1.742	2.230	2.226	3.743	2.658	1.491	2.229	3.435
工业区	2.014	3.024	1.723	9.662	18.353	1.611	3.001	4.028
山区	1.123	1.172	1.257	1.312	1.170	1.256	1.179	1.062
交通区	1.586	2.769	1.873	4.713	12.766	1.432	2.049	3.520
公园绿地区	1.740	2.158	1.408	2.287	3.285	1.243	1.958	2.235

达到中度污染（$P = 2.5 \sim 7.0$）的确定为主要污染物. 分析表 5.11，得到各功能区主要污染物，列表 5.12.

表 5.12   各功能区主要污染物

功能区	主要污染物
生活区	Cu、Zn、Hg
工业区	Hg、Cu
山区	轻度污染
交通区	Hg、Cu、Zn、Cd
公园绿地区	Hg

比较表 5.12 与因子分析结果，表 5.11 中各功能区的主要重金属污染物都包括在因子分

析的结果中. 因子分析是通过比较各重金属元素的影响力得出对整个区域污染较为严重的重金属元素，而单项污染指数的平均值则表示出污染程度较高的重金属元素，具有客观性，由此证明因子分析结果的正确性.

5.2.4　结果分析

污染物来源分析：通过查阅资料，现在公认的污染来源有工矿企业污染、居民生活垃圾污染、交通污染、商业活动污染等.

分析表 5.10 可得，对整个城区而言，主要污染物为镍、铬、锌和铜. 通过查阅相关资料，镍铬合金是工业生活中常用的合金材料，有着广泛的运用，这说明该城区可能会有合金厂或其他工业制造厂，因此可以确定整个城区的重金属污染原因为工矿企业污染.

对不同功能区，生活区主要污染物为镉、铅、汞和铜，镉和铅主要用在电池、染料或塑胶，为生活垃圾污染，受工业区影响不大；同样的道理，工业区主要污染源为工矿企业污染；山区的污染较轻，在一定程度上受工业污染；交通区主要受交通污染；公园绿地区主要受商业污染和生活垃圾污染.

综上所述，该城区重金属污染的主要原因见表 5.13.

表 5.13　重金属污染的主要原因

功能区	污染的主要原因
整个城区	工矿企业污染
生活区	生活垃圾污染
工业区	工矿企业污染
山区	工矿企业污染（轻度污染）
交通区	交通污染
公园绿地区	商业污染和生活垃圾污染

5.3　问题三模型的建立与求解

本文用对流-弥散模型分析重金属污染物的传播特征，用样条插值法得到区域内重金属污染物在空间的连续分布，然后用网格法搜索浓度值超过正常值范围的极大值点，确定为污染源.

5.3.1　对流-弥散模型

根据文献[5]，污染物在土壤中受各种物理、化学和生物反应的作用，是一个复杂的过程，包括对流、弥散、扩散、吸附、溶解、沉淀、水化等. 通常，污染物在土中的迁移可以概括为三种：对流运移、分子扩散、机械弥散，简称对流-弥散模型.

重金属污染物可以在空间传播，根据质量守恒定理，得到污染物运移基本方程：

$$\frac{\partial(\theta C)}{\partial t} = D_x\theta\frac{\partial^2 C}{\partial x^2} + D_y\theta\frac{\partial^2 C}{\partial y^2} + D_z\theta\frac{\partial^2 C}{\partial z^2} - v_x\frac{\partial C}{\partial x} - v_y\frac{\partial C}{\partial y} - v_z\frac{\partial C}{\partial z}, \tag{5.7}$$

其中，C 为重金属污染物浓度；D 为污染物迁移的水动力弥散系数；θ 为土壤中体积含水量；v_x、v_y、v_z 为污染物在沿空间正交坐标轴的迁移速度，与土壤性质、地形、温度、湿度等有关.

只考虑在竖直方向上的迁移，式（5.7）可转换为：

$$\frac{\partial(C)}{\partial t} = D_z \frac{\partial^2 C}{\partial z^2} - \frac{v_z \partial C}{\partial z} ; \qquad (5.8)$$

只考虑在水平面内的迁移，式（5.7）可转换为：

$$\frac{\partial(C)}{\partial t} = D_x \frac{\partial^2 C}{\partial x^2} + D_y \frac{\partial^2 C}{\partial y^2} - \frac{v_x}{\theta}\frac{\partial C}{\partial x} - \frac{v_y}{\theta}\frac{\partial C}{\partial y} . \qquad (5.9)$$

由式（5.7）、（5.8）、（5.9）可以得出重金属污染物的以下传播特征：

（1）传播的复杂性：传播过程复杂，影响因素很多；

（2）传播的任意性：只要浓度 C 不为 0，重金属污染物可以向空间任意位置传播，而且经历的时间足够长；

（3）传播的方向性：各个方向传播的速度不一样，与土壤性质、地形、温度、湿度等因素有关.

本文认为重金属污染源为持续排放污物，污染源浓度 C 恒定，方程可进一步简化为：

$$D_x\theta\frac{\partial^2 C}{\partial x^2} + D_y\theta\frac{\partial^2 C}{\partial y^2} + D_z\theta\frac{\partial^2 C}{\partial z^2} - v_x\frac{\partial C}{\partial x} - v_y\frac{\partial C}{\partial y} - v_z\frac{\partial C}{\partial z} = 0 . \qquad (5.10)$$

式（5.10）即为重金属污染物的传播特征方程，根据此方程可得到不同空间坐标下重金属污染物的浓度值.

5.3.2 污染源位置探究

1）问题转化

对流-弥散方程从数学角度看是三元二阶偏导数方程，难以求解. 注意到污染源向外扩散，其本身浓度应远高于其他地区污染物的浓度，因此问题转化为求方程的极大值问题，即重金属污染物浓度高于正常值的极大值点即为污染源.

2）数值模拟

附件给出的 319 个样本点的位置是不连续的，无法直接求导，因此首先要得到连续的重金属浓度分布. 本文采取数值模拟的方法完善数据，用样条插值法得到接近真实的浓度分布.

三次样条插值：

（1）采样点的分布（见表 5.14）

表 5.14　采样点分布表

编号	1	2	3	⋯	n	⋯	319
x（m）	x_0	x_1	x_2	⋯	x_{n-1}	⋯	x_{318}
y（m）	y_0	y_1	y_2	⋯	y_{n-1}	⋯	y_{318}

（2）设三次样条函数为 $s(x)$，则在区间 $[x_{j-1}, x_j]$ 上的表达式为：

$$s_j(x) = \frac{(x_j - x)^3}{6h_j}M_{j-1} + \frac{(x - x_{j-1})^3}{6h_j}M_j + \left(y_{j-1} - \frac{M_{j-1}h_j^2}{6}\right)\frac{x_j - x}{h_j} + \left(y_j - \frac{M_j h_j^2}{6}\right)\frac{x - x_{j-1}}{h_j}, \quad （5.11）$$

其中，$j = 1, 2, \cdots, n$；$h_j = x_{j+1} - x_j$；$M_0, M_1, \cdots, M_n$ 为待定系数.

（3）这 $n+1$ 个参数 $M_0, M_1, \cdots, M_n$ 满足如下关系：

$$\mu_j M_{j-1} + 2M_j + \lambda_j M_{j+1} = d_j, \quad (j = 1, 2, \cdots, n-1),$$

$$\begin{cases} \mu_j = \dfrac{h_j}{h_j + h_{j+1}}, \\ \lambda_j = 1 - \mu_j = \dfrac{h_{j+1}}{h_j + h_{j+1}}, \\ d_j = \dfrac{6}{h_j + h_{j+1}}\left(\dfrac{y_{j+1} - y_j}{h_{j+1}} - \dfrac{y_j - y_{j-1}}{h_j}\right). \end{cases} \quad （5.12）$$

（4）根据边界条件：

$$M_0 = M_n; \quad \lambda_n M_1 + \mu_n M_{n-1} + 2M_n = d_n, \quad （5.13）$$

其中 $\quad \lambda_n = \dfrac{h_1}{h_1 + h_n}, \quad \mu_n = 1 - \lambda_n = \dfrac{h_n}{h_1 + h_n}, \quad d_n = \dfrac{6}{h_1 + h_n}\left(\dfrac{y_1 - y_0}{h_1} - \dfrac{y_n - y_{n-1}}{h_n}\right),$

联立以上各式，构成 $M_0, M_1, \cdots, M_n$ 为未知元的线性方程组：

$$\begin{bmatrix} 2 & \lambda_1 & \cdots & \cdots & \mu_1 \\ \mu_2 & 2 & \lambda_2 & \cdots & \cdots \\ \vdots & \vdots & \ddots & \ddots & \vdots \\ \cdots & \cdots & \mu_{n-1} & 2 & \lambda_{n-1} \\ \lambda_n & \cdots & \cdots & \mu_n & 2 \end{bmatrix} \begin{bmatrix} M_1 \\ M_2 \\ \vdots \\ M_{n-1} \\ M_n \end{bmatrix} = \begin{bmatrix} d_1 \\ d_2 \\ \vdots \\ d_{n-1} \\ d_n \end{bmatrix}. \quad （5.14）$$

式（5.14）的系数矩阵是非奇异的，因此方程有唯一解，即三次样条插值函数 $s(x)$ 是存在且唯一的.

用三次样条插值的方法可以得到区域内连续的金属污染物浓度值.

3）问题求解

寻找浓度值函数的极大值点. 本文用网格法将城区分为面积为 $1\,\text{m} \times 1\,\text{m}$ 的方格，用 Matlab 编程得到该区域浓度值超过正常值范围的极大值点，即为污染源，程序见附录 1.

以砷元素为例，求得污染源的位置为：(4396，7500，9.5758)、(12697，3023，27.011)、(18173，10054，40.637)、(27525，12081，177.86).

同样可以得到其他重金属元素的污染源位置，如表 5.15 所示.

表 5.15　城区重金属污染源位置表

污染源	污染源位置
As	(4396，7500，9.5758)、(12697，3023，27.011)、(18173，10054，40.637) (27525，12081，177.86)
Cd	(2398，2400，17.812)、(3244，5878，3.82)、(4754，5000，8.1916) (17578，3800，26.062)、(21438，11435，45.835)
Cr	(3243，5842，3.8007)
Cu	(2273，3532，7.9309)、(3236，5914，3.8254)
Hg	(2614，2441，22.598)、(13689，2352，32.794)、(15216，9173，16.167)
Ni	(3238，5897，3.8198)、(22189，12175，78.766)、(24295，12411，72.535)
Pb	(4774，5022，8.22)、(1985，3284，5.6526)、(3401，10001，－31.144)
Zn	(9409，4427，23.681)、(13736，9625，18.475)

4）结果验证

表 5.15 列出了城区重金属污染物的位置坐标，与图 5.4 中，重金属污染物浓度的空间分布相比较，图中颜色较深（即污染物浓度较高）的位置与表 5.14 的结果坐标较为接近，说明模型求解结果与实际较为符合.

5.4　问题四模型的建立与求解

分析问题三模型的优缺点，然后通过收集相关信息，重新建立模型，研究城市地质环境的演变模式.

5.4.1　模型分析

问题三主要用数值模拟与网格法，即先用插值法完善原始数据，得到重金属污染物浓度值在空间上的连续分布，再用网格法计算出浓度极大值点的位置坐标，从中选取浓度值高于正常值的点，即为污染源位置.

分析问题三的模型，虽然其结果精度较高，但数据量较多，计算过程比较复杂，需要花费的时间较长，不易推广应用，且不适合研究城市地质环境的演变.

5.4.2　模型的重新建立

1）信息采集

要研究城市地质环境演变模式，需要观测一段时间内（设为 10 年）城市重金属污染物的情况，以便对未来几年内城市的重金属污染进行简单的预测. 本文拟通过分析影响重金属污染物浓度的因素，预测未来今年这几种因素的变化趋势，再计算综合污染指数并用之表示其污染程度.

对重金属污染物浓度能够产生影响的因素分为：人类活动的影响，自然环境的影响. 具体表现为人类的排放量、处理能力、及土壤的自净能力. 因此需要搜集的信息如下：

（1）10 年内该城市每年重金属污染物排放量 m_{ki}，单位：吨，其中 $k=1,2,\cdots,10$，表示年份（记观测的第一年为 1），$i = 1, 2, \cdots, 8$，依次代表八种重金属；

（2）城市 10 年间每年能处理的重金属污染物的质量 n_{ki}，单位：吨.

由此可得城市 10 年内每年各重金属的净排放量，分别可以表示为：$m_{ki} - n_{ki}$，单位：吨.

（3）10 年间土壤植被对每种重金属污染物的净吸收量，即单位平方米土地平均每年所能吸收的重金属的质量 a_{ki}，单位：吨每平方米，城市土地面积用 A 表示，单位：平方米.

由此得到 10 年间每年城市土壤植被所能净化的重金属含量 $A \times a_{ki}$，单位：吨.

（4）开始观测前土地中八种主要重金属污染物残留量 p_{0i}.

2）数据拟合

首先分析 10 年间每年的重金属净排放量及土壤植被净吸收量数据，然后用多项拟合[2]的方法得到净排放函数曲线与土壤植被净吸收函数曲线.

各重金属净排放量函数：

$$Q_i(x) = \alpha_0 + \alpha_1 \times x^1 + \alpha_2 \times x^2 + \alpha_3 \times x^3 + \cdots + \alpha_n \times x^n,$$

其中，$\alpha_0, \alpha_1, \alpha_2, \alpha_3, \cdots, \alpha_n$ 为多项式系数；x 表示年份.

土壤植被净吸收量函数：

$$W_i(x) = \beta_0 + \beta_1 \times x^1 + \beta_2 \times x^2 + \beta_3 \times x^3 + \cdots + \beta_n \times x^n,$$

其中，$\beta_0, \beta_1, \beta_2, \beta_3, \cdots, \beta_n$ 表示多项式系数；x 表示年份.

3）土壤重金属综合污染指数

每年各重金属残留量函数为：$R_i(x) = Q_i(x) - W_i(x)$.

第 x 年各重金属含量函数：$p_{xi}(x) = p_{0i} + R_{1i}(x) + \cdots + R_{(x-1)i}(x)$.

第 x 年各重金属浓度函数：$C_i(x) = \dfrac{p_i(x)}{A}$.

根据问题一建立的综合评价模型求得需预测年份城区的综合污染指数.

单项污染物指数：$P_i = \dfrac{C_i}{S_i}$.

综合污染指数：$P_{综合} = \sqrt{\dfrac{P_{j\max}^2 + P_{j\text{ave}}^2}{2}}$.

采用上述综合指数法，计算出 10 年间每年的城市土壤重金属综合污染指数值，还可预测得到未来若干年城市土壤重金属综合污染指数值，通过分析连续若干年内城市土壤污染程度变化的数据，判断城市地质环境的演变规律.

6 模型的评价与改进

6.1 模型评价

本文用综合指数法建立土壤重金属污染程度的综合评价模型，计算各城区的综合污染指数，根据多因子以内梅罗污染综合指数标准评价污染等级，然后用因子分析法分析土壤中主要的重金属污染元素，分析其来源，并用对流-弥散模型分析重金属污染物的传播特征，再采用网格法搜索重金属污染物浓度值在空间的极大值点，浓度值超过正常值的点确定为污染源.

在问题一与问题三中，分别用 griddata 格点样条函数内插的方法与三次样条插值法将重金属污染物在空间的离散分布连续化，便于进一步分析处理；问题二与问题三，都根据原始数据对结果进行了比较分析，验证了结果的正确性.

最后，本文提出采集数据，分析 10 年内影响重金属污染物浓度的各因素，预测未来若干年内这几种因素的变化情况，再根据问题一的模型计算出土壤综合污染指数，分析污染指数随时间变化的规律以说明城市地质环境的演变模式.

6.2 模型改进

问题一中，综合指数法过分地突出了高浓度污染物对土壤环境的影响，使得不能更加接近实际地反映整个区域的土壤环境质量状况. 因此，可以对土壤综合污染指数做一改进，同时考虑最大值与次大值的影响，以减小由于最大值过大引起的不合理性，从而更加接近实际地反映整个区域的土壤环境质量状况. 即将式（5.4）：

$$P_{综合} = \sqrt{\frac{P_{j\max}^2 + P_{jave}^2}{2}}$$

改为

$$P'_{综合} = \sqrt{\frac{(P_{j\max} + P_{j次})^2 + P_{jave}^2}{2}}$$

由于改进后综合指数值会变大，目前没有相应的综合评价标准对其进行等级划分，还有待于进一步研究.

7 参考文献

［1］ 姜启源，谢金星，叶俊. 数学模型. 3 版. 北京：高等教育出版社，2003.

［2］ 韩中庚. 数学建模方法及其运用. 北京：高等教育出版社，2005.6.

［3］ 张志涌，杨祖樱，等. MATLAB 教程. 北京：北京航空航天大学出版社，2006.

［4］ 卢纹岱. SPSS 统计分析. 2 版. 北京：电子工业出版社，2002.9.

［5］ 郑曙光，朱宏博. 污染物迁移的数值模拟研究. 西部探矿工程，310012:21-22.

交巡警服务平台的设置与调度

摘　要：

本文通过建立单、双目标优化模型和基于 BP 神经网络的综合评价模型，利用 Dijkstra 算法、逐步搜索算法等方法求解，对该城市交巡警服务平台的设置与调度进行了合理评价和科学优化，给出了解决交警服务平台设置不合理的优化方案．

问题一的模型一为单目标优化模型．从时间最快角度考虑，本文将其看成一个最短理论问题，建立了道路网的有向赋权图．分配管辖范围时，综合考虑交巡警到达事发地点应在 3 min 之内，根据时间最短的"就近原则"得到了在警车时速为 60 km/h 时平台警力资源最快到达事发地点的管辖范围分配方案．

问题一的模型二利用图论理论建立了每个平台到达进出区路口的时间最短的单目标优化模型，并用基于 Dijkstra 算法的"搜索算法"进行求解，得到了 13×20 的最少时间矩阵；然后在最少时间矩阵的基础上将问题转化成一个指派问题，以所有路口封锁的最长时间最短和路口全封锁总时间最少为目标建立多目标 0-1 整数优化模型，通过加权化为单目标优化模型，利用 Lingo 软件求解，得到了使该区交巡警服务平台警力的调度达到最优的方案．

问题一的模型三以各平台的工作量均差最小和平台的管辖范围内出警最长时间最短为目标建立了多目标优化模型．本问要求在 A 区增加警力平台，在求解每种方案时采用遍历搜索法，求解运算量大且求解时间过长，因此本文在模型一和模型二算法基础上提出了基于 Dijkstra 算法的"全局逐步搜索算法"进行求解，明显缩短了运行时间和运算量．利用 Matlab 编程求解得到的结果为：在路口 29、39、61 和 92 增设 4 个警力平台．

问题二的模型一建立了基于 BP 神经网络的综合评价模型．依据设置警务平台的原则和任务合理选取了路口全封锁的时间、平台、工作量的均偏差等六个评价指标，并对其进行归一化处理，再利用 Matlab 软件编程经过多次训练选取 sigmoid 算法、三层结构、步数不大于 1000 步的训练方法，得到了六个指标的评价权值，代入综合评价模型中得到六个区的综合评价值．将评价值进行分析比较，对 D 和 E 两区不能实现全封锁的严重问题进行了平台的合理优化改进，结果为：在 D 区标号为 329、331、362 和 370 的路口处增设警力平台，在 E 区标号为 387、388 和 445 的路口增设警力平台．

问题二的模型二建立了巡警围堵模型、报警后搜捕圈模型和围堵圈逐步扩张模型．利用编制的逐步扩张围堵算法结合 Matlab 软件编程由内向外分步逐层求解警力围堵圈，直到罪犯被围堵在圈内为止．

关键词： Dijkstra 算法；0-1 规划；多目标规划；有向赋权图；逐步搜索算法；BP 神经网络；逐步扩张围堵算法；Matlab

1 问题重述

"有困难找警察"，是家喻户晓的一句流行语. 警察肩负着刑事执法、治安管理、交通管理、服务群众四大职能. 为了更有效地贯彻实施这些职能，需要在市区的一些交通要道和重要部位设置交巡警服务平台. 每个交巡警服务平台的职能和警力配备基本相同. 由于警务资源是有限的，如何根据城市的实际情况与需求合理地设置交巡警服务平台、分配各平台的管辖范围、调度警务资源是警务部门面临的一个实际课题.

根据某市设置交巡警服务平台的相关情况，建立数学模型分析研究下面的问题：

（1）附件 1 中给出了该市中心城区 A 的交通网络和现有的 20 个交巡警服务平台的设置情况示意图，相关的数据信息见附件 2. 请为各交巡警服务平台分配管辖范围，使其在所管辖的范围内出现突发事件时，尽量能在 3 min 内有交巡警（警车的时速为 60 km/h）到达事发地.

对于重大突发事件，需要调度全区 20 个交巡警服务平台的警力资源，对进出该区的 13 条交通要道实现快速全封锁. 实际中一个平台的警力最多封锁一个路口，请给出该区交巡警服务平台警力合理的调度方案.

根据现有交巡警服务平台的工作量不均衡和有些地方出警时间过长的实际情况，拟在该区内再增加 2 至 5 个平台，请确定需要增加平台的具体个数和位置.

（2）针对全市（主城六区 A，B，C，D，E，F）的具体情况，按照设置交巡警服务平台的原则和任务，分析研究该市现有交巡警服务平台设置方案（参见附件）的合理性. 如果有明显不合理，请给出解决方案.

如果该市地点 P（第 32 个节点）处发生了重大刑事案件，在案发 3 min 后接到报警，犯罪嫌疑人已驾车逃跑，因此为了快速搜捕嫌疑犯，请给出调度全市交巡警服务平台警力资源的最佳围堵方案.

2 模型假设

（1）假设每个交巡警服务平台的职能和警力配备基本相同.
（2）假设突发事件均在道路交叉口处发生.
（3）假设一个警力完全有能力封锁一个路口.
（4）假设本市人口不会发生重大改变，人口迁移量平衡.
（5）假设每条线路均为直线段.
（6）假设警力服务台所在的路口归该警力服务台管辖.

3 符号约定

v_0：警车时速；

x_{ij}：0-1 变量；

$$y_{ij} = \begin{cases} 1, & \text{指派第 } i \text{ 个平台警力封锁第 } j \text{ 个要道口} \\ 0, & \text{不指派第 } i \text{ 个平台警力封锁第 } j \text{ 个要道口} \end{cases};$$

z_{ij}：0-1 变量，表示 $j\,(j = 1,2,\cdots,92)$ 路口是否归 $i(j = 1, 2,\cdots, 20)$ 平台管辖；

a_{ij}：第 i 个平台警力到第 j 个进出区路口的最短时间；

μ_j：每个路口节点的发案率．

4 问题分析

4.1 问题一分析

4.1.1 模型一分析

对于模型一，要求为各交巡警服务平台分配管辖范围，使其在所管辖的范围内出现突发事件时能尽快到达事发地．从时间最快角度考虑，可将其看成一个最短理论问题，以 92 个道路交叉口为顶点，用时间 t_{ij} 为边 i 到 j 赋权值，也就构成了 92 个顶点的有向赋权图．此问题顺利转化成一个图论问题，求解时以每个警力平台为起点建立 3 min 管辖圈，即圈内的所有路口节点达到警力平台的最短时间均小于 3 min，而对于那些重叠和不在管辖圈内的路口则采用时间最短的"就近原则"划分，从而得到在警车时速为 60 km/h 时平台警力资源最快到达事发地点的管辖范围分配方案．

4.1.2 模型二分析

要对该区交巡警服务平台警力进行合理的调度，就要得到每个交巡警服务平台警力到达进出该区的 13 条交通要道路口的最短时间，从而得到一个 13×20 的最少时间矩阵（见附录）；再以警力资源到达 13 条交通要道路口的最长时间最短为目标建立 0-1 整数优化模型，使该区交巡警服务平台警力的调度达到最优（见图 4.1）．

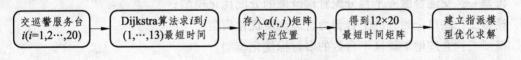

图 4.1　模型二求解流程图

4.1.3 模型三分析

要求根据现有交巡警服务平台的工作量不均衡和有些地方出警时间过长的实际情况分别在非平台路口增设 2 ~ 5 个警力平台．此问题同样为一优化问题，即要求添加合理数量的平台使各平台的工作量偏差最小和平台的管辖范围所有线路最长时间最短，因而可以建立多目标规划模型进行描述．求解时，以每个警力平台为起点建立 3 min 管辖圈，即圈内的所有路口节点达到警力平台的最短时间均小于 3 min．对于那些重叠和不在管辖圈内的路口，则采用时间最短的"就近原则"进行划分．通过依次增加平台数找到工作量偏差最小和平台的管辖范围所有线路最长时间最短的情况进行分析比较,确定最优的平台添加数目和位置.

4.2 问题二分析

4.2.1 模型一分析

要求按照设置交巡警服务平台的原则和任务,分析研究该市现有交巡警服务平台设置方案的合理性.经查阅资料可知,设置交巡警服务平台的原则包括警情主导警务原则、快速处警原则和方便与安全原则,同时还应结合辖区地域特征、人口分布等实际情况对平台的设置合理性进行评价;从警力平台任务出发,其具有刑事执法、治安管理、交通管理、服务群众等职能.所以,应分别从平台的原则和任务中分别选取合理的评价指标,并建立合理的综合评价体系对全市现有交巡警服务平台设置的合理性进行评价.

从指标值中观察,对于明显不合理的平台位置设置,通过添加、剔除和调整平台点使其指标值达到最大得到最优的解决方案.

4.2.2 模型二分析

为了建立一个最佳的围堵方案,就需要通过寻找一个快速搜捕圈,使得警力到达该搜捕圈的所有节点路口时,能完全封锁该圈内的所有道路,即走出该围捕圈就必须经过围捕警力所在的路口,从而实现最佳调度围堵.可通过由内向外逐层建立围堵圈来判断逃犯是否完全被围堵,针对此想法,本文提出编制逐步扩张围堵算法进行求解.

5 问题一模型建立及求解

本问题要求对 A 区的交通网络和 20 个交巡警服务平台进行优化设置,并分别建立不同的优化模型进行方案的设置.建立的模型如下:

模型一:交巡警服务平台分配管辖范围的分配优化模型;

模型二:路口全封锁的平台警力合理调度优化模型;

模型三:合理增加该区平台数的多目标优化模型.

5.1 模型一建立与求解

要分配警力平台管辖范围,从最短时间考虑,就要将警力资源到达事发地时间最短的位置划入其管辖范围.本文以非平台路口为目标进行划分,将划分过程看作最短路径求解问题,使得管辖范围的分配达到最优,从而提高警力部分解决突发事件的效率.

5.1.1 模型准备——有向赋权图的定义

1)邻接矩阵的建立

在 A 区,将该道路网视为一个有向权图,其邻接矩阵可定义为:

$$B(G_A) = \begin{bmatrix} x_{11} & x_{12} & x_{13} & \cdots & x_{192} \\ x_{21} & x_{22} & x_{23} & \cdots & x_{292} \\ \vdots & \vdots & \vdots & & \vdots \\ x_{911} & x_{912} & x_{913} & \cdots & x_{9192} \\ x_{921} & x_{922} & x_{923} & \cdots & x_{9292} \end{bmatrix}$$

其中，G_A 表示该有向权图，其邻接矩阵元素为 0-1 决策变量，定义为：

$$x_{ij} = \begin{cases} 1, & i, j \text{ 节点路口连通} \\ 0, & i, j \text{ 节点路口不连通} \end{cases} (i, j = 1, 2, \cdots, 92).$$

2）权值（时间）矩阵的建立

同样，根据题目时间最短的要求，本文将时间 $t_{ij} (i, j = 1, 2, \cdots, 92)$ 作为该有向赋权图中第 i 个节点与第 j 个节点之间弧 e_{ij} 的权值，即：

$$T(G_A) = \begin{bmatrix} t_{11} & t_{12} & t_{13} & \cdots & t_{192} \\ t_{21} & t_{22} & t_{23} & \cdots & t_{292} \\ \vdots & \vdots & \vdots & & \vdots \\ t_{911} & t_{912} & t_{913} & \cdots & t_{9192} \\ t_{921} & t_{922} & t_{923} & \cdots & t_{9292} \end{bmatrix}$$

其中，时间矩阵元素 t_{ij} 是路口 i 与 j 连接道路长度与警车行驶速度的比值，即：

$$t_{ij} = \frac{l_{ij}}{v_0}, \quad (i, j = 1, 2, \cdots, 92),$$

其中，v_0 为警车行驶速度，规定为 60 km/h；

l_{ij} 为 i 路口与 j 路口间道路长度，通过两个路口坐标 (x_i, y_i) 和 (x_j, y_j) 确定，即：

$$l_{ij} = \sqrt{(x_i - x_j)^2 + (y_i - y_j)^2}$$

当 i、j 路口不连通时，规定 l_{ij} 等于 $+\infty$.

5.1.2 基于最短理论的模型建立

1）目标分析

根据 5.1.1 中建立的有向赋权图，其中 0-1 决策变量 x_{ij} 表示弧 (i, j) 是否在起点与终点的路上，在定义了以 t_{ij} 为边 i 到 j 的权的有向网络图后，可看出从非警力服务平台 $j (j = 21, 22, \cdots, 92)$ 直达警力服务平台 $i (i = 1, 2, \cdots, 20)$ 可能会有多条线路选择，但必有一条为时间最少的，因而可将这条时间最短的路径找出，确定该路线上非警力服务平台所属的管辖范围. 因而，根据所建立的网络邻接矩阵和时间权值矩阵可以得到某一警力服务台的警力资源到达某一路口的时间数学模型为：

$$T = \sum_{i=1}^{92} \sum_{j=1}^{92} x_{ij} \times t_{ij}.$$

从时间考虑，既要满足单个路径时间最短，又因为本文是根据起点 r_1 到终点 r_2 的最短时间来划分管辖范围的，所以目标函数应为：

$$\min T = \sum_{i=1}^{92} x_{ij} \times t_{ij}, \ (j = 1, 2, \cdots).$$

2）约束分析

（1）最短路起讫点约束.

由于 G 为有向图，故将其顶点分为"起点""中间点""讫点"三类. 对于起点，只有出的边而无入的边；对于中间点，既有入的边也有出的边；对于讫点，只有入的边而无出的边.

对有向图而言，若求顶点 $r_1 \rightarrow r_2$ 的最短路径，以 x_{ij} 表示进第 j 顶点的边，以 x_{ji} 表示出第 j 顶点的边，则 $r_1 \rightarrow r_2$ 中的三类点约束可表示为：

$$\sum_{j=1}^{92} x_{ij} - \sum_{j=1}^{92} x_{ji} = \begin{cases} 1, & i = r_1 \\ -1, & i = r_2 \\ 0, & i = 其他 \end{cases} \left(\begin{array}{l} i = 1, 2, \cdots, 92; \\ r_1 = 1, 2, \cdots, 20; \\ r_2 = 21, 22, \cdots, 92 \end{array} \right).$$

（2）0-1 决策变量约束.

由于 0-1 决策变量 x_{ij} 为有向道路网路图的邻接矩阵元素，即表示 i, j 两路口是否连通，所以对其做如下约束：

$$x_{ij} = \begin{cases} 1, & i, j 节点路口连通 \\ 0, & i, j 节点路口不连通 \end{cases} (i, j = 1, 2, \cdots, 92).$$

3）模型确定

综上目标和约束分析，可得 A 区交巡警服务平台分配管辖范围的分配优化模型如下：

$$\min T = \sum_{i=1}^{92} x_{ij} \times t_{ij}, \ (j = 1, 2, \cdots),$$

$$\text{s.t.} \begin{cases} \sum_{j=1}^{92} x_{ij} - \sum_{j=1}^{92} x_{ji} = \begin{cases} 1, & i = r_1 \\ -1, & i = r_2 \\ 0, & i = 其他, \end{cases} (i = 1, 2, \cdots, 92), \\ x_{ij} = \begin{cases} 1, & i, j \ 节点路口连通 \\ 0, & i, j \ 节点路口不连通 \end{cases} (i, j = 1, 2, \cdots, 92), \\ r_1 = 1, 2, \cdots, 20, \\ r_2 = 21, 22, \cdots, 92. \end{cases}$$

5.1.3 基于 Dijkstra 算法的"搜索算法"求解

（1）方法一：基于"就近原则"的求解.

该模型求解得到的是非警力平台 j $(21, 22, \cdots, 92)$ 到警力平台 i $(1, 2, \cdots, 20)$ 的最小时间，从而可得到非警力平台 j 到所有警力平台的 20 个最短时间. 因此，将 20 个最短时间进行比较找出最小值即可确定该非警力平台 j 所属的管辖范围.

对于这个单目标规划模型，由于数据量较大且计算步骤繁琐，利用 Lingo 优化软件求解困难，因此，本文结合 Dijkstra 算法通过 Matlab7.0 编程进行遍历搜索求解. 算法步骤如下：

Step1：取一无警力服务台的节点路口 j；

Step2：利用 Dijkstra 算法求解 j 到每个警力服务台的最短时间；

Step3：将 Step2 中 20 个最短时间进行比较取最小值，并记录此值对应的路径和两端点；

Step4：如果有无警力服务台的路口未求解，转 Step1，否则，转 Step5；

Step5：输出 Step3 的记录，根据端点确定各警力服务台的管辖范围.

根据以上算法，利用 Matlab7.0 软件编程（见附录）求解得到各交巡警服务平台的最优分配管辖范围，结果如表 5.1 所示.

表 5.1　警力平台管辖范围

交巡警服务平台	管辖范围	到达时间/min
1	1	0
	67	1.6
	68	1.2
	69	0.5
	71	1.1
	73	1.0
	74	0.6
	75	0.9
	76	1.3
	78	0.6

其余警力平台管辖范围见附录.

以上计算结果反映在实际比例道路网络图中，如图 5.1 所示.

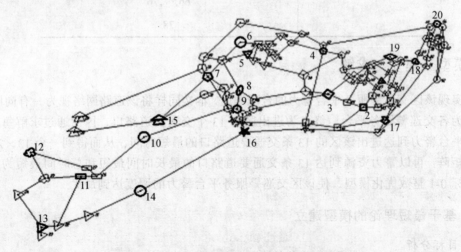

图 5.1　各交巡警服务平台管辖范围分配图

注：图中加黑的图标表示 20 个交巡警服务平台，形状相同图标所在的路口划入一个管辖范围.

（2）方法二：综合 3 min 出警时间的"就近原则"的求解.

综合考虑巡警对人民的承诺和管理的合法性,此种方法将综合考虑 3 min 的出警时间. 求解本模型时,以每个警力平台为起点建立 3 min 管辖圈,即圈内的所有路口节点达到警力平台的最短时间均小于 3 min,从而得到在警车时速为 60 km/h 时平台警力资源最快到达事发地点的管辖范围分配方案.

然而,以 3 min 出警原则求出的每个平台的管辖范围会出现重叠部分,即某个非平台点可属于两个或两个以上管辖范围,由于交巡警出警时间只要小于 3 min,即可满足对广大群众的承诺,所以重叠部分可任意归为某个平台管辖范围.

基于此种想法,通过基于 Dijkstra 算法的"搜索算法"进行求解,结果如表 5.2 所示.

表 5.2　警力平台管辖范围表

交巡警 服务平台	管辖范围
1	1
	2
	18
	19
	42,…,44
	64,…,80
2	1
	2
	3
	17
	40,…,44
	66,…,76
	78

5.2　模型二建立与求解

要实现该区交巡警服务平台警力的合理调度,本文同样将该道路网络视为一有向网络图. 其起点为各交巡警服务平台,终点为进出区的 13 个交通要道路口,因而通过求解每个交巡警服务平台警力到达进出该区的 13 条交通要道路口的最短时间,从而得到一个 13×20 的最少时间矩阵. 再以警力资源到达 13 条交通要道路口的最长时间最短和总时间最短为目标建立多目标 0-1 整数优化模型,使该区交巡警服务平台警力的调度达到最优.

5.2.1　基于最短理论的模型建立

1）目标分析

有向网络图的邻接矩阵和时间权值矩阵与 5.1.1 中的一样,其元素 0-1 变量 x_{ij} 定义为:

76

$$x_{ij} = \begin{cases} 1, & i, j \text{ 节点路口连通} \\ 0, & i, j \text{ 节点路口不连通} \end{cases} \quad (i, j = 1, 2, \cdots, 92);$$

时间矩阵元素即每段道路长度与警车行驶速度的比值 t_{ij} 的表达式为：

$$t_{ij} = \frac{l_{ij}}{v_0}, \quad (i, j = 1, 2, \cdots, 92),$$

其中，$l_{ij} = \sqrt{(x_i - x_j)^2 + (y_i - y_j)^2}$，当 i, j 路口不连通时，规定 l_{ij} 等于 $+\infty$.

所以，当给定起点 r_1 和终点 r_2 时，可得到两始终端点间行驶时间的表达式：

$$T = \sum_{j=1}^{92} x_{ij} \times t_{ij}, (i = 1, 2, \cdots, 20).$$

然而要得到最短时间路径，即要使每个警力平台到 13 个进出路口的时间都达到最短，此时警力平台作为起点和进出区路口作为终点的目标函数为：

$$\min T = \sum_{j=1}^{92} x_{ij} \times t_{ij}, (i = 1, 2, \cdots, 20).$$

2）约束分析

（1）最短路起讫点约束.

由于 G 为有向图，故将其顶点分为"起点""中间点""讫点"三类. 对于起点，只有出的边而无入的边；对于中间点，既有入的边也有出的边；对于讫点，只有入的边而无出的边.

对有向图而言，若求顶点 $r_1 \to r_2$ 的最短路径，以 x_{ij} 表示进第 j 顶点的边，以 x_{ji} 表示出第 j 顶点的边，则 $r_1 \to r_2$ 中的三类点约束可表示为：

$$\sum_{j=1}^{92} x_{ij} - \sum_{j=1}^{92} x_{ji} = \begin{cases} 1, & i = r_1 \\ -1, & i = r_2 \\ 0, & i = \text{其他} \end{cases} \left(\begin{array}{l} i = 1, 2, \cdots, 92; \\ r_1 = 1, 2, \cdots, 20; \\ r_2 \text{ 为进出区路口} \end{array} \right)$$

（2）0-1 决策变量约束.

由于 0-1 决策变量 x_{ij} 为有向道路网路图的邻接矩阵元素，即表示 i, j 两路口是否连通，所以对其做如下约束：

$$x_{ij} = \begin{cases} 1, & i, j \text{ 节点路口连通} \\ 0, & i, j \text{ 节点路口不连通} \end{cases} \quad (i, j = 1, 2, \cdots, 92).$$

3）模型确定

综合以上目标和约束，该区每个交巡警服务平台警力到达 13 个进出路口的时间最短优化模型如下：

$$\min T = \sum_{j=1}^{92} x_{ij} \times t_{ij}, (i = 1, 2, \cdots, 20),$$

$$\text{s.t.} \begin{cases} \sum_{j=1}^{92} x_{ij} - \sum_{j=1}^{92} x_{ji} = \begin{cases} 1, & i = r_1 \\ -1, & i = r_2 \quad (i = 1, 2, \cdots, 92), \\ 0, & i = 其他, \end{cases} \\ x_{ij} = \begin{cases} 1, & i, j \text{ 节点路口连通} \\ 0, & i, j \text{ 节点路口不连通} \end{cases} (i, j = 1, 2, \cdots, 92), \\ r_1 = 1, 2, \cdots, 20, \\ r_2 = 12, 14, 16, 21, 22, 23, 24, 28, 29, 30, 38, 48, 62. \end{cases}$$

5.2.2 基于 Dijkstra 算法的"搜索算法"求解

虽然此模型为单目标规划模型，但由于要遍历搜索得到每个交巡警服务平台警力到达 13 个进出区路口的所有时间最短路径，计算量仍极大且难以实现，因此本文将 Dijkstra 算法和遍历搜索算法相结合进行求解. 算法步骤如下：

Step1：$i = 1$；

Step2：$i = i+1$；

Step3：如果 $i > 20$，转入 Step5，否则利用 Dijkstra 算法搜索 i 平台分别到 13 个进出区路口的最短时间，并记录这 13 个时间和对应的起止端点标号；

Step4：转入 Step2；

Step5：输出 13×20 的最短时间矩阵和对应的起止端点标号.

利用 Matlab 软件结合 Dijkstra 算法按照以上算法步骤编程，最终得到该区平台到达出入区路口的最短时间矩阵，见表 5.3.

表 5.3　平台到达出入区路口的最短时间矩阵表

平台	路 口												
	12	14	16	21	22	23	24	28	29	30	38	48	62
1	0.37	0.27	0.15	0.32	0.35	0.38	0.38	0.32	0.33	0.20	0.10	0.20	0.08
2	0.34	0.24	0.12	0.29	0.32	0.34	0.35	0.29	0.30	0.17	0.07	0.17	0.10
3	0.31	0.21	0.10	0.27	0.30	0.32	0.32	0.25	0.26	0.14	0.10	0.14	0.07
4	0.37	0.25	0.14	0.30	0.33	0.36	0.38	0.27	0.26	0.14	0.08	0.12	0.01
5	0.29	0.22	0.10	0.27	0.30	0.32	0.30	0.19	0.18	0.05	0.16	0.04	0.09

注：后 15 个警力平台到达 13 个交通要道路口的所有最短时间见附录.

5.2.3 指派模型建立与求解

为了使调度合理性达到最优，经分析 5.2 所求解的数据，本文将该调度问题转化为指派问题，即通过指派平台警力使该区得到全封锁的时间最短. 主要从以下几个要求出发：

目标一：所有路口封锁的最长时间最短；

目标二：全封锁时所有警力用时之和最少.

1）目标分析

（1）目标一：所有路口封锁的最长时间最短.

本问题要求，在发生重大突发事件时通过调度全区 20 个交巡警服务平台的警力资源，实现进出该区的 13 条交通要道的快速全封锁，即要得到全局的最短时间，因此可将此问题简化成一个指派问题，即指派 20 个警力资源封锁 13 条交通要道路口. 因此，引入为 0-1 决策变量 $y_{ij}(i=1,2,\cdots,20;j=1,2,\cdots,13)$ 表示是否指派第 i 个平台的警力资源封锁第 j 个进出区要道路口，则：

$$y_{ij}=\begin{cases}1, & \text{指派第 } i \text{ 个平台警力封锁第 } j \text{ 个要道口}\\0, & \text{不指派第 } i \text{ 个平台警力封锁第 } j \text{ 个要道口}\end{cases}.$$

在每个路口只需一个警力资源封锁的情况下，还要保证警力资源到达 13 条交通要道路口的最长时间最短，从而使该区全封锁速度时间最短，即目标函数为：

$$\min[\max(y_{ij}a_{ij})],$$

其中，a_{ij} 为第 i 个平台到达第 j 个出入区路口的最短时间，即平台到达出入区路口的最短时间矩阵表中的元素.

（2）目标二：路口全封锁总时间最少.

在保证单路口封锁的最长时间最短的前提下，为了提高该区全局的封锁效率，尽量减少因总时间过长导致警力资源损耗的情况，还要使 13 个要道路口被 封锁时所有警力花费的时间总和最少，即目标函数为：

$$\min\sum_{j=1}^{13}\sum_{i=1}^{20}y_{ij}a_{ij}.$$

2）约束分析

（1）指派警力个数约束.

要求 13 个进出区的交通路口必须被全封锁，并且防止资源浪费即只能派一个警力封锁一个路口，即：

$$\sum_{j=1}^{13}\sum_{i=1}^{20}y_{ij}=13.$$

（2）封锁一个路口所需警力数约束.

在一个警力有能力封锁一个要道路口时，再多派警力封锁会导致浪费资源，所以一个要道路口只能由一个平台的警力封锁，即约束为：

$$\sum_{i=1}^{20}y_{ij}=1,\quad(j=1,2,\cdots,13).$$

（3）指派警力资源约束.

由于要指派 20 个平台的警力封锁 13 个路口且一个路口只能由一个警力封锁，所以必然会有 7 个平台的警力不参加封锁任务，则此约束可表示为：

$$\sum_{j=1}^{13}y_{ij}\leqslant1,\quad(i=1,2,\cdots,20).$$

3）多目标指派模型建立

综上目标和约束分析，可得 A 区交巡警服务平台分配管辖范围的分配的多目标 0-1 优化模型如下：

$$\min(\max(y_{ij}a_{ij})),$$

$$\min\sum_{j=1}^{13}\sum_{i=1}^{20}y_{ij}a_{ij},$$

$$\text{s.t.}\begin{cases}\displaystyle\sum_{j=1}^{13}\sum_{i=1}^{20}y_{ij}=13,\\[2mm]\displaystyle\sum_{i=1}^{20}y_{ij}=1,\quad(j=1,2,\cdots,13),\\[2mm]\displaystyle\sum_{j=1}^{13}y_{ij}\leqslant1,\quad(i=1,2,\cdots,20),\\[2mm]y_{ij}=0,1\quad(i=1,2,\cdots,20;\ j=1,2,\cdots,13).\end{cases}$$

5.2.4 指派模型求解

1）多目标转化成单目标

为了解决此多目标决策问题，本文采用加权法即对目标函数进行加权，将多目标转化成单目标优化问题. 为了避免"大数吃小数"情况，本文从目标一与目标二的数量关系进行分析，首先将目标一赋权值为 13；另外，从安全角度出发，当有重大突发事件发生时要在最短的时间内进行全封锁是安全最需要的，因此对目标一赋权值 26. 所以，由多目标加权求和得到的单目标如下：

$$\min\left[26\max(y_{ij}a_{ij})+\sum_{j=1}^{13}\sum_{i=1}^{20}y_{ij}a_{ij}\right],\quad(i=1,2,\cdots,20;\ j=1,2,\cdots,13).$$

2）单目标规划模型求解

经转化后本模型成为一简单的单目标规划模型. 本文采用专门的优化软件 Lingo 进行求解得到全局最优解，结果如表 5.4 所示.

表 5.4 A 区交巡警服务平台警力调度方案

交巡警服务平台标号	12	16	9	14	10	13	11	15	7	8	2	5	4
出入 A 区的路口标号	12	14	16	21	22	23	24	28	**29**	30	38	48	62
调度时间/min	0	6.7	1.5	3.3	7.7	0.5	3.8	4.8	**8.0**	3.1	4.0	2.5	0.4

从结果可知，该区实现全封锁所需最短时间为 8 min，警力资源封锁 13 个路口的总时间为 46 min. 从该区道路网络图中可以更直观地看出进出该区路口封锁的警力调度方案.

3）求解结果分析

从结果中可以看出，14 和 16 号进出区要道路口并不是被本路口的警力服务平台封锁，而是分别通过调度 16 和 9 号警力服务平台警力资源封锁，而 14 和 16 号警力服务平台警力资源却参与 21 和 14 号进出区要道路口的封锁工作. 从模型本身来说这种结果是合理的，因为要是警力资源到达指派的路口所要的总时间要达到最少，就要综合考虑到每个警力平台的调度时间，使全局调度达到最优.

5.3 模型三建立与求解

5.3.1 模型三分析与建立

本问题要求根据现有交巡警服务平台的工作量不均衡和有些地方出警时间过长的实际情况对该区的平台数进行添加，所以结合题目主要考虑如下因素进行优化增加平台：

目标一：各平台的工作量偏差最小；

目标二：平台的管辖范围内所有线路最长时间最短.

1）目标分析

根据现有交巡警服务平台的工作量不均衡和有些地方出警时间过长的实际情况，本文将控制各平台工作量偏差最小和出警时间尽量短为目标，通过分别在非平台路口增设 2～5 个警力平台找到使全区平台设置达到最优的平台数.

（1）目标一：各平台的工作量偏差最小.

首先根据需求，引入 0-1 变量 z_{ij} 表示 $j(j=1,2,\cdots,)$ 路口是否归 $i(i=1,2,\cdots,20)$ 平台管辖，其表达式如下：

$$z_{ij} = \begin{cases} 1, & i\,\text{平台管辖}\,j\,\text{路口} \\ 0, & i\,\text{平台不管辖}\,j\,\text{路口} \end{cases}, \quad \begin{pmatrix} i=1,2,\cdots,20; \\ j=1,2,\cdots,92 \end{pmatrix}.$$

本文将平台的工作量定义为其管辖范围的总发案率，所以平台的工作量可以表达为：

$$\sum_{j=1}^{92} z_{ij}\mu_j, \quad (i=1,2,\cdots,20),$$

则所有警力平台管辖范围的总发案率的平均值为：

$$\bar{\mu} = \frac{\sum_{i=1}^{20}\sum_{j=1}^{92} z_{ij}\mu_j + \sum_{k\in(21,92)}\sum_{j=1}^{92} z_{kj}\mu_j}{20+n} \quad (n=2,3,4,5),$$

其中，n 为增加平台的个数；k 为增加平台的标号；$\sum_{k\in(21,92)}\sum_{j=1}^{92} z_{kj}\mu_j$ 为增加平台的总发案率.

因此，该区所有警力平台管辖范围总发案率的均差为：

$$S = \sum_{i=1}^{20}\left|\bar{\mu} - \sum_{j=1}^{92} z_{ij}\mu_j\right| + \sum_{k\in(21,92)}\left|\bar{\mu} - \sum_{j=1}^{92} z_{kj}\mu_j\right|.$$

综上，各平台的工作量偏差最小可表示为：

$$\min S$$

（2）目标二：平台管辖范围内所有线路的出警最长时间最短.

针对本文有些地方出警时间过长的实际情况，需要对每个平台警力到达管辖范围中所有路口的最大时间进行控制，其中最大时间的搜索可表示为：

$$\max(z_{ij} \times T_{ij}), \ (i=1,2,\cdots,20; \ j=1,2,\cdots,92),$$

其中，$z_{ij} \times T_{ij}$ 为第 i 个平台达到其管辖的 j 平台的时间.

为了使总体达到最优，就要保证平台管辖范围内所有线路的最长时间最短，即：

$$\min\left[\max(z_{ij} \times T_{ij})\right], \ (i=1,2,\cdots,20; \ j=1,2,\cdots,92).$$

2）是否被管辖的约束分析

对于 $j(j=1,2,\cdots,92)$ 路口是否归 $i(i=1,2,\cdots,20)$ 平台管辖，0-1 变量 z_{ij} 可作如下表达：

$$z_{ij} = \begin{cases} 1, & i\ 平台管辖\ j\ 路口 \\ 0, & i\ 平台不管辖\ j\ 路口 \end{cases} \quad \begin{pmatrix} i=1,2,\cdots,20 \\ j=1,2,\cdots,92 \end{pmatrix}.$$

变量 z_{ij} 通过任意两点间的最短时间矩阵求得，当路口不归警力平台管辖时，变量 z_{ij} 值为 1，否则其值为 0，用此变量对两个目标进行约束.

3）模型三的建立

综合以上目标和约束，可建立以各平台的工作量均差最小和平台的管辖范围内出警最长时间最短为目标的多目标优化模型，如下所示：

$$\min S = \sum_{i=1}^{20}\left|\bar{\mu} - \sum_{j=1}^{92}z_{ij}\mu_j\right| + \sum_{k\in(21,92)}\left|\bar{\mu} - \sum_{j=1}^{92}z_{kj}\mu_j\right|,$$

$$\min\left[\max(z_{ij} \times T_{ij})\right],$$

$$\text{s.t.} \begin{cases} \bar{\mu} = \dfrac{\displaystyle\sum_{i=1}^{20}\sum_{j=1}^{92}z_{ij}\mu_j + \sum_{k\in(21,92)}\sum_{j=1}^{92}z_{kj}\mu_j}{20+n}, \\[6pt] z_{ij} = \begin{cases} 1, & i\ 平台管辖\ j\ 路口 \\ 0, & i\ 平台不管辖\ j\ 路口 \end{cases} \\[6pt] i=1,2,\cdots,20; \ j=1,2,\cdots,92, \\ n=2,3,4,5 \end{cases}$$

5.3.2 模型三求解与结果分析

1）基于 Dijkstra 算法的"全局逐步搜索算法"求解

由于每添加一个平台点都会改变该区平台的管辖范围，所以与前两个模型遍历求解相比，本模型遍历求解的运算量明显增大且求解时间过长，因而求解本模型不宜采用基于 Dijkstra 算法的遍历搜索法求解. 因此，本文提出了基于 Dijkstra 算法的全局逐步搜索算法. 算法步骤如下：

Step1：利用 Dijkstra 算法生成任意两点间的最短时间矩阵；

Step2：针对每一个道路节点，以 3 min 为时间半径，将到达其他点小于或等于 3 min 的点包含在此点内，建立对应每个节点的包含点集合；

Step3：先对前 20 个平台点进行处理，对重叠部分采用就进原则，分配给相应的平台点，划出前 20 个平台的管辖范围；

Step4：建立 (z_{ij}) 矩阵，行列分别代表 92 个道路节点，若 j 路口归 i 平台管辖，$z_{ij}=1$，否则 $z_{ij}=0$；

Step5：当增加平台点时，即将非平台点改为平台点，遍历搜索加在另外 72 个非平台点的情况；

Step6：找出所加平台点的包含点集合与前 20 个平台点管辖范围的重叠点，根据就进原则将其归为某个平台点的管辖范围内，即改变 (z_{ij}) 矩阵的元素值；

Step7：计算出每种情况下的全部平台工作量均差和出警最长时间；

Step8：搜索出最优情况下增加的点数和位置.

根据以上基于 Dijkstra 算法的逐步搜索算法，本文利用 Matlab 编程进行了求解，得到表 5.5 所示的结果.

表 5.5　增加平台的位置和数量表

增加点个数/个	2	3	4	5
增设平台标号	28,61	29,61	28,61,92	29,39,92,61	29,61,38,92,53
最长出警时间/min	3.68	3.68	3.60	2.9	2.9
平台工作量均差	54.54	54.54	40.90	48.68	47.52

2）添加点位置和个数的合理性分析

在增加点之前可以求得该区最长的出警时间为 5.70 min，每个平台管辖的路口总发案率的均差为 70.31；而从求解结果中可以看出，增加警力平台点后最长出警时间明显减少，并且整个区平台的工作量变得相对较均衡.

总体来分析，可以发现增设 4 或 5 个平台比增设 2 或 3 个平台最长出警时间更短且各平台工作量更均衡. 但是，将增设 4 或 5 个平台所得优化结果对比发现，两者最长出警时间和平台工作量均差相差不大，但从财力消耗来看增设点越少越好. 所以，在增设 4 或 5 个平台优化结果相差不大的情况下，增设 4 个平台最优，增设位置对应的路口标号为 29, 39, 61 和 92.

6　问题二模型建立及求解

本问为综合全市的警力平台设置情况，研究范围进一步放大，给出了平台设置合理性的科学的评价方法和突发事件发生时的全市最佳围堵方案.

6.1　模型一建立与求解

6.1.1　综合评价体系的指标遴选

本文结合以上原则和任务合理选取了路口全封锁的时间、平台工作量的均偏差、平台出警超过 3 min 的路线数、每区的平台平均响应时间、每区人均享有警力平台数和每区的单位面积平台数 6 个评价指标.

（1）路口全封锁的时间（min）.

定义：管辖进出市区路口的警力资源同时出发封锁路口的最少时间.

从警力平台的刑事执法的任务出发，当出现重大事件时要对整个市区进行全封锁，封锁时间越短说明警力平台的设置越合理.

（2）平台工作量的均偏差.

定义：所有平台管辖的所有路口发案率的和的均差.

此指标用来评价各区警力平台工作量的均衡性，是对平台位置设定合理性的一个重要评价标准，各区的平台工作量越均衡，说明设置越合理、越标准.

（3）平台出警超过 3 min 的路线数（条）.

定义：划分管辖范围后，每个平台管辖区域中出警时间超过 3 min 的路线数量.

（4）每区的平台平均响应时间（min）.

定义：每个区的所有平台出警到管辖范围内的所有路口的最短时间的平均值.

本指标遵循快速处警原则，城区接警后确保快速到达现场是体现平台位置设置合理性的一个重要因素，可以用全市每个区平均响应时间进行量化描述.

（5）每区人均享有警力平台数（个/万人）.

定义：每个区的平台数量与总人数的比值，即：

$$每区人均享有警力平台数 = \frac{每区的总平台数}{该区总人数}.$$

（6）每区的单位面积平台数（个/平方公里）.

定义：每个区的平台数量与总面积的比值，即：

$$每区的单位面积平台数 = \frac{每区的总平台数}{该区总面积}.$$

6.1.2 综合评价指标值的确定

对于指标平台工作量的均偏差、平台出警超过 3 min 的路线数和每区的平台平均响应时间三个指标值通过模型一确定，路口全封锁的时间通过模型二确定，每区人均享有警力平台数和每区的单位面积平台数从附录中所给数据进行求算，最后得到各区的指标值，如表 6.1 所示.

表 6.1 各区评价指标值

区域	指标（代号）					
	1	2	3	4	5	6
A 区	8.02	90.9	6	1.54	0.33	0.91
B 区	5.09	34.95	6	1.76	0.38	0.08
C 区	9.02	103.53	47	3.1	0.35	0.08
D 区	8.79	45.73	12	2.67	0.12	0.02
E 区	10.77	73.72	33	2.91	0.20	0.03
F 区	28.26	59.24	35	2.95	0.21	0.04

6.1.3　BP 神经网络综合评价模型的建立

1）评价模型准备

一个典型的神经网络具有输入、输出和隐含层三层结构，其结构图如图 6.1 所示.

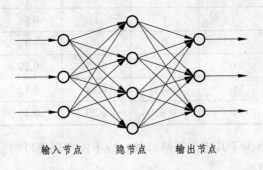

输入节点　　　隐节点　　　输出节点

图 6.1　BP 神经网络模型结构图

输入层：根据警力平台设置合理性评价指标体系，将最底层作为输入层神经元数，本文设为 6.

隐含层：本文 BP 神经网络模型隐含层采用 Sigmoid 转换函数，为提高训练速度和灵敏性以及有效避开 Sigmoid 函数的饱和区，标准化指标值要求在 0 ~ 1，因此，本文结合理论分析和经验选取隐含层神经元数为 1.

输出层：本文对全市平台设置合理性的评价是一个从定性到定量然后再到定性的过程，通过 BP 神经网络模型将定性转化为定量输出，本文设定的总和评价集如表 6.2 所示，因而将输出层神经元设置为 1 个.

表 6.2　网络输出层评价集满意度

评价等级	好	较好	一般	较差	差
评价得分	0.9 ~ 1	0.7 ~ 0.9	0.5 ~ 0.7	0.3 ~ 0.5	0 ~ 0.3

2）指标数据标准化

各个指标之间由于各自的度量单位及数量级的差别，而存在着不可公度性，因而需要消除各指标之间的单位不同和数量级之间差别的影响，就需要对评价模型作无量纲化处理. 本文按照以下原则对数据进行标准化处理，处理方法如下：

（1）当评价目标越大评价越好时，$c_j^* = (c_j - c_{j\min})/(c_{j\max} - c_{j\min})$；

（2）当评价目标越小评价越好时，$c_j^* = 1 - (c_j - c_{j\min})/(c_{j\max} - c_{j\min})$；

其中，c_j^* 是目标值为 c_j 的标准化值；$x_{j\min}$ 是预先确定的第 j 个指标的最小值；$x_{j\max}$ 是预先确定的第 j 个指标的最大值；j 是评价指标的数目.

因此，将表 6.2 中指标数据进行归一化得到结果，如表 6.3 所示.

表 6.3　各区评价指标归一化值

区域	指标（代号）					
	1	2	3	4	5	6
A 区	0.87	0.18	1	1	0.81	1
B 区	1	1	1	0.86	1	0.07
C 区	0.83	0	0	0	0.88	0.07
D 区	0	0.84	0.85	0.27	0	0
E 区	0	0.43	0.34	0.12	0.31	0.01
F 区	0	0.65	0.29	0.10	0.35	0.02

其中，D 和 E 区的平台数少于其进出区路口数，故不能实现路口的全封锁，故路口全封锁的时间的指标隶属化值为 0.

3）评价模型建立

运用 BP 神经网络的思想来建立通过 6 个指标对警力平台位置设置的综合评价模型：

$$Y = f(\vec{c_j}, CW_j) ,$$

其中，$\vec{c_j}$ 表示每个区的各个指标的标准化值，是一个矩阵；CW_j 表示各个指标对应的权重系数.

f 函数是 BP 神经网络的内部运算函数，可以通过 BP 神经网络的思想求出各个指对平台设置合理性的一个权重矩阵，然后通过这个矩阵就可得到综合评价值.

6.1.4　BP 神经网络综合评价模型的求解

针对建立的 BP 神经网络模型，本文利用 Matlab 工具箱进行网络设计和计算，通过学习样本的训练和测试，使模型的误差达到预设的范围内，由前面已处理的三组数据作为输入，用选定的传递函数进行训练（见图 6-2）. 经多步回代计算后得出结果如下：

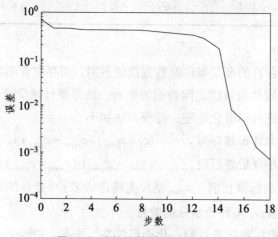

图 6.2　神经网络模型训练误差

最终求得 1～6 个指标对平台设置合理性的评价权重为：

（2.1098　　1.779　　2.0947　　0.97023　　0.29044　　0.77043）．

将其标准化后得到归一化权重值：

$$\omega_i = (0.263245 \quad 0.22197 \quad 0.261361 \quad 0.121058 \quad 0.036239 \quad 0.096128).$$

6.1.5　基于 BP 神经网络综合评价值的确定

要得到综合评价值，首先需要建立综合评价指标模型，本文建立模型如下：

$$f_k = \omega_i \cdot \vec{c_j},$$

其中，f_k 为第 k 区的综合评价值；ω_i 为所有各指标的权重向量．将各指标代入模型中可得到每个区的综合评价值，如表 6.4 所示．

表 6.4　每个区平台设置合理性的综合评价指标值

区	A	B	C	D	E	F
综合指标值	0.68	0.89	0.25	0.33	0.19	0.24

6.1.6　基于综合评价求解结果的方案改进

1）改进方案一

从表中可看出，C, D, E 和 F 四区的综合评价指标值明显偏低，根据实际情况来看，D 和 E 区的警力平台不能实现该区的全封锁，即两区警力平台数少于进出区要道路口数，这对单个区来说，不能实现全封锁，会给本区的管理造成不便，并且对本区的安全造成很大威胁，所以对于不能实现全封锁的严重平台设置问题，本文着重对 D 和 E 两区进行平台优化设置．

由于是警力平台数少于进出区要道路口数，所以本文采用与问题三相同的方法在两区增加适量数量的警力平台，使两区平台设置达到最优．经求解得到，应在 D 区标号为 329, 331, 362 和 370 的路口处增设警力平台，在 E 区标号为 387, 388 和 445 的路口增设警力平台．

本文只选取最长出警时间和工作量偏差两个指标优化前后的结果进行比较（见表 6.5），发现优化后明显好于优化前．

表 6.5　D, E 两区优化前后结果比较

指标值	最长出警时间		工作量偏差	
	优化前	优化后	优化前	优化后
D	8.79	4.84	45.73	10.43
E	10.77	8.12	73.72	39.77

2）改进方案二

对于附录中所给的数据，城区 A 的面积给定为 22 平方公里，通过图像观察和分析对这一奇异点进行了修改，将其值改为 220 平方公里．因此，按照 A 区面积为 22 平方公里时会对 A 区指标值造成影响，而改为 220 平方公里后符合实际且 A 区平台设置合理性提高．

6.2 模型二建立与求解

6.2.1 巡警围堵模型建立

为了建立一个最佳的围堵方案，就需要通过寻找一个快速搜捕圈，使得警力到达该搜捕圈的所有节点路口时，会完全封锁该圈内的道路，即走出该围捕圈就必须经过围捕警力所在的路口，从而实现最佳调度围堵.

1）报警搜捕圈模型建立

首先，已知在案发 3 min 后接到报警，犯罪嫌疑人已驾车逃跑，所以可以据此建立第一个围捕圈——报警搜捕圈，圈内的点是到达 P 点时间少于 3 min 的点，此时可定义这些点的集合为 X，集合中的元素值定义为：

$$x_i = \begin{cases} 1, & t_{ip} \leqslant 3\,\mathrm{min} \\ 0, & t_{ip} > 3\,\mathrm{min} \end{cases} \quad (i = 1, 2, \cdots, 582),$$

其中，t_{ip} 为 i 点到 P 点的最短时间；

当 $x_i = 1$ 时，i 点在报警搜捕圈之内，否则在报警搜捕圈之外.

2）报警后搜捕圈模型建立

报警后随着时间的推移，虽然对逃犯的行迹不能做出判断，但是可以通过扩大搜捕圈进行围堵，即把报警搜捕圈上的所有节点路口重新视为罪犯逃离最初点，再以这些最新逃离点为中心，把与其向外扩张的邻接点作为最新搜捕点，并将最新搜捕点归入集合 X 中. 其元素值定义如下：

$$y_j = \begin{cases} 1, & t_{jp} > 3\,\mathrm{min} \ \text{且}\ j \in X \\ 0, & \text{否则} \end{cases} \quad (j = 1, 2, \cdots, 582).$$

3）围堵圈逐步扩张模型建立

在报警围堵模型和报警后搜捕圈模型得到集合 X 的基础上，不断存储围堵圈上的点，并将该点在 X 中的对应元素赋值为 1，通过比较新赋值为 1 的点到逃犯的最短时间和该点到所有平台的最短时间，即如果前者大于后者则进行该点封锁，否则以该点视为中心，把与其向外扩张的邻接点作为最新搜捕点，再进行判断是否有的点可以封锁. 其扩张形式如图 6.3 所示.

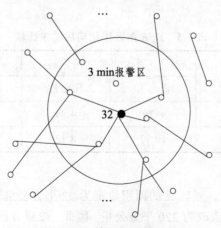

图 6.3 围堵圈逐步扩张图

6.2.2 巡警围堵模型的求解

基于以上模型，为了求解得到调度全市交巡警服务平台警力资源搜寻逃犯的最佳围堵方案，本文提出了快速搜捕嫌疑犯的逐步扩张围堵算法. 算法步骤如下：

Step1：通过 Dijkstra 算法得到全市任意两点间的最短时间，建立最短时间矩阵；

Step2：通过最短时间矩阵找到以 P 点为中心的 3 min 围堵圈；

Step3：将 3 min 围堵圈上的路口节点设为罪犯逃离最初点，重新建立包括与其邻接扩张的节点的围堵圈；

Step4：将最新围堵圈上的节点到所有平台的最短时间和与逃犯的最短时间进行比较，如果前者小于后者则进行该点封锁，否则把该点视为中心，把与其向外扩张的邻接点作为最新搜捕点，再进行判断是否有的点可以封锁；

Step5：如果向外扩张的最新点不能被完全围堵，则转 Step4，否则转 Step6；

Step6：停止算法搜索，输出围堵调度警力资源的路口.

根据以上算法步骤，利用 Matlab 软件编程由内向外分步逐层求解警力围堵方案，结果如下：

3 min 时需要立即封锁的路口节点

15	10	37	16	39	3	55	5	6	235	237	29

报警可立即封锁的路口节点

15	10	16	3	5	6

需进一步调度其他交巡警平台进行封堵的路口节点（部分围堵路口）

28	29	30	38	48	62

最后得到全市各区交巡警服务平台警力资源调度方案如表 6.6 所示.

表 6.6

A 区	C 区	D 区	F 区
2—>40	169—>240	321—>248	475—>561
3—>3	182—>182	320—>371	
4—>63	170—>170		
10—>10	178—>284		
15—>29	174—>211		
16—>16	175—>215		
	176—>168		
	168—>62		

注：表中"—>"表示从平台调度警力资源的方向.

89

7 模型评价和推广

7.1 模型的优点

（1）针对多个问题，本文建立了单目标优化和双目标优化，模型简单且清楚地展示了建模思路.

（2）对于问题二中平台设置方案的合理性评价，本文建立了基于 BP 神经网络的综合评价模型，在求各指标权值过程中利用神经网络消除了诸多评价模型中很强的人为主观评价因素，因而此评价模型更具客观性.

（3）本文建立的围堵圈逐步扩张模型是本文的一大创新点，并创新性地编制了逐步扩张围堵算法，利用 Matlab 编程成功求得最佳围堵方案，给出最小围捕圈.

7.2 模型的缺点

由于在求解模型过程中，需要求解的数据量很大，利用一般的优化软件进行优化求解会导致耗时过多，且受硬件内存限制，因此，所建立的模型不能用于实际求解，而是需要现编写算法求解，这也是本文模型的一个缺点.

7.3 模型的推广

本文建立的围堵圈逐步扩张模型是本文的一个创新点，尤其是对类似于最佳围堵方案的制订具有很大的借鉴意义，例如，在本题中可以将 P 点放在任意位置进行最佳围捕. 同时，在现实生活中的刑事追捕中，警方可以快速地制定最佳围堵方案，这具有很大的现实意义和推广意义.

8 参考文献

[1] 韩中庚. 数学建模方法及其应用. 2 版. 北京：高等教育出版社，2009.

[2] 姜启源，谢金星，叶俊. 数学模型. 3 版. 北京：高等教育出版社，2007.

[3] 基于人工神经网络的企业综合实力评价方法研究. 长春：长春理工大学.

[4] 薛毅，耿美英. 运筹学. 长沙：湖南大学出版社，2008.

葡萄酒的评价

摘　要：

本文运用多种相关分析、综合评价和线性回归等方法解决了葡萄酒质量的评价问题.

对于问题一，首先通过单样本 K-S 检验等方法确定了各葡萄酒样本评分数据的概率分布，从而确定了显著性差异模型的建立. 接着考虑两组评分数据的配对关系约束，引入 Wilcoxon 符号秩检验法进行显著性差异的假设检验. 结果显示，对于红、白葡萄酒，两个品酒组的评价结果均存在显著性差异. 最后利用秩相关分析，引入肯德尔和谐系数法评定评酒组的评分信度，评价结果显示，对于红葡萄酒，第一组品酒员的品尝得分更为可信，而对于白葡萄酒，则是第二组品酒员在可信度方面占优.

问题二，运用主成分分析法进行指标遴选，构建酿酒葡萄质量的综合评价指标体系，并利用该指标体系建立基于综合评价的酿酒葡萄分级模型，对酿酒葡萄进行分级. 结果发现样本葡萄大多集中在二、三级，红葡萄样本中样本 23 质量最优，为特级葡萄；样本 12 质量相对欠缺，属六级葡萄.

问题三中，采用研究两组变量之间相关关系的多元统计方法——典型相关分析，识别并量化两组变量——酿酒葡萄与葡萄酒的理化指标——之间的关系. 分析结果如下：第一，增大酿酒葡萄果皮的含量对葡萄酒中 DPPH 半抑制体积含量的增加有重要影响；第二，酿酒葡萄中的苹果酸不仅能促发酵，还能给对红葡萄酒起主要呈色作用的花色苷和对花色苷起中等辅色作用的单宁物质起保护作用，使得红葡萄酒呈色亮丽；第三，在葡萄总黄酮消除自由基的抗氧化作用和总酚保护清除自由基的共同作用下，酿酒葡萄中的 DPPH 自由基转化为葡萄酒中的 DPPH 半抑制体积.

对于问题四，首先在问题三分析酿酒葡萄与葡萄酒的理化指标间联系的基础上，在保留葡萄酒指标的前提下，剔除酿酒葡萄指标中某些认为可以被用于表示对应葡萄酒指标的部分. 接着，利用筛选后的指标建立多元线性回归模型，探究酿酒葡萄和葡萄酒的理化指标对葡萄酒质量的影响. 经检验样本组的线性回归模型评价值与评分值的显著性差异检验，用葡萄和葡萄酒的理化指标来评价葡萄酒的质量是可行的.

本文综合秩相关分析评价、基于层次分析法的综合评价、典型相关分析、多元线性回归等模型，结合 Matlab、SPSS、Sas 和 Excel 等软件，对葡萄酒质量的评价问题进行了多角度的分析，并给出了利用理化指标评价葡萄酒质量的模型. 在文章的最后对模型的适用范围做出了推广，在实际应用中有较大的参考价值.

关键词：秩相关；主成分分析；层次分析综合评价；典型相关分析；多元线性回归

1 问题重述

确定葡萄酒质量时一般是通过聘请一批有资质的评酒员进行品评. 每个评酒员在对葡萄酒进行品尝后对其分类指标打分, 然后求和得到其总分, 从而确定葡萄酒的质量. 酿酒葡萄的好坏与所酿葡萄酒的质量有直接的关系, 葡萄酒和酿酒葡萄检测的理化指标会在一定程度上反映葡萄酒和葡萄的质量. 附件1给出了某一年份一些葡萄酒的评价结果, 附件2和附件3分别给出了该年份这些葡萄酒和酿酒葡萄的成分数据. 请尝试建立数学模型讨论下列问题:

（1）分析附件1中两组评酒员的评价结果有无显著性差异, 哪一组结果更可信.

（2）根据酿酒葡萄的理化指标和葡萄酒的质量对这些酿酒葡萄进行分级.

（3）分析酿酒葡萄与葡萄酒的理化指标之间的联系.

（4）分析酿酒葡萄和葡萄酒的理化指标对葡萄酒质量的影响, 并论证能否用葡萄和葡萄酒的理化指标来评价葡萄酒的质量.

2 问题分析

2.1 问题一的分析

问题一要求比较两组评价结果是否存在差异, 并建立合理的评价模型以判断两组结果在可信程度方面的优劣. 首先, 我们从问题分析可以得出品酒员对葡萄酒样本的品尝评分属于感官评价, 具有较大的主观性. 因此, 我们先从问题所给的数据入手, 分析四组品酒结果中对不同样本的打分分布. 依靠葡萄酒样本评分的概率分布, 建立显著性差异模型. 由于品酒员间存在评价尺度、评价位置和评价方向等方面的差异, 不同组别的品酒员对同一酒样的评价结果存在着差异. 此时不适用参数检验的方法, 而只能用非参数统计方法来处理.

对主观评分结果合理性的评价, 仅仅局限于评分之间表面的数值关系是不够的, 因此, 考虑采取秩相关分析法建立评价模型, 将评分结果的具体数值部分予以丢弃, 只保留各评分秩大小关系的信息, 以给出数据中最稳固、最一般的关系, 从而度量整体评分结果在可信度方面的优劣.

2.2 问题二的分析

酿酒葡萄, 是指以酿造葡萄酒为主要生产目的的葡萄品种[1]. 问题二要求分析确定合理的评价指标体系, 并运用该评价指标体系对酿酒葡萄进行分级. 显而易见, 该问题要求我们建立一个评价模型.

评价体系主要包含两方面指标:

第一个方面是葡萄酒的质量，包括外观、香气、口感、整体四方面的评分．其中，外观包括澄清度和色调，香气包括纯正度、浓度和质量，口感则通过纯正度、浓度、持久性和质量体现．

第二个方面为酿酒葡萄自身的理化指标．如附件 2 中的葡萄总黄酮、总酚、单宁、果皮质量等 27 个指标．对于这 27 个酿酒葡萄自身的理化指标，根据多个样本得到的数据分析出其内在的关系，将相关性显著的指标合并，则可以使计算简单．

那么由以上的分析可以构建综合评价指标体系，并对所建立的模型进行多指标综合评价．基于综合评价结果，即可对酿酒葡萄进行分级．

2.3 问题三的分析

问题三中，题目要求分析酿酒葡萄与葡萄酒的理化指标之间的联系．酿酒葡萄和葡萄酒分别存在多个理化指标，若采用简单相关分析的方法，只是孤立考虑了单个 X 与单个 Y 间的相关，而没有考虑 X、Y 变量组内部各变量间的相关．酿酒葡萄经发酵酿成葡萄酒的化学过程，使得两组变量间有许多简单相关系数，使问题显得复杂，难以从整体描述．因此，考虑采用研究两组变量之间相关关系的多元统计方法——典型相关分析，识别并量化酿酒葡萄与葡萄酒的理化指标两组变量之间的关系，考虑两组变量的线性组合，并研究它们之间的相关系数 $p(u,v)$．

2.4 问题四的分析

问题四中，需要我们通过酿酒葡萄和葡萄酒的理化指标，得到对葡萄酒的质量的评价，并论证是否可行．因此，首先考虑在问题三的基础上，针对酿酒葡萄与葡萄酒理化指标之间的联系和它们与葡萄酒质量之间的相关性进行指标的筛选．随后，期望建立一个线性回归模型，通过该模型得到对葡萄酒质量的评价．

由于要论证能否用葡萄和葡萄酒的理化指标来评价葡萄酒的质量，初步认为在建立线性回归模型时对样本进行随机遴选，选中的样本作为示例样本组建立线性回归方程，未选中的样本作为检验样本组对模型的可行性进行验证．

3 模型假设

（1）假设各样本能真实客观地反映酿酒葡萄与葡萄酒的情况．
（2）葡萄酒的质量只与酿酒葡萄的好坏有关，忽略酿造过程中的温度、湿度、人为干扰等其他因素的影响．
（3）不考虑理化性质的二级指标．
（4）每组评酒员的打分不受上个酒样品的影响，即各评分数据间独立．

4 符号说明

m：品酒员个数；

n：样本数；

j：样本序数；

i：指标序数；

$r_{ii'}$：第 *i* 个指标与第 *i'* 个指标的相关系数；

p：一级评价指标中的指标序数；

q：二级评价指标中的指标序数；

y：酿酒葡萄质量综合评价值；

B：每一酿酒葡萄样本所在级别；

X：酿酒葡萄理化指标；

Y：葡萄酒的理化指标；

β：线性回归系数；

V：典型变量；

W：解释变量.

5 模型建立与求解

5.1 问题一的模型建立与求解

问题一要求分析两组评酒员的评价结果有无显著性差异，并判断两组结果在可信程度方面的优劣. 我们认为由以下三个步骤组成：

步骤一：葡萄酒样本评分概率分布的确定，其目的是确定显著性差异模型的类型；

步骤二：两组评酒员评价结果的显著性差异模型的建立，主要通过 Wilcoxon 符号秩检验法进行显著性差异的假设检验；

步骤三：建立秩相关分析评价模型，并通过该模型判断两组品酒员评价结果在可信度方面的优劣.

5.1.1 数据的预处理

经过对数据的查找，我们发现部分原始数据存在异常，另外，有些类型的数据存在缺失，在此我们将其正常化处理.

1）缺失数据的处理

对于数据中存在的缺失现象，本文采用均值替换法对这种缺失数据进行处理.

均值替换法就是将该项目剔除异常数据后取整剩余数据的平均值来替换异常或缺失数据的方法，即：

$$x_m^* = \frac{1}{9}\left[\sum_{k=1,k\neq m}^{10} x_k\right], \ (m = 1, 2, \cdots, 10),$$

其中，x_m^* 为缺失值.

由于不同品酒师对同一样本相同项目的打分值差别不大，所以认为采用均值替换法来处理缺失数据是可行的. 以"酒样品 20"色调数据为例进行修补，得到修正后的数据，如表 5.1 所示.

表 5.1 红葡萄酒样品 20 色调数据修补

品酒员	1 号	2 号	3 号	4 号	5 号	6 号	7 号	8 号	9 号	10 号
修补前	6	6	4	---	6	6	8	6	6	8
修补后	6	6	4	6	6	6	8	6	6	8

注："---"代表数据缺失.

2）异常数据的修正

原始数据中，有的数据明显比两侧的数据过大或过小，显然是不合理数据. 例如，第一组白葡萄酒品尝评分的数据中，可能由于手工输入的误差，品酒员 7 对样品 3 持久性评分的数据相对于相邻各品酒员的评分发生了明显的突变现象，这种数据异常有可能对数据挖掘的结果产生不利影响（见表 5.2）.

表 5.2 第一组白葡萄酒品尝评分样本 3 持久性数值异常

品酒员	1 号	2 号	3 号	4 号	5 号	6 号	7 号	8 号	9 号	10 号
持久性	7	5	7	5	6	7	**77**	5	6	7

对于类似的异常数据采取"先剔除，后替换"的策略，对异常数据进行修正.

5.1.2 各葡萄酒样本评分数据概率分布的确定

对两组品酒员差异性评价的假设检验一般要求数据符合正态分布. 统计规律表明，正态分布有极其广泛的实际背景，生产与科学实验中很多随机变量的概率分布都可以近似地用正态分布来描述[2]. 因此，对葡萄酒质量的评分进行正态性检验有助于我们分析得出该评分是否科学、合理.

首先，计算针对每一个样本 10 个品酒员的评分均值，即：

$$\overline{x} = \frac{\sum_{m=1}^{10} x_{mn}}{10}, \quad (m = 1, 2, \cdots, 10 \quad n = 1, 2, \cdots, 10).$$

其次，利用 SPSS 统计软件中的 P-P 图和单样本 K-S 检验，对数据集两组品酒员分别对红、白葡萄酒品尝得到的四组评价结果（见附录 8.1.2）进行了正态分布检验，若样点在正态分布 P-P 图上呈直线散布，则被检验数据基本上成一条直线[3]，如图 5.1 所示.

从图 5.1 可以看出，第一组（其余三组见附录 8.1-图 8.1）数据的散点分别近似为一条直线，且与对角线大致重叠；双边检验结果 $p = 0.525 > 0.05$. 因此可以认为，品酒员对葡萄酒的评分服从正态分布.

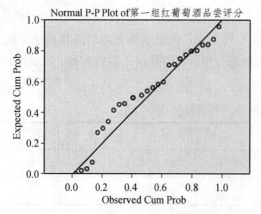

Normal P-P Plot of 第一组红葡萄酒品尝评分

One-Sample Kolmogorov-Smirnov Test		
		第一组红葡萄酒品尝得分
N		27
Normal Parameters[1.6]	Mean	73.0778
	Std. Deviation	7.36093
Most Extreme Differences	Absolute	.156
	Positive	.089
	Negative	−.156
Kolmogorov-Smirnov Z		.812
Asymp. Sig. (2-tailed)		.525

a. Test distribution is Normal.

b. Calculated from data

图 5.1　第一组红葡萄酒评价结果的正态 P-P 图和 K-S 检验结果

5.1.3　两组评价结果的显著性差异评价

上述检验显示各类葡萄酒的得分情况属于正态总体，为了进一步说明品酒员评分的科学性以及两个评分组评分的可信度，需要检查两组给出的评分是否有显著性差异，即对数据进行显著性检验.

两配对样本的非参数检验一般用于同一研究对象分别给予两种不同处理的效果比较[4]. 因为两组品酒员分别对同一样本组进行评分，故两组数据为配对数据. 对于两组配对数据的检验，需要引入适用于 T 检验中的成对比较，但并不要求成对数据之差 D_i 服从正态分布，只要求对称分布即可[5]. Wilcoxon 符号秩检验法，用来决定两个样本是否来自相同的或相等的总体. 其检验步骤（以红葡萄为例）如下：

Step1. 提出假设：

H_0：两组品酒员对酒样本的评价结果是相同的；

H_1：两组品酒员对酒样本的评价结果是不同的.

Step2. 选定显著性水平 $\alpha = 0.05$，$n_1 = n_2 = 27$.

Step3. 根据样本值计算成对观测数据之差 D_i，并将 D_i 的绝对值按大小顺序编上等级. 最小的数据等级为 1，第二小的数据等级为 2，以此类推（若有数据相等的情形，则取这几个数据排序的平均值作为其等级）（见附录 8.1.3）.

Step4. 等级编号完成后恢复正负号，分别求出正等级之和 T^+ 和负等级之和 T^-，选择 T^+ 和 T^- 中较小的一个作为威尔科克森检验统计量 T.

Step5. 统计量 T 的均值和方差分别为 $E(T)$ 和 $D(T)$，确定检验统计量：

$$z = \frac{T - E(t)}{\sqrt{D(t)}} \sim N(0,1)，$$

近似服从于标准正态分布.

Step6. 查正态分布表可得 $-z_{\alpha/2} = -z_{0.05/2} = -1.96$ 的值，确定 H_0 的拒绝域为：

$$z = \frac{T - E(t)}{\sqrt{D(t)}} = \frac{T - \dfrac{n(n+1)}{4}}{\sqrt{\dfrac{n(n+1)(2n+1)}{24}}} \leqslant -1.96；$$

根据样本值计算的检验统计量的观测值为：

$$z = \frac{T - E(t)}{\sqrt{D(t)}} = \frac{T - \dfrac{n(n+1)}{4}}{\sqrt{\dfrac{n(n+1)(2n+1)}{24}}} \approx -2.53 < -1.96 .$$

所以应拒绝 H_0，即在显著性水平 $\alpha = 0.05$ 下，认为两个品酒组对红葡萄酒的评价结果是不同的，即存在显著性差异.

类似地，对于两个品酒组对白葡萄酒的评价结果（见附录 8.1.3），可以得到：

$$z = \frac{T - E(t)}{\sqrt{D(t)}} \approx -2.23 < -1.96.$$

因此，两组品酒员对红、白葡萄酒的评价结果均存在显著性差异.

5.1.4 秩相关分析评价模型的建立

感官分析（特别是描述分析）是评价葡萄酒质量高低的重要方法[6-7]. 然而，在葡萄酒的感官评价中，由于品酒员间存在评价尺度、评价位置和评价方向等方面的差异，不同组别的品酒员对同一酒样的评价结果存在显著性差异. 因此，判断不同组别品酒员对葡萄酒质量的评价结果在可信程度方面的优劣尤为重要.

评鉴主评的评分信度主要采用肯德尔和谐系数法来评定. 肯德尔和谐系数是指"以等级次序排列或以等级次序表示的变量之间的相关"，它常用来刻画多个评价者对某一事物评判或评分的一致性程度[8]. 设有 m 个品酒员对 j 个样本评分，用肯德尔和谐系数法分析评分的一致性，步骤如下：

Step1：对附件 1 葡萄酒品尝评分表中的数据进行秩变换（见附录 8.1.4）；

Step2：计算和谐系数 ω，建立秩相关分析评价模型，其目的是度量品酒组的整体评分效果；

令和谐系数

$$\omega = Q \left/ \left[\frac{1}{12} \times m^2(j^3 - j) \right] \right. ,$$

其中，Q 为每个被评样本所得等级秩数之和 R_{mj} 与所有等级分的平均数 $\bar{R}$ 之差的平方和，即：$Q = \sum\limits_{m=1}^{10} (R_{mj} - \bar{R})^2$.

为计算方便，可将上式化为：$Q = \sum\limits_{m=1}^{10} R_{mj}^2 - \dfrac{\left(\sum\limits_{m=1}^{10} R_{mj} \right)^2}{j}$.

Step3：进行显著性检验.

本文令 10 个品酒员为一个品酒组，分别对 27 个红葡萄酒样本和 28 个白葡萄酒样本进行评分，第 m 个品酒员对第 j 个样本的评分秩为 r_{mj}，则 $R_{mj} = \sum\limits_{m=1}^{10} r_{mj}$ 为品酒组对第 j 个样本的评秩之和. 显然，当品酒组意见比较一致时，各个秩和 $R_1, R_2, \cdots, R_n$ 之间的差距较大，而当品酒组意见分歧较大时，$R_1, R_2, \cdots, R_n$ 之间的差距较小.

解得四组评分结果 ω 值如表 5.3 所示.

表 5.3　各组品酒员对葡萄酒品尝得分 ω 值

组别	第一组红葡萄酒品尝得分	第二组红葡萄酒品尝得分	第一组白葡萄酒品尝得分	第二组白葡萄酒品尝得分
ω 值	0.044366788	0.043314652	0.040039039	0.041112055

本文样本数 $j > 7$，检验统计量为 χ^2，$\chi^2 = m(j-1)\omega$. χ^2 服从自由度为 j 的 χ^2 分布. χ^2 的计算值如表 5.4 所示，如果 $\chi^2 > \chi_{(m)\alpha}$，那么有 $100(1-\alpha)\%$ 的把握可以断定 10 个品酒员的评分存在相关性.

表 5.4　各组品酒员对葡萄酒品尝得分检验结果

组别	第一组红葡萄酒品尝得分	第二组红葡萄酒品尝得分	第一组白葡萄酒品尝得分	第二组白葡萄酒品尝得分
χ^2	11.53536508	11.26180952	10.81054064	11.10025493

由表 5.4 可知，对于红葡萄酒，第一组品尝得分存在相关性的概率大于第二组品尝得分存在相关性的概率，即第一组品酒员的评价结果更为可信；而对于白葡萄酒，第二组存在相关性的概率大于第一组，即第二组品酒员的评价结果更为可信. 因此，本文后续分析中，对于红葡萄酒质量评价结果选用第一组品尝得分，对于白葡萄酒质量评价结果选用第二组品尝得分.

5.2　问题二的模型建立与求解

问题二要求我们建立模型，可以根据酿酒葡萄自身的理化指标和酿造后葡萄酒的质量情况，对酿酒葡萄进行分级. 为解决该问题，我们通过以下步骤来评价与分级酿酒葡萄.

步骤一：酿酒葡萄 27 种指标之间的关系研究，目的是构建评价模型的指标体系；

步骤二：建立综合评价模型，并通过该模型对步骤一得到的指标进行多指标综合评价，以对酿酒葡萄进行分级.

5.2.1　分级综合评价指标体系的构建

1）酿酒葡萄 27 种指标的遴选

对于酿酒葡萄而言，虽然每种指标在成因上互不相同，但是不同的指标之间往往具有相关性，其产生的原因是有潜在因素对酿酒葡萄的各指标起支配作用. 为了找到这些潜在因素以及相应的支配作用，本文选用主成分分析法[9]对这些问题加以解决. 步骤如下：

Step1：为消除不同变量的量纲的影响，首先需要对变量进行标准化处理.

本部分涉及的指标共 27 个，样本对象 27 个，第 j 个样本的第 i 个指标值为 F_{ij}，将各标准化值按如下方式进行标准化为 $\widetilde{F}_{ij}$：

$$\widetilde{F}_{ij} = \frac{F_{ij} - \overline{F}_i}{s_i}, \tag{5.1}$$

其中，$\overline{F}_i$ 和 s_i 分别为 i 指标的均值和标准差. 标准化的目的在于消除不同变量的量纲的影响，而且标准化转化不会改变变量的相关系数.

Step2：计算标准化数据的相关系数矩阵，求出相关系数矩阵的特征值和特征向量.

记第 i 个指标与第 i' 个指标的相关系数为 $r_{ii'}$，其计算方法为：

$$r_{ii'} = \frac{\sum_{k=1}^{27} \widetilde{F}_{ik} \widetilde{F}_{i'k}}{27-1}, \quad i, i' = 1, 2, \cdots, 27,$$

则相关系数矩阵为 $R = (r_{ii'})_{27 \times 27}$，其中，$r_{ii} = 1$，$r_{ii'} = r_{i'i}$.

Step3：计算特征值与特征向量.

计算相关系数矩阵 R 的特征值 $\lambda_1 \geqslant \lambda_2 \geqslant \cdots \geqslant \lambda_{27} \geqslant 0$，及其对应的特征向量 $\xi_1, \xi_2, \cdots, \xi_{27}$，其中 $\xi_i = (\mu_{1i}, \mu_{2i}, \cdots, \mu_{27i})^{\mathrm{T}}$ $(i = 1, 2, \cdots, 27)$，由特征向量组成 27 个新的指标变量：

$$\begin{cases} Y_1 = \mu_{1,1}\widetilde{F}_1 + \mu_{2,1}\widetilde{F}_2 + \cdots + \mu_{27,1}\widetilde{F}_{27}, \\ Y_2 = \mu_{1,2}\widetilde{F}_1 + \mu_{2,2}\widetilde{F}_2 + \cdots + \mu_{27,2}\widetilde{F}_{27}, \\ \quad \cdots\cdots \\ Y_{27} = \mu_{1,27}\widetilde{F}_1 + \mu_{2,27}\widetilde{F}_2 + \cdots + \mu_{27,27}\widetilde{F}_{27}, \end{cases}$$

其中，Y_i 为第 i 主成分，$i = 1, 2, \cdots, 27$.

Step4：确定 p 个主成分，进行统计分析.

根据以上步骤，本文利用 SPSS 统计软件，首先求得各指标的相关性系数表（见附件 5）. 从表中可以发现，某些指标具有很强的相关性，如果直接用这些指标对酿酒葡萄质量进行分级，不仅会使得运算量过大，同时还会造成信息的重叠，影响分级的客观性. 主成分分析可以把多个指标转化成少数几个不相关的综合指标. 以红葡萄为例，相应主成分的特征值和累计贡献率如表 5.5 所示.

表 5.5　红葡萄特征值和累计贡献率

主成分	提取平方和载入			旋转平方和载入		
	合计	方差的%	累计%	合计	方差的%	累计%
1	6.966	23.221	23.221	5.196	17.318	17.318
2	4.940	16.467	39.687	4.458	14.859	32.177
3	3.737	12.457	52.144	3.135	10.451	42.629
4	2.840	9.467	61.611	2.712	9.039	51.668
5	1.999	6.663	68.274	2.690	8.968	60.636
6	1.742	5.808	74.082	2.565	8.552	69.187
7	1.418	4.728	78.810	2.257	7.523	76.711
8	1.270	2.234	83.044	1.900	6.333	83.044

在累计方差为 83.044% 的前提下分析得到 8 个主成分, 这 8 个主成分提供了附件 2 酿酒红葡萄的理化指标中 83.044% 的信息, 满足主成分分析原则. 从表 5.5 还可以看到, 主成分 1 和 2 的累计贡献率较大, 这可以解释为主成分 1 与主成分 2 可能是酿酒葡萄分级最重要的指标.

由以上分析利用 SPSS 统计软件计算得到主成分分析正交解, 见附录 8.2.1.

正交解说明, 红葡萄理化指标当中, 主成分 1 为葡萄总黄酮、总酚、DPPH 自由基和单宁的组合, 主成分 2 为总糖、可溶性固形物和干物质含量的组合, 主成分 3 为苹果酸和褐变度的组合, 主成分 4 为果皮质量与果穗质量的组合, 主成分 5 为红绿色差指标 a 值和黄蓝色差指标 b 值的组合, 主成分 6 为可滴定酸和固酸比的组合, 主成分 7 为黄酮醇, 主成分 8 为酒石酸. 这组合说明葡萄总黄酮、总酚、DPPH 自由基和单宁, 总糖、可溶性固形物和干物质含量, 苹果酸和褐变度, 果皮质量与果穗质量, 红绿色差指标 a 值、黄蓝色差指标 b 值和白藜芦醇, 可滴定酸和固酸比可能在同一方面对酿酒葡萄分级起重要作用, 而黄酮醇、酒石酸分别在不同角度影响酿酒葡萄的质量与分级.

2）指标体系的初步建立

根据酿酒葡萄指标遴选分析与已知葡萄酒质量评分规则, 以红葡萄为例, 酿酒葡萄理化指标 R_1、葡萄酒质量 R_2 是评价葡萄质量的一级指标, 其中一级指标——酿酒葡萄理化指标 R_1 进一步分为主成分 1 至主成分 8 的 8 个二级指标, 葡萄酒质量 R_2 分为外观、香气、口感、整体的 4 个二级指标讨论. 8 个二级指标和 4 个二级指标下面又分别进一步分为 17 个和 10 个三级指标, 故三级指标共 27 个.

综上可得, 酿酒葡萄质量评价指标体系构架如图 5.2 所示.

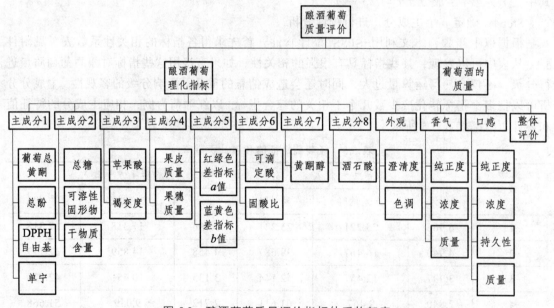

图 5.2　酿酒葡萄质量评价指标体系构架表

5.2.2　基于综合评价的酿酒葡萄分级模型的建立

1）数据的预处理

（1）评价指标类型的一致化处理.

在已建立的指标体系中, 指标集可能同时含有"极大型"和"极小型"指标, 我们分别称之为优质因子和劣质因子，也存在"中间型"指标. 因此，在评价之前必须将评价指标的类型进行一致化处理，即要统一化为极大型指标.

极小型指标：对于某个极小型指标 x_i，通过平移变换 $x_i' = M_i - x_i (x_i > 0, i = 1, 2, \cdots, 27)$ 化为极大型指标，其中 M 为指标 x_i 可能取到的最大值.

中间型指标：对于某个中间型指标 x_i，要将其化为极大型指标，令

$$
x_i' = \begin{cases} \dfrac{2(x_i - m_i)}{M_i - m_i}, & m_i \leqslant x_i \leqslant \dfrac{1}{2}(M_i + m_i), \\ \dfrac{2(M_i - x_i)}{M_i - m_i}, & \dfrac{1}{2}(M_i + m_i) \leqslant x_i \leqslant M_i, \end{cases}
$$

其中，M_i，m_i 分别为 x_i 可能取值的最大值和最小值.

（2）评价指标的无量纲化处理.

本文的各个评价指标之间由于各自的度量单位及数量级的差别，而存在着不可公度性，这就为确定综合评价指标带来了困难和问题. 此时，可以通过一些常用的数学变换，即数据的无量纲化，来消除原始指标数据的差异影响.

本文采用极差化的方法，对 n 个样本 27 项三级指标的指标值 $x_{ij}(j = 1, 2, \cdots, n; \, i = 1, 2, \cdots, 27)$ 作无量纲化处理. 令

$$
M_i = \max\{x_{1,i}, x_{2,i}, \cdots, x_{n,i}\}, \quad m_i = \{x_{1,i}, x_{2,i}, \cdots, x_{n,i}\}.
$$

则新的指标为

$$
x_{ij}^* = \frac{x_{ij} - m_i}{M_i - m_i} \in [0, 1],
$$

即 $x_{ij}^* (j = 1, 2, \cdots, n; \, i = 1, 2, \cdots, 27)$ 为无量纲化的指标值.

2）运用层次分析法（AHP）确定评价指标权重[9]

考虑到酿酒葡萄的分级不仅仅是由葡萄或葡萄酒内的一种成分决定的，并且每一种成分对分级的影响也不一样. 为了确定各指标对酿酒葡萄分级影响的权值，本文采用层次分析法和综合评价法[9]进行酿酒葡萄的评价.

对于层次分析法中的判断矩阵，根据不同理化性质在样本中的分布情况以及不同样本的评分结果，确定各个指标之间的相对重要程度，可以得到如下判断矩阵表 5.6（以红葡萄为例）.

表 5.6　判断矩阵表

	因子 1	因子 2	因子 3	因子 4	因子 5	因子 6	因子 7	因子 8
因子 1	1.0000	1.1655	1.6571	1.9159	1.9311	2.0250	2.3020	2.7346
因子 2	0.8580	1.0000	1.4218	1.6439	1.6569	1.7375	1.9751	2.3463
因子 3	0.6035	0.7033	1.0000	1.1562	1.1654	1.2221	1.3892	1.6502
因子 4	0.5219	0.6083	0.8649	1.0000	1.0079	1.0569	1.2015	1.4273
因子 5	0.5178	0.6035	0.8581	0.9921	1.0000	1.0486	1.1921	1.4161
因子 6	0.4938	0.5755	0.8183	0.9461	0.9536	1.0000	1.1368	1.3504
因子 7	0.4344	0.5063	0.7198	0.8323	0.8389	0.8797	1.0000	1.1879
因子 8	0.3657	0.4262	0.6060	0.7006	0.7062	0.7405	0.8418	1.0000

得到判断矩阵后，求得其最大特征向量，将该特征向量归一化处理后即可得到各影响分级程度指标的权向量（以红葡萄为例，白葡萄见附录 8.2.1）：

$$w = (0.025338, 0.050677, 0.037031, 0.049375, 0.098749, 0.024966, 0.033288,$$
$$0.033288, 0.091543, 0.055744, 0.027149, 0.026999, 0.025413, 0.02471,$$
$$0.03016, 0.029704, 0.029601, 0.031552, 0.031373, 0.028495, 0.025929,$$
$$0.027401, 0.026595, 0.02642, 0.025072, 0.045296, 0.038131).$$

各影响分级程度指标的权重汇总表如表 5.7 所示.

表 5.7　各影响分级程度指标的权重汇总表

澄清度	色调	纯正度	浓度	质量	纯正度	浓度
0.025338	0.050677	0.037031	0.049375	0.098749	0.024966	0.033288
持久性	质量	整体评价	葡萄总黄酮	总酚	DPPH 自由基	单宁
0.033288	0.091543	0.055744	0.027149	0.026999	0.025413	0.02471
总糖	可溶性固形物	干物质含量	苹果酸	褐变度	果皮质量	果穗质量
0.03016	0.029704	0.029601	0.031552	0.031373	0.028495	0.025929
$a*$(+红；-绿)	$b*$（+黄;-蓝）	可滴定酸	固酸比	黄酮醇	酒石酸（g/L）	
0.027401	0.026595	0.02642	0.025072	0.045296	0.038131	

此时判断矩阵的最大特征根为 8，随机一致性指标 $CI^{(1)} = 0.013$，$CR^{(2)} = CR^{(3)} = 0 < 0.10$；组合一致性比率指标为：$CR = CR^{(1)} + CR^{(2)} + CR^{(3)} = 0.029 < 0.1$. 这表明判断矩阵具有满意一致性，可以作为评价因子的权向量.

3）综合评价模型的建立

酿酒葡萄综合评价模型是通过一定的数学模型或算法将多个指标的评价值"合成"为一个综合评价值，实现对酿酒葡萄质量的综合评价以分级. 其中线性加权求和法因计算简单而广泛采用. 设 x_p 为第 p 个一级评价指标所得的评价值；x_{pq} 为第 p 个一级评价指标的第 q 个二级评价指标所得的评价值；x_{pqi} 为第 p 个一级评价指标，第 q 个二级评价指标的第 i 个三级评价指标所得的评价值. 将酿酒葡萄分级综合评价指标所得的评价值以相应的权重系数来加权，其加权和作为酿酒葡萄质量的综合评价值 y：

$$y = \sum w_p(x_p)x_p;$$
$$x_p = \sum w_{pq}(x_{pq})x_{pq};$$
$$x_{pq} = \sum w_{pqi}(x_{pqi})x_{pqi}.$$

综上可知，酿酒葡萄综合评价模型为：

$$\begin{cases} y = \sum w_p(x_p)x_p, \\ x_p = \sum w_{pq}(x_{pq})x_{pq}, \\ x_{pq} = \sum w_{pqi}(x_{pqi})x_{pqi}, \\ x_p = f(R_p), \\ x_{pq} = f(R_{pq}), \\ x_{pqi} = f(R_{pqi}), \end{cases}$$

其中，$w_p(x_p)$ 为第 p 个一级评价指标的权重值；$w_{pq}(x_{pq})$ 为第 p 个一级评价指标的第 q 个二级评价指标的权重值；$w_{pqi}(x_{pqi})$ 为第 p 个一级评价指标，第 q 个二级评价指标的第 i 个三级评价指标的权重值，其值见各影响分级程度指标的权重汇总表（见表 5.7）．

根据酿酒葡萄质量评价指标体系构架，得：

$$
\begin{aligned}
f &= w_1(x_1)f(R_1) + w_2(x_2)f(R_2) \\
&= \sum_{q=1}^{10} w_{1q}(x_{1q})f(R_{1q}) + \sum_{q=1}^{17} w_{2q}(x_{2q})f(R_{2q}) \\
&= \sum_{i=1}^{4} w_{11i}(x_{11i})f(R_{11i}) + \sum_{i=1}^{3} w_{12i}(x_{12i})f(R_{12i}) + \sum_{i=1}^{2} w_{13i}(x_{13i})f(R_{13i}) + \sum_{i=1}^{2} w_{14i}(x_{14i})f(R_{14i}) + \\
&\quad \sum_{i=1}^{2} w_{15i}(x_{15i})f(R_{15i}) + \sum_{i=1}^{2} w_{16i}(x_{16i})f(R_{16i}) + w_{17i}(x_{17i})f(R_{17i}) + w_{18i}(x_{18i})f(R_{18i}) + \\
&\quad \sum_{i=1}^{2} w_{21i}(x_{21i})f(R_{21i}) + \sum_{i=1}^{3} w_{22i}(x_{22i})f(R_{22i}) + \sum_{i=1}^{4} w_{23i}(x_{23i})f(R_{23i}) + w_{24i}(x_{24i})f(R_{24i}),
\end{aligned}
$$

综合评价值 y 的大小与酿酒葡萄的等级高低呈正相关关系，即综合评价值 y 越大，酿酒葡萄质量越好，等级越高．

4）酿酒葡萄的分级阶梯模型的建立

按葡萄质量的评价值 y 对酿酒葡萄进行分级，葡萄质量的评价值越高，葡萄质量越好，级别数越靠前（越小）；反之，葡萄质量的评价值越低，葡萄质量越差，分级所得的级别数越靠后（越大）．于是，建立分级阶梯模型来确定酿酒葡萄的级别数 B．

评价值 y 分段阶梯模型标准确定如表 5.8 所示．

表 5.8　葡萄分级阶梯模型标准设定

级别数 B	$super$	1st	2^{sec}	3rd	4th	5th	6th	7th
评价值 y	[0.8,1]	[0.7, 0.8)	[0.6, 0.7)	[0.5, 0.6)	[0.4, 0.5)	[0.3, 0.4)	[0.2, 0.3)	[0, 0.2)

则葡萄质量分级阶梯模型为：

$$
B = f(y) = \begin{cases}
super, & 0.8 \leqslant y \leqslant 1.0 \\
1^{st}, & 0.7 \leqslant y < 0.8 \\
2^{sec}, & 0.6 \leqslant y < 0.7 \\
3^{rd}, & 0.5 \leqslant y < 0.6 \\
4^{th}, & 0.4 \leqslant y < 0.5 \\
5^{th}, & 0.3 \leqslant y < 0.4 \\
6^{th}, & 0.2 \leqslant y < 0.3 \\
7^{th}, & 0 \leqslant y < 0.2
\end{cases}
$$

5.2.3　模型的求解——酿酒葡萄质量分级

利用 Excel 统计软件，求得各样本酿酒葡萄综合评价指标值与分级情况，如表 5.9 和图 5.3 所示．

表 5.9 红葡萄各样本综合评价指标值与分级

葡萄样品	1	2	3	4	5	6	7
评价值	0.40	0.71	0.71	0.49	0.59	0.46	0.52
分级	4th	1st	1st	4th	3rd	4th	3rd
葡萄样品	8	9	10	11	12	13	14
评价值	0.59	0.75	0.55	0.50	0.23	0.57	0.58
分级	3rd	1st	3rd	3rd	6th	3rd	3rd
葡萄样品	15	16	17	18	19	20	21
评价值	0.33	0.64	0.63	0.33	0.68	0.63	0.64
分级	5th	2^{sec}	2^{sec}	5th	2^{sec}	2^{sec}	2^{sec}
葡萄样品	22	23	24	25	26	27	
评价值	0.64	0.80	0.63	0.46	0.53	0.54	
分级	2^{sec}	super	2^{sec}	4th	3rd	3rd	

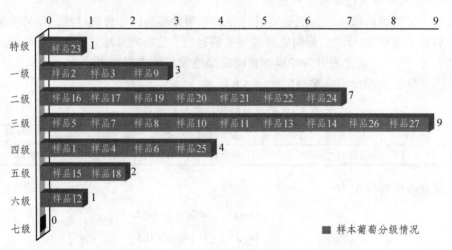

图 5.3 样本葡萄分级情况

结合以上图表可以得到:

（1）27 个酿酒葡萄样本中品质最优的为样本 23，品质最劣的为样本 12;

（2）样本集中的酿酒葡萄主要集中在二级与三级范围内，特级（最优级）与七级（最劣级）的样本个数分别为 0 和 1. 越高级别的酿酒葡萄对各项指标趋于最优的要求相对较高，而越低级别的酿酒葡萄对各项指标远离最优的要求也相对较高，因此，要求越高，达到标准的样本数越少.

5.3 问题三的模型建立与求解

问题三要求分析酿酒葡萄与葡萄酒的理化指标之间的联系. 这个问题对酿酒葡萄和葡萄

酒的理化指标两组变量的关系分析提出了要求，对此本文从以下两个步骤进行回答：

步骤一：建立典型相关分析模型，其目的是分析酿酒葡萄与葡萄酒的理化指标之间的典型相关关系；

步骤二：根据上面的分析给出酿酒葡萄与葡萄酒的理化指标之间的联系.

5.3.1 典型相关分析模型的建立

为了研究酿酒葡萄与葡萄酒的理化指标之间的相关性，令酿酒葡萄为输入变量，葡萄酒为输出变量，采用典型相关分析法. 它是利用主成分思想，分别找出输入变量与输出变量的线性组合，然后讨论线性组合之间的相关关系[10].

典型相关分析模型建立的具体步骤如下：

Step1：建立原始矩阵.

根据表格中原有数据，我们设酿酒葡萄的理化指标记为 $X = (X_1, X_2, \cdots, X_{55})'$，葡萄酒的理化指标记为 $Y = (Y_1, Y_2, \cdots, Y_9)'$，$Z$ 为 $30 + 9$ 总体的 27 次中心化观测数据矩阵：

$$Z = \begin{bmatrix} X_{1,1} & \cdots & X_{1,30} & X_{1,1} & \cdots & Y_{1,9} \\ \vdots & \ddots & \vdots & \vdots & \ddots & \vdots \\ X_{55,1} & \cdots & X_{55,30} & Y_{55,1} & \cdots & Y_{55,9} \end{bmatrix} = (\underset{55\times30}{X}, \underset{55\times9}{Y})'.$$

Step2：对原始数据进行标准化变换并计算相关系数矩阵.

我们利用问题二中公式（1）对酿酒葡萄和葡萄酒的理化指标数据进行标准化处理，然后计算两样本间的相关系数矩阵 R，并将 R 分为

$$R = \begin{bmatrix} R_{11} & R_{12} \\ R_{21} & R_{22} \end{bmatrix},$$

其中，R_{11}, R_{22} 分别为酿酒葡萄和葡萄酒指标内的相关系数矩阵，R_{12}, R_{21} 为酿酒葡萄指标与葡萄酒指标间的相关系数矩阵.

Step3：求典型相关系数及典型变量.

首先求 $A = R_{11}^{-1} R_{12} R_{22}^{-1} R_{21}$ 的特征根 λ_i^2，特征向量 $S_1\alpha_i$；$B = R_{22}^{-1} R_{21} R_{11}^{-1} R_{12}$ 的特征根 λ_i^2，特征向量 $S_2\beta_i$，则有

$$\alpha_i = S_1^{-1}(S_1\alpha_i), \quad \beta_i = S_2^{-1}(S_2\beta_i).$$

则随机变量酿酒葡萄的理化指标 X 和葡萄酒的理化指标 Y 的典型相关系数为 λ，典型变量为

$$\begin{cases} V_1 = \alpha_1' X \\ W_1 = \beta_1' Y \end{cases}; \begin{cases} V_2 = \alpha_2' X \\ W_2 = \beta_2' Y \end{cases}; \cdots; \begin{cases} V_t = \alpha_t' X \\ W_t = \beta_t' Y \end{cases} (t \leqslant 55).$$

Step4：检验各典型相关系数的显著性.

对典型相关系数 λ_i 进行显著性检验. 在作两组变量酿酒葡萄的理化指标 X 和葡萄酒的理化指标 Y 的典型相关分析之前，首先应检验两组变量是否相关；如果不相关，即 $\mathrm{cov}(X, Y) = 0$，则讨论的两组变量的典型相关就毫无意义.

5.3.2 典型相关模型的求解

附件 2 中包含 27 个红葡萄样本和 28 个白葡萄样本 2 组指标共 39 个指标的原始数据. 其中，30 个是酿酒葡萄的理化指标，如表 5.10 所示.

表 5.10 30 个酿酒葡萄理化指标

x_1	x_2	x_3	x_4	x_5	x_6
氨基酸总量	蛋白质	VC 含量	花色苷	酒石酸	苹果酸
x_7	x_8	x_9	x_{10}	x_{11}	x_{12}
柠檬酸	多酚氧化酶活力 E	褐变度	DPPH 自由基 1/IC50	总酚	单宁
x_{13}	x_{14}	x_{15}	x_{16}	x_{17}	x_{18}
葡萄总黄酮	白藜芦醇	黄酮醇	总糖	还原糖	可溶性固形物
x_{19}	x_{20}	x_{21}	x_{22}	x_{23}	x_{24}
pH	可滴定酸	固酸比	干物质含量	果穗质量	百粒质量
x_{25}	x_{26}	x_{27}	x_{28}	x_{29}	x_{30}
果梗比(%)	出汁率(%)	果皮质量	L*	a*(+红；-绿)	b*（+黄;-蓝）

除此之外，9 个是葡萄酒的理化指标：x_{31}→花色苷（mg/L），x_{32}→单宁（mmol/L），x_{33}→总酚（mmol/L），x_{34}→酒总黄酮（mmol/L），x_{35}→白藜芦醇（mg/L），x_{36}→DPPH 半抑制体积（IV50）1/IV50（uL），x_{37}→L*（D65），x_{38}→a*（D65），x_{39}→b*（D65）.

利用 SPSS 软件对酿酒葡萄和葡萄酒的理化指标进行了典型相关分析，结果如表 5.11 所示.

表 5.11 典型相关系数

序 号	1	2	3	4	5	6	7	8	9
典型相关系数	0.995	0.969	0.956	0.931	0.865	0.845	0.758	0.611	0.490
Prop Var	0.001	0.008	0.011	0.018	0.034	0.038	0.057	0.085	0.103

第一、第二、第三、第四对典型变量之间的典型相关系数都大于 0.9. 由此可见，这四对典型变量的解释能力比较强，并且相应典型变量之间密切相关. 但要确定典型变量相关性的显著程度，需要进行典型相关系数的显著性检验. 通过 SAS 检验，结果如表 5.12 所示.

表 5.12 典型相关系数检验表

	Test that remaining correlations are zero:		
	Wilk's	DF	Sig.
1	0.000	159.840	<0.0001
2	0.000	147.920	<0.0001
3	0.000	134.580	0.0002
4	0.001	119.780	0.0252
5	0.014	103.520	0.3337
6	0.058	85.792	0.686
7	0.202	66.608	0.9605
8	0.475	46.000	0.996
9	0.759	24.000	0.9925

显著性结果表明，在 0.01 的显著性水平下，前三对典型变量之间相关关系显著. 用标准化后的典型变量的系数来建立典型相关模型如表 5.13 所示.

表 5.13 典型相关模型

序 号	典型相关模型
1	$V_1 = 0.17x_{10} - 0.16x_{19} - 0.18x_{20} - 1.02x_{27}$ $W_1 = 4.13x_{36}$
2	$V_2 = 0.14x_3 - 0.29x_4 + 0.25x_5 - 0.58x_6 + 0.37x_{11} - 0.47x_{12} + 0.54x_{13} + 0.36x_{20} - 0.35x_{28}$ $W_2 = -1.90x_{31} + 0.72x_{32} + 0.31x_{33} + 0.53x_{36} - 0.61x_{37}$
3	$V_3 = 0.26x_2 + 0.36x_4 + 0.25x_9 + 0.56x_{10} + 0.55x_{11} + 0.56x_{13} + 0.30x_{19} - 0.28x_{20} + 0.28x_{21} + 0.44x_{26}$ $W_3 = 0.27x_{31} + 0.24x_{32} + 0.30x_{33} + 0.58x_{34} + 0.2x_{35} + 0.43x_{36} - 0.35x_{37} - 0.19x_{38}$

根据典型变量重要程度及系数大小，从建立的典型相关模型可以看出，葡萄酒各指标受酿酒葡萄各指标变动的作用程度可用三对典型相关变量予以综合描述.

第一对，典型变量主要将 DPPH 半抑制体积从各种酿酒葡萄指标中分离出来（典型载荷为 4.13），与果皮质量呈现最大相关（相应典型载荷为 -1.02）. 由此可见，葡萄酒中的 DPPH 半抑制体积主要来自于葡萄的果皮，同时，酿酒葡萄中的 DPPH 自由基含量、pH 值、可滴定酸含量也对其有一定的影响. 因此，增大酿酒葡萄果皮的含量对葡萄酒中 DPPH 半抑制体积含量的增加有重要影响.

第二对，典型变量将花色苷及单宁从 9 个葡萄酒指标中分离出来（典型载荷为 -1.90 和 0.72），酿酒葡萄指标中与之相对应的解释变量是苹果酸、葡萄总黄酮和单宁（典型载荷为 -0.58，0.54 和 -0.47）. 显而易见，葡萄酒中和酿酒葡萄中的单宁具有较强的相关性，葡萄酒中的花色苷（类黄酮化合物）主要来源于酿酒葡萄中的葡萄总黄酮. 值得注意的是，酿酒葡萄中的苹果酸不仅使得葡萄的发酵顺利进行，还保护着对红葡萄酒起主要呈色作用的花色苷和刘花色苷起中等辅色作用的单宁物质，使得红葡萄酒呈现漂亮的宝石红色.

第三对，典型变量将酒总黄酮和 DPPH 半抑制体积从 9 个葡萄酒指标中分离出来（典型载荷为 0.58 和 0.43），酿酒葡萄指标中与之相对应的解释变量是 DPPH 自由基、葡萄总黄酮和总酚（典型载荷为 0.56、0.56 和 0.55）. 在葡萄总黄酮消除自由基的抗氧化作用和总酚对清除自由基保护的共同作用下，酿酒葡萄中的 DPPH 自由基转化为葡萄酒中的 DPPH 半抑制体积.

它们之间的对应关系可以用图 5.4 表示.

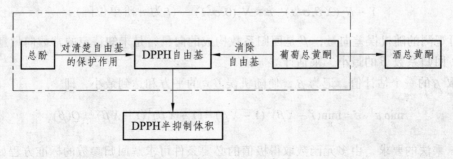

图 5.4 变量之间的对应关系

5.4 问题四的模型建立与求解

问题四要求分析酿酒葡萄和葡萄酒的理化指标对葡萄酒质量的影响，并论证是否可行。由于酿酒葡萄和葡萄酒的多个理化指标为自变量，因变量只有葡萄酒质量一个，故首先建立多元线性回归模型，然后进行显著性差异检验。具体步骤如下：

Step1：对样本进行随机筛选，选择 $n(n < N)$ 个进行分析；

Step2：在问题三分析酿酒葡萄与葡萄酒的理化指标间联系的基础上对样本指标进行初步筛选；

Step3：利用筛选后的指标与葡萄酒质量评价结果，建立多元线性回归模型；

Step4：然后根据剩下的 $(N - n)$ 个样本对的酿酒葡萄和葡萄酒的理化指标，对葡萄酒质量求解得到的多元线性回归方程进行验证。

5.4.1 建立多元线性回归模型

1）对酿酒葡萄和葡萄酒的理化指标的初级筛选

多元线性回归方程的建立要求指标之间互不相关，即无多重共线性。因此，本文在问题三分析酿酒葡萄与葡萄酒的理化指标间联系的基础上，在保留葡萄酒指标的前提下，剔除酿酒葡萄指标中某些认为可以被用于表示对应葡萄酒指标的部分。初步筛选后，留下酿酒葡萄和葡萄酒的共 23 个理化指标，结果见附件表 8.4.4。

2）建立评价葡萄酒质量的多元线性回归模型

（1）建立多元线性回归模型。

涉及 p 个自变量的多元线性回归模型可表示为

$$\begin{cases} y = \beta_0 + \beta_1 x_1 + \beta_2 x_2 + \cdots + \beta_p x_p + \varepsilon, \\ \varepsilon \sim N(0, \sigma^2). \end{cases}$$

为了方便，我们通过 n 组实际观察数据引入矩阵记号：

$$Y = \begin{bmatrix} y_1 \\ y_2 \\ \vdots \\ y_n \end{bmatrix}, \quad X = \begin{bmatrix} x_{11} & x_{12} & \cdots & x_{1p} \\ x_{21} & x_{22} & \cdots & x_{2p} \\ \vdots & \vdots & & \vdots \\ x_{n1} & x_{n2} & \cdots & x_{np} \end{bmatrix}, \quad \beta = \begin{bmatrix} \beta_1 \\ \beta_2 \\ \vdots \\ \beta_n \end{bmatrix}, \quad \varepsilon = \begin{bmatrix} \varepsilon_1 \\ \varepsilon_2 \\ \vdots \\ \varepsilon_n \end{bmatrix},$$

其中 X 为模型设计矩阵，是常数矩阵；Y 与 ε 是随机向量，且

$$Y \sim N_n(X\beta, \sigma^2 I), \quad \varepsilon \sim N_n(0, \sigma^2 I) \quad (I \text{ 为 } n \text{ 阶单位阵})$$

ε 是不可观测的随机误差向量；β 是回归系数构成的向量，是未知待定的常数向量。

（2）回归系数 β 的最小二乘估计。

选取 β 的一个估计值，记为 $\hat{\beta}$，使随机误差 ε 的平方和达到最小，即

$$\min_{\beta} \varepsilon^T \cdot \varepsilon = \min_{\beta}(Y - X\beta)^T(Y - X\beta) = (Y - X\hat{\beta})^T(Y - X\hat{\beta}) \stackrel{\text{def}}{=} Q(\hat{\beta}).$$

由最小二乘法的要求，由多元函数取得极值的必要条件可求解回归参数的标准方程如下：

$$\begin{cases} \dfrac{\partial Q}{\partial \beta_0}\Big|_{\beta_0 = \hat{\beta}_0} = 0, \\ \dfrac{\partial Q}{\partial \beta_i}\Big|_{\beta_i = \hat{\beta}_i} = 0 \ (i = 1, 2, \cdots, p). \end{cases}$$

可以证明，任意给定的 X, Y，正规方程组总有解. 虽然当 X 不满秩时，其解不唯一，但对任意一组解 $\hat{\beta}$ 都能使残差平方和最小，即 $Q(\hat{\beta}) = \min_{\beta} Q(\beta)$.

特别地，当 X 满秩时，即 $r(X) = r(X^{\mathrm{T}} X) = p$，则正规方程组的解为 $\hat{\beta} = (X^{\mathrm{T}} X)^{-1} X^{\mathrm{T}} Y$，即为回归系数的估计值.

（3）逐步回归分析.

建立回归模型时，不是每一个因子对 y 的影响程度都很大，所以我们可以通过逐步回归的方法（剔除优选法）对因子进行筛选. 其具体过程如下：

Step1：建立多元线性回归方程；

Step2：进行回归系数显著性检验，取 t 值对应的最大概率值 $P_{\max}$；

Step3：判断 $P_{\max}$ 是否 $\leqslant 0.05$，若满足则进入 Step5，若不满足，则进入 Step4；

Step4：可接受 H_0，即这个指标与因变量线性关系不显著，将指标剔除，返回 Step1；

Step5：可拒绝 H_0，则所有指标与因变量线性关系显著，输出方程，结束.

其流程图如图 5.5 所示.

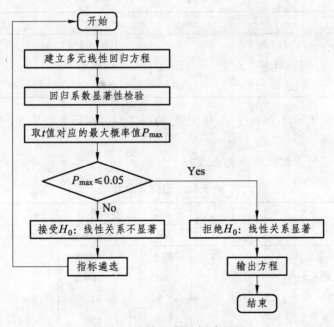

图 5.5　逐步回归分析流程图

5.4.2　多元回归模型的求解

首先，利用 Matlab 软件将红葡萄和对应红葡萄酒的 27 个样本随机抽取 20 个样本（见附录表 8.4.1），然后利用这 20 个样本的指标值通过 SPSS 软件进行求解，得到酿酒葡萄和葡萄酒的理化指标对葡萄酒质量的 7 元线性回归方程：

$$y = 797.579 + 0.862x_1 - 1.82x_2 + 0.385x_3 - 1.081x_4 - 65.783x_5 + 940.449x_6 + 7.126x_7,$$

其中，最后筛选和剔除后剩下评价葡萄酒质量的指标为：葡萄酒质量与葡萄理化指标黄酮醇 x_1、可溶性固体物 x_2、果穗质量 x_3、百粒质量 x_4、$a*(+红；-绿)x_5$、葡萄酒理化指标 DPPH 半抑制体积（IV50）x_6 以及 $L*(D65)x_7$.

5.4.3 回归模型的显著性检验

为表明酿酒葡萄和葡萄酒的理化指标与葡萄酒质量有密切的关系，我们利用统计软件 SPSS 对求解得到的 7 元线性回归模型进行了显著性检验，结果如下：

（1）判定系数（见表 5.14）.

表 5.14　模型汇总

模型	R	R 方	调整 R 方	标准估计的误差
1	.950[a]	.902	.844	32.817

由表 5.14 可以看到，复相关系数 $R = 0.950$，多重判定系数 $R^2 = 0.902$；调整后的 $R^2 = 0.844$. 调整后 R^2 的值越大，模型的拟合效果越好.

（2）回归方程的显著性检验（见表 5.15）.

表 5.15　方差分析表

模型		平方和	df	均方	F	Sig.
1	回归	118413.803	7	16916.258	15.708	.000[a]
	残差	12923.147	12	1076.929		
	总计	131336.950	19			

由表 5.15 可知，$F = 15.708$，$F > F0.05(7, 20) = 2.51$，回归方程显著，即自变量和因变量存在明显的函数关系.

（3）回归系数的显著性检验（见表 5.16）.

表 5.16　回归系数表

模　型	非标准化系数		标准系数	t	Sig.
	B	标准误差	试用版		
（常量）	797.579	108.653		7.341	.000
黄酮醇/(mg/kg)	.862	.209	.471	4.130	.001
可溶性固形物 g/L	-1.820	.418	-.447	-4.357	.001
果穗质量/g	.385	.094	.807	4.106	.001
百粒质量/g	-1.081	.289	-.814	-3.746	.003
$a*(+红；-绿)$	-65.783	21.221	-.454	-3.100	.009
DPPH 半抑制体积（IV50）　L/IV50(μL)	940.449	117.720	1.560	7.989	.000
$L*(D65)$	7.126	1.187	1.724	6.003	.000

（模型列左侧标注 1）

表 5.16 给出了模型对 7 个变量的偏回归系数是否等于 0 的 T 检验结果. t 值分别等于 7.341、4.130、–4.357、4.106、–3.746、–3.100、7.989 和 6.003，概率 P 值都小于显著性水平 0.05，因此认为偏相关系数 β 显著不等于 0，每一个指标都和因变量线性相关显著.

综上，酿酒葡萄和葡萄酒的理化指标与葡萄酒质量存在密切的关系.

5.4.4 多元线性回归模型的论证

在 5.4.1 节 7 元线性回归模型的基础上，将未选中的 7 个样本作为检验样本组，对模型的可行性进行验证，样本质量值的评分如表 5.17 所示.

表 5.17 检验样本组 7 个样本的葡萄酒质量值

红葡萄	样品 6	样品 7	样品 11	样品 16	样品 17	样品 19	样品 27
计算值	733.96	654.25	709.45	740.12	796.04	761.78	821.37
评分值	722	715	701	749	793	786	730

套用 5.1.3 中的显著性差异模型，令 H_0：7 元线性回归模型对品酒员的评价结果是相同的；H_1：两组品酒员对酒样本的评价结果是不同的. 利用统计软件 SPSS 进行 Wilcoxon 符号秩检验，结果如表 5.18 所示.

表 5.18 检验统计量[b]

	V2 – V1
Z	– .676[a]
渐近显著性（双侧）	.499

a. 基于正秩.
b. Wilcoxon 带符号秩检验.

由表 5.18 可知，$P > 0.05$，故接受原假设，认为酿酒葡萄和葡萄酒的理化指标与葡萄酒的质量之间的关系足够密切，通过 5.4.1 中得到的 7 元线性回归方程来评价葡萄酒质量的做法是可行的.

6 模型的评价、改进与推广

对于问题一，首先运用了配对样本 Wilcoxon 符号秩检验法对两组评酒员的评价结果进行是否有显著性差异的判别. 由于在此具有主观评分类结果的特殊性，因此，采用类似于体育比赛中的打分方法. 比如，在高水平比赛中，由于被评价对象的水平比较接近，水平较差的评分者难以区别出被评价对象水平的高低，而力求给保稳分. 这种评分者的打分分值波动小，具有一定的隐蔽性，用极端数据和偏差分析很难判断出来. 但是，即使该评分者总是力求给出中间分，其评分结果的序次也很难与最后得分的序次具有较高的一致性. 因此，采用秩相关分析具有相对的合理性及良好的可推广性.

其次，通过肯德尔和谐系数法分析评价结果的可信度的方法，比计算原始数据的矩相关系数更能反映评分者评分与最后得分之间的关系. 模型的不足之处在于仅考虑了评分者评分与最后得分的一致性大小关系. 若要全面衡量评分者评分的可信性以及合理性，还必须对评分者评分的相对稳定性作评价. 这里，可以考虑进行偏差分析（偏差分析可以很好地反映每个评分者的稳定性好坏），即评分者的评分结果与最后得分之间的距离：

$$d^2 = \sum_{i=1}^{n} (x_i - \overline{x})(x_i - \overline{x})'.$$

通过每个评分者的一致性与稳定性建立综合评价模型：

$$y = w_1(x_1) \cdot x_1 + w_2(x_2) \cdot x_2$$

对每一项赋予一定的权重值就可以计算出每个评分者的评价得分，这样才能综合反映每个评分者的可信度高低.

对于问题二，本文在建立层次结构时，首先在常规三个层次的基础上增加了两级准则层，从而有效地避免了单一层次分析法指标权重值偏离的现象. 其次，运用层次分析法建立比较矩阵运用了主成分分析中的贡献度来赋值，有效地避免了主观感受对两指标间影响程度进行赋值的人为因素.

对于问题三，能良好地反映两组变量的指标之间多对多联系的典型相关分析，可推广性很强. 例如，为了研究扩张性财政政策实施以后对宏观经济发展的影响，就需要考察有关财政政策的一系列指标，如财政支出总额的增长率、财政赤字增长率、国债发行额的增长率、税率降低率等与经济发展相关的一系列指标，如国内生产总值增长率、就业增长率、物价上涨率等两组变量之间的相关程度.

对于问题四，通过逐步回归分析将指标集中的指标筛选剔除，余下的能充分反映线性关系的小部分指标来得到相应结果. 显然，逐步回归分析之前的指标集中的指标数越多，模型的效果会越好. 因此，对于模型的改进，考虑加入附件3中葡萄和葡萄酒的芳香物质的指标.

7　参考文献

[1]　百度百科. 酿酒葡萄. http://baike.baidu.com/view/2684347.htm，2012-09-10.

[2]　百度百科. 正态分布. http://baike.baidu.com/view/45379.htm，2012-09-09.

[3]　曾怀恩，黄声享. 基于 Kriging 方法的空间数据插值研究. 地球信息科学，2008，10（7）.

[4]　陈平，魏鹏超. 两配对样本非参数检验在公司绩效评价中的应用探讨. 财会通讯，2010，20：59-60.

[5]　MBA 智库百科. http://wiki.mbalib.com/wiki/%E5%A8%81%E5%B0%94%E7%A7%91%E5%85%8B%E6%A3%AE%E7%AC%A6%E5%8F%B7%E7%A7%A9%E6%A3%80%E9%AA%8C，2012-09-09.

[6]　Stone H, Sidel JL, Oliver S et al. Sensory evaluation by quantitative descriptive analysis [J]. Food Technology, 1974, 28(11): 24-34.

[7]　Stone H, Sidel JL, Bloomquist J. Quantitative descriptive analysis [J]. Cereal Foods World, 1980, 25; 624-634.

[8]　司林波，黄钦. 研究生招生面试评分信度模型分析. 中国高教研究，2008，7：33-35.

[9]　姜启源，谢金星，叶俊. 数学模型. 3 版. 北京：高等教育出版社，2006，9.

[10]　姜婧，张启平. 典型相关分析的交叉效率模型及其在钢铁行业的应用. 工业技术经济，2011，1（207）：108-113.

太阳能小屋的设计

摘　要：

本文研究了小屋表面光伏电池的安装问题，建立了双目标优化模型、最优架空方式模型，设计了逐步寻优算法和循环搜索算法，并针对三种不同情况分别求得小屋各表面最优安装方案.

对于问题一，根据附件1的要求，首先利用电池组件的串、并联条件对其进行分组；然后利用逆变器的直流输入电压和额定功率等约束条件对电池组件的组合进行更进一步的筛选，得到多组电池分组阵列. 以年发电量最大、单位发电费用最小作为目标函数，电池分组阵列的组合面积小于墙面面积作为约束条件，建立双目标优化模型. 对目标函数发电量、单位发电费用均作无量纲化处理，转化为单目标优化模型. 求解中，设计Lingo 与 Matlab 结合的逐步寻优算法，即求得理论最优安装后，运用 Matlab 判断实际能否安装，如果能，就是所求的最优方案；如果否，缩小约束条件，直到求得小屋各表面电池组件的铺设图及组件连接方式. 确定安装方案后，根据各表面直射、散射辐射强度以及空间位置关系等因素，求得：35 年总发电量约为 $5.6088 \cdot 10^8$ 瓦，总的经济效益约为 $1.658 \cdot 10^6$ 元，回收年限为 12 年.

对于问题二，推导出斜面总辐射与斜面方位角、斜面倾角的函数关系式，来建立架空方式模型，用以确定电池组件的最佳方位角、倾角使得单位面积辐射最大，以产生最多的电量. 设计循环搜索算法，合理取定方位角、倾角范围，遍历计算出总辐射，提取遍历值中最大辐射值对应的角为最佳方位角、倾角. 用几何法计算架空电池板的投影，将电池板的架空安排转化为平面投影的帖附安排，使用问题一中的优化模型，求得平面投影的最优组合，即求得架空的最优安装. 根据光照数据，求得：35 年总发电量约为 $6.5538 \cdot 10^8$ 瓦，总的经济效益约为 $2.1637 \cdot 10^6$ 元，回收年限为 11 年.

对于问题三，由小屋建筑要求确定约束条件，以发电量最大、单位成本最小作为目标函数，建立双目标优化模型. 结合问题一和问题二中斜面光照辐射特点和求得的最优斜面倾角，可以确定小屋的几何外观. 为了确定小屋方位角，设计搜索算法，搜索单位面积上光照辐射强度最大时所对应的方位角，作为小屋的方位角. 确定小屋的各个参数后，使用问题一的模型，求解小屋的最优安装，计算总发电量、经济效益和回收年限分别为 $8.2307 \cdot 10^8$ 瓦、$1.639 \cdot 10^6$ 元、7 年.

利用逆变器接入要求选择电池组件，剔除了众多电池组件，大大缩小了优化模型的可行域，很大程度上简化了模型的建立与求解. 利用目标函数无量纲化处理，将双目标模型转化为单目标模型，进一步简化了模型的求解. 在简化模型的同时，设计了逐步寻优算法、循环搜索算法，综合运用 Lingo、Matlab 和 Excel，较好地解决了问题.

关键词：双目标规划模型；最优架空方式模型；循环搜索算法

1 问题重述

在设计太阳能小屋时，需在建筑物外表面（屋顶及外墙）铺设光伏电池，光伏电池组件所产生的直流电需要经过逆变器转换成 220 V 交流电才能供家庭使用，并将剩余电量输入电网。不同种类的光伏电池每峰瓦的价格差别很大，且每峰瓦的实际发电效率或发电量还受诸多因素的影响，如太阳辐射强度、光线入射角、环境、建筑物所处的地理纬度、地区的气候与气象条件、安装部位及方式（贴附或架空）等。因此，在太阳能小屋的设计中，研究光伏电池在小屋外表面的优化铺设是很重要的问题。

附件 1～7 提供了相关信息。请参考附件提供的数据，对下列三个问题，分别给出小屋外表面光伏电池的铺设方案，使小屋的全年太阳能光伏发电总量尽可能大，而单位发电量的费用尽可能小，并计算出小屋光伏电池 35 年寿命期内的发电总量、经济效益（当前民用电价按 0.5 元/kW·h 计算）及投资的回收年限。

在求解每个问题时，都要求配有图示，给出小屋各外表面电池组件铺设分组阵列图形及组件连接方式（串、并联）示意图，也要给出电池组件分组阵列容量及选配逆变器规格列表。

在同一表面采用两种或两种以上类型的光伏电池组件时，同一型号的电池板可串联，而不同型号的电池板不可串联。在不同表面上，即使是相同型号的电池也不能进行串、并联连接。应注意分组连接方式及逆变器的选配。

问题一：请根据山西省大同市的气象数据，仅考虑贴附安装方式，选定光伏电池组件，对小屋的部分外表面进行铺设，并根据电池组件分组数量和容量，选配相应的逆变器的容量和数量。

问题二：电池板的朝向与倾角均会影响到光伏电池的工作效率，请选择架空方式安装光伏电池，重新考虑问题一。

问题三：根据给出的小屋建筑要求，请为大同市重新设计一个小屋，要求画出小屋的外形图，并对所设计小屋的外表面优化铺设光伏电池，给出铺设及分组连接方式，选配逆变器，计算相应结果。

2 模型假设

（1）不同平面光伏电池不能共用一个逆变器，即小屋各外表面的安装相互独立。
（2）未来 35 年每年的光照强度变化规律一定，每年的光照总量近似相同。
（3）进行并联的各电池列所含电池数量相同。
（4）未来 35 年光伏电池、逆变器不会发生损坏。
（5）只考虑屋顶的架空安装，不考虑竖直墙面。

3 符号说明与概念引入

3.1 概念引入

（1）电池列：同型号电池串联形成的一串电池。

（2）电池组：两列及两列以上的电池列并联形成电池组.

（3）斜面倾角：斜面法向量与天顶的方向角.

（4）斜面方位角：斜面法向量在水平面上的投影与当地南北半球方向的夹角，在北半球，偏东方向为负，偏西方向为正，当斜面面向赤道时为 0°.

（5）太阳入射角：太阳向量与斜面法向量之间的夹角.

（6）电池板：一个电池模块形成的电池板面.

3.2 符号说明

S_i：第 i 个电池模块的面积；

W_i：第 i 个电池模块的年发电量；

Q_i：第 i 个电池模块的年经济效益；

n_i：第 i 个电池模块含有的电池数；

α_t：太阳光线与照射面法线的夹角；

P_t：太阳光的辐射强度；

P_i^{FW}：第 i 个电池模块每峰瓦的价格；

P_i^{NB}：第 i 个电池模块对应逆变器的价格；

$S^{(k)}$：第 k 个墙面的面积；

N_i^j：第 j 种安装方案中电池模块 i 的个数；

P_i^{DC}：第 i 种电池的组件功率.

4 问题分析

4.1 问题一的分析

问题一为仅考虑帖附安装方式下，选配不同的光伏电池与相应的逆变器，使得小屋的全年太阳能光伏发电总量尽可能大，而单位发电量的费用尽可能小. 根据附件1，电池组件和相应的逆变器选取需要满足特定的约束条件，因此考虑在约束条件下首先选取电池组件分组阵列的组合方式.

通过第一步的筛选得到不同的电池组件分组阵列，根据附件提供的数据求解每一个电池组件的年发电量、成本以及面积. 然后以分组阵列的面积为决策变量，进行墙面铺设方式的求解，即算出每一墙面铺设方案的可行域.

根据题意，以每一面所有电池组件分组阵列总的年电量最大和单位发电成本最低为目标函数，建立双目标规划，约束条件为上面求解得到的可行域. 求解时，将双目标规划转变为单目标规划，使用 Lingo 求解，设计逐步寻优算法，求得最优的安装方案. 由附件 6 的东南西北的光照辐射量，可以得到东南西北墙面最优安装方案的总的年发电量、经济效益和回收年限.

题目没有给出辐射强度与屋顶倾角、太阳倾角的关系，需根据资料推导出它们之间的关系，以求得屋顶的光照年辐射量，进而求得屋顶光伏电池的总的年发电量、经济效益和回收年限. 然后，可以求得 35 年的总发电量、经济效益和回收年限.

4.2　问题二的分析

根据题意，我们认为题目所说的架空安装光伏电池仅仅是针对屋顶来说的. 小屋的东西南北四个墙面，光伏电池的最优安装方案不变，与问题一相同. 问题二只需要重新确定屋顶的最优安装方案.

安装屋顶时，对不同电池模块，只要单位面积辐射强度没能达到最大，无论怎么安排不同电池模块的组合，所得到的方案都不能满足最大发电量. 所以，需要确定各电池板能吸收到最多光照辐射的架空方式：

首先根据光照强度大的主要时段（正午 12 点左右），建立架空模型以求解电池板的最佳方位角和倾斜角. 求得的方位角为 0 度，而正午 12 点左右太阳方位角几乎为 0 度，所以投影图形几乎为矩形. 架空方式存在投影，投影遮挡电池板会造成发电量损失，在光照强度大的主要时段，阴影遮挡造成的损失最大.

使用几何法求得损失最大的时段的投影矩形的长和宽，确定投影形状. 在安装时只要投影不覆盖电池板，且不同投影矩形的间隙尽可能的小，就可以求得最优安装. 这样，架空安装就转化为投影矩形的帖附安装，整个问题也转化为帖附安装问题，继而可以使用问题一中的双目标规划最优模型求解，得到架空方式下的安装.

4.3　问题三的分析

问题三要求我们重新设计小屋，然后给出小屋外表面电池组件的铺设方案和分组连接方式. 首先，我们根据附件 7 的要求，得到建筑小屋的约束条件；其次，通过一、二问的分析知道年发电量与房屋的倾斜角、方位角、外表面积以及电池组件的组合方式有关，建立它们之间的函数关系；再次，我们通过具体分析确定小屋的设计方案，即取约束条件的极限情况，使得年发电量能够尽可能增大；接着，我们通过计算机搜索的方法，确定小屋的方位角，使得在该位置条件下年发电量达到最大. 最后，求解 35 年内的总发电量、经济效益和回收年限.

5　模型建立及求解

5.1　问题一的模型建立及求解

关于问题一，我们的整体思路如图 5.1 所示：

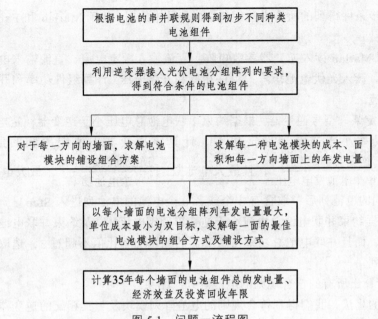

图 5.1　问题一流程图

5.1.1　利用逆变器接入要求选择电池组件

要对光伏电池进行安装，使其满足年发电量达到最大，而单位成本降低到最小. 若不对单个电池进行组合进行串并联处理，由于存在 24 种不同型号电池和 18 种逆变器，那么在进行铺设的时候，会出现铺设方案过多而导致无法进行铺设的现象，因此我们首先对光伏电池进行组合，形成光伏电池组件，然后以每一个电池模块为决策目标，进行下一步的计算.

光伏电池组件选择的处理过程如下：

第一步：初步确定电池组件.

根据附件 1 给出的电池组件连接分组阵列输出电压及功率示意图和相关提示，可以规定电池模块化分组规则：

（1）A 单晶硅、B 多晶硅、C 薄膜三类电池不能组间串联和并联，而且同类型不同型号的电池不能进行组间串联和并联.

（2）并联的光伏组件端电压相差不应超过 10%.

依据上述规则对 24 种不同型号的电池进行串并联，组成电池组件.

第二步：按照逆变器的规格要求，对电池组件进行筛选.

由电池组件连接分组阵列输出电压及功率数据，可得到电池组件细化分组规则：

（1）光伏电池分组阵列的端电压满足逆变器直流输入电压范围，使逆变器能够正常工作.

（2）光伏阵列的最大功率不能超过逆变器的额定容量.

（3）电池阵列的实际输出功率与逆变器额定输出功率的比值不超过 ρ.

规则（3）说明：逆变器的额定输出功率与其价格成正相关，若电池阵列的输出功率远远小于逆变器的额定输出功率，那么单位发电量成本就会增加很多，因此我们在选择电池阵列与逆变器的配选时，一个约束条件是规则（3），而且取 $\rho = 3$.

第三步：设计电池组件算法.

由上面初步条件得到的所有电池组件,结合具体数据,基于 Matlab 和 Excel 软件设计了电池组件算法:

Step1:用 Matlab 读入逆变器参数矩阵:直流输入额定电流、直流输入电压范围和交流输出额定功率,读入光伏电池矩阵:组件功率和开路电压. 计算组件功率和开路电压之比作为电池串联电流.

Step2:选定某一型号逆变器,根据约束串联电池总电压小于逆变器额定电压,以及约束串联电池总功率小于逆变器额定功率,计算该逆变器下所能串联的最大电池数:

$$最大电池数 \leqslant \frac{逆变器额定电压}{单个电池发电电压},且最大电池数 \leqslant \frac{逆变器额定功率}{单个电池功率},最大电池数为整数;$$

Excel 求得不同的电池列后,取含有 3 个或者 6 个电池的电池列进入 Step3.

Step3:根据约束并联电池总电流小于逆变器额定电流,以及约束并联电池总功率小于逆变器额定功率,而且并联电池总功率与逆变器的额定功率比值不超过 3,选取同种型号逆变器下不同电池列.

Step4:计算出所有的符合规则的电池阵列,结束.

通过上述的算法,我们得到符合规则的电池阵列模块及与其相配的逆变器,其部分结果如下(其余结果见附录):

模块一:每个逆变器下串联同种型号的电池 3 个,如表 5.1 所示.

表 5.1 类型为模块一的电池模块

逆变器型号	电池型号	电池个数	连接形式
SN11	A1/A3/C3/C5	3	串联
SN7	A2/A4/A6/B2/B5/B6	3	串联
…	…	3	串联

模块二:每个逆变器下,共有 9 个电池,3 个一组串联成 3 串,3 串再并联,如表 5.2 所示.

表 5.2 类型为模块二的电池模块

逆变器型号	电池型号	电池个数	连接形式
SN12	C3/C5	9	3 串 3 并
SN9	A2/B2	9	3 串 3 并
…	…	9	3 串 3 并

模块三:每个逆变器下,共有 12 个电池,6 个一组串联成 2 串,2 串再并联,如表 5.3 所示.

表 3 类型为模块三的电池模块

逆变器型号	电池型号	电池个数	连接形式
SN14	A1/A2/A3/A4/A5	12	6 串 2 并
SN16	A4/A5/A6	12	6 串 2 并
…	…	12	6 串 2 并

5.1.2 不同表面不同组件的年发电量及经济效益

5.1.2.1 东西南北墙不同组件的年发电量

根据已经划分的 N 个电池模块，可以得到每个电池模块的面积：

$$S_i = n_i a_i b_i + a_{SNi} b_{SNi} ,$$

其中，$a_{SNi} b_{SNi}$ 表示第 i 个电池模块的逆变器面积. 进而求得每个模块的年发电量：

$$W_i = \sum_t n_i a_i b_i P_t \cos \alpha_t \eta_1 \eta_2 ,$$

其中，η_1 为光伏电池的实际转换效率，η_2 为逆变器的转换效率，α_t 为太阳光线与电池模块表面法线的夹角.

根据附件 3 中太阳光辐照阈值对电池发电转换的影响，可以得到以下约束条件：

A 类：$\eta_1 = \begin{cases} \eta_0, & P_t \cos \alpha_t \geqslant 200 \text{ W} / \text{m}^2, \\ 5\% \cdot \eta_0, & 80 \text{ W} / \text{m}^2 \leqslant P_t \cos \alpha_t \leqslant 200 \text{ W} / \text{m}^2, \\ 0, & P_t \cos \alpha_t \leqslant 800 \text{ W} / \text{m}^2; \end{cases}$

B 类：$\eta_1 = \begin{cases} \eta_0, & P_t \cos \alpha_t \geqslant 80 \text{ W} / \text{m}^2, \\ 0, & P_t \cos \alpha_t < 80 \text{ W} / \text{m}^2; \end{cases}$

C 类：$\eta_1 = \begin{cases} \eta_0, & P_t \cos \alpha_t \geqslant 30 \text{ W} / \text{m}^2, \\ 0, & P_t \cos \alpha_t < 30 \text{ W} / \text{m}^2, \end{cases}$

其中，η_0 为题目给定的光伏电池转换效率.

因此，可以求得年经济效益：

$$Q_i = 0.5 W_i - \frac{P_i^{FW} \cdot P_i^{DC}}{1000 a_i b_i} .$$

求得各电池组件的年发电量：

单位/瓦	电池组件 1	电池组件 2	电池组件 3	…
东墙面	248334	275762.8	163226.5	…
南墙面	531748.9	590481.2	294312.9	…
西墙面	424009	470841.4	246191.4	…
北墙面	30523.1	33894.46	68594.16	…

求得各电池组件的年经济效益：

效益/元	电池组件 1	电池组件 2	电池组件 3	…
南	265.874445	295.240624	147.156440	…
西	212.004501	235.420675	123.095724	…
北	15.2615688	16.9472290	34.2970816	…

5.1.2.2 屋顶不同组件的年发电量

1）求屋顶单位面积的总辐射量

分析附件 4 给出的大同市的气象数据，发现其给出了东西南北向的总辐射强度，我们认为，东西南北向的总辐射强度即为小屋四个墙面单位面积的总辐射强度. 至于屋顶单位面积的辐射强度，题目没有直接给出，需要我们根据水平面总的辐射强度和水平面的散射辐射强度或者法向直射辐射强度计算屋顶单位面积的总辐射量.

第一步：数据预处理.

为了求得斜面屋顶单位面积的总辐射量，需要知道水平面直射辐射强度和水平面散射辐射强度，其函数关系为：

$$水平面总辐射强度=水平面直射辐射强度+水平面散射辐射强度.$$

因此，根据附件 4 提供的数据可以计算出水平面散射辐射强度，完成数据初步处理.

第二步：计算屋顶光照强度.

（1）计算一般斜面单位面积的总辐射量.

首先，建立空间直角坐标系. 大同市位置是空间直角坐标系的原点，过大同市与地球球面相切的面为 xOy 坐标平面，连接地心与大同市的轴为 z 轴，指向外太空. 如图 5.2 所示.

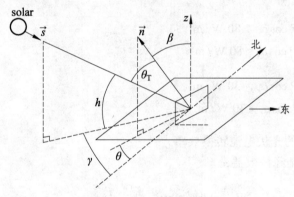

图 5.2　三维直角坐标系

图中，h：太阳高度角；ω：太阳时角；θ_Γ：太阳入射角；θ_T：太阳向量与斜面法向量之间的夹角；γ：太阳方位角；β：斜面倾角，斜面法向量与 Oz 轴的夹角；θ：斜面方位角，斜面法向量在水平面上的投影与当地南北方向的夹角.

根据图形，由几何知识推导得出：

$$\cos\theta_\Gamma = \cos\beta\sin h + \sin\beta\cos h\cos(\gamma-\theta).$$

则倾斜面上太阳的直射日照量是：$I_{ZH\beta} = I_z\cos\theta_\Gamma$.

对于倾斜角为 β 时，散射辐射强度为：

$$I_{SH\beta} = I_z\left(\cos\frac{\beta}{2}\right)^2, \quad I_\beta = I_{ZH\beta} + I_{SH\beta},$$

其中，I_{ZH} 表示水平面直射辐射强度，I_{SH} 表示水平面散射辐射强度；$I_{ZH\beta}$ 表示倾斜角为 β 时，物体表面的水平直射辐射强度的分量；$I_{SH\beta}$ 表示倾斜角为 β 时，物体表面的水平散射辐射强度的分量. I_β 表示倾斜角为 β 时，物体表面的太阳光总辐射强度：

$$I_\beta = I_{ZH}(\cos\beta\sin h + \sin\beta\cos h\cos(\gamma-\theta)) + I_{SH}\left(\cos\frac{\beta}{2}\right)^2.$$

（2）计算屋顶单位面积的总辐射量.

如图 5.3 所示，设小屋的两个屋顶面与水平面的夹角分别为 θ_1 和 θ_2；

南立面屋顶（左侧屋顶），单位面积总的辐射量为 I_1，单位面积的散射辐射量为 I_{SH1}，单位面积的直射辐射量为 I_{ZH1}；

北立面屋顶（右侧屋顶），单位面积总的辐射量为 I_2，单位面积的散射辐射量为 I_{SH2}，单位面积的直射辐射量为 I_{ZH2}.

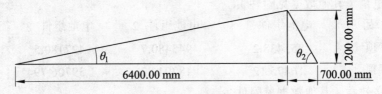

图 5.3　屋顶的倾斜角示意图

根据第一步推得的计算一般斜面单位面积的总辐射强度的函数关系式可以求得：

南立面屋顶，单位面积的散射辐射量 I_{SH1} 和直射辐射量 I_{ZH1} 分别为：

$$I_{SH1} = I_{SH}\left(\cos\frac{\theta_1}{2}\right)^2,$$

$$I_{ZH1} = I_{ZH}(\cos\theta_1\cdot\sin h + \sin\theta_1\cdot\cos h\cdot\cos\gamma);$$

北立面屋顶，单位面积的散射辐射量 I_{SH2} 和直射辐射量 I_{ZH2} 分别为：

$$I_{SH2} = I_{SH}\left(\cos\frac{\theta_2}{2}\right)^2,$$

$$I_{ZH2} = I_{ZH}(\cos\theta_2\cdot\sin h + \sin\theta_2\cdot\cos h\cdot\cos\gamma);$$

求得南立面和北立面屋顶单位面积总的辐射量 I_1 和 I_2 分别为：

$$I_1 = I_{SH1} + I_{ZH1} = I_{SH}\left(\cos\frac{\theta_1}{2}\right)^2 + I_{ZH}(\cos\theta_1\cdot\sin h + \sin\theta_1\cdot\cos h\cdot\cos\gamma),$$

$$I_2 = I_{SH2} + I_{ZH2} = I_{SH}\left(\cos\frac{\theta_2}{2}\right)^2 + I_{ZH}(\cos\theta_2\cdot\sin h + \sin\theta_2\cdot\cos h\cdot\cos\gamma).$$

计算说明：相关角度的计算公式可以根据附件 6 得出.

2）屋顶不同电池组件的年发电量

第一步：数据合理处理.

光照强度均值近似：实际中光照是不断变化的，而附件 4 给出的是每个时刻的光照强度，为了方便求解，将每个时刻对应的光照强度作为这一个小时的平均光照强度，并认为一个小时之内光照强度不会发生大的变化. 这种均值近似误差较小，是合理的.

太阳时角均值近似：太阳时角也是不断变化的，每时刻的太阳时角可以求出来，但会使

121

得后续的计算极其复杂. 为了简化求解, 并与光照强度相照应, 将每两个时刻的太阳角均值作为这一个小时的平均太阳角.

第二步: 计算屋顶电池组件的年发电量.

每个模块的年发电量:

$$W_i = \sum_t n_i a_i b_i I_i \eta_1 \eta_2 .$$

约束条件根据 5.1.2 得到, 可以求得年经济效益:

$$Q_i = 0.5W_i - \frac{P_i^{\text{FW}} \cdot P_i^{\text{DC}}}{1000 a_i b_i} .$$

得到年发电量 (其他数据见附件):

单位/瓦	电池组件 1	电池组件 2	电池组件 3	...
前屋顶	851438.2	945480.7	427180.5	...
后屋顶	16475.12	18294.82	39706.79	...

得到年经济效益 (其他数据见附件):

效益/元	电池组件 1	电池组件 2	电池组件 3	...
前屋顶	425.719121	472.740355	213.590249	...
后屋顶	8.23756135	9.14741077	19.8533941	...

5.1.3 建立多目标优化模型

在电池组件分组完成及得出组件相关信息之后, 需要确定墙面各个电池组件的安装方案, 在电池模块总面积小于被铺设墙面的面积约束条件下, 寻求安装中发电总量尽可能大, 并且单位发电量的费用尽可能小的方案.

用向量 S 表示电池组件的面积, s_i 为第 i 个电池组件的面积, $S = [s_1, s_2, \cdots, s_N]$, 向量 l 表示每个电池组件的最大放入量, $l = [l_1, l_2, \cdots, l_N]$, $l_i = \left[\dfrac{S^{(j)}}{s_i}\right] (i = 1, 2, \cdots, N; j = 1, 2, \cdots, 6)$; x 表示决策变量, 即一种组合当中每种电池模块的个数, $x = [x_1, x_2, \cdots, x_N]$; x_i 为非负整数, 则有:

目标函数一, 总的年发电量最大:

$$\max \sum_{i=1}^{n} x_i W_i ;$$

目标函数二, 单位发电量的费用最小:

$$\min \frac{\sum_{i=1}^{n} \left(W_i P_i^{\text{FW}} \dfrac{1}{s_i} + P_i^{\text{NB}} \right)}{S^{(k)}} .$$

确定约束条件:

$$\begin{cases} 0 \leqslant x_i \leqslant l_i \\ \sum_{i=1}^{N} x_i s_i \leqslant S^{(j)} \end{cases} .$$

5.1.4 模型求解

1）无量纲化，处理为单目标规划

首先，仅仅考虑第一个目标函数：总的年发电量最大，以及约束条件，使用 Lingo 求解出目标函数的最大值，记为 $\left(\sum_{i=1}^{n} x_i W_i\right)_{\max} = Z_{\max}$；

同样，仅仅考虑第二个目标函数：单位发电量的费用最小，以及三个约束条件，使用 Lingo 求解出目标函数的最小值，记为 $\left(\dfrac{\sum_{i=1}^{n}\left(W_i P_i^{\mathrm{FW}}\dfrac{1}{s_i}+P_i^{\mathrm{NB}}\right)}{S^{(k)}}\right)_{\min} = Z_{\min}$.

这样我们就能够对两个目标函数作无量纲化处理：

目标函数一，总的年发电量最大：

$$\max\frac{\sum_{i=1}^{n} x_i W_i}{Z_{\max}};$$

目标函数二，单位发电量的费用最小：

$$\min\frac{\dfrac{\sum_{i=1}^{n}\left(W_i P_i^{\mathrm{FW}}\dfrac{1}{s_i}+P_i^{\mathrm{NB}}\right)}{S^{(k)}}}{Z_{\min}};$$

目标函数二可以转化为：

$$\max-\frac{\dfrac{\sum_{i=1}^{n}\left(W_i P_i^{\mathrm{FW}}\dfrac{1}{s_i}+P_i^{\mathrm{NB}}\right)}{S^{(k)}}}{Z_{\min}}.$$

因为已经将两个目标函数作无量纲化处理，可以将双目标转化为单目标：

目标函数：

$$\max\left(\frac{\sum_{i=1}^{n} x_i W_i}{Z_{\max}}-\frac{\dfrac{\sum_{i=1}^{n}\left(W_i P_i^{\mathrm{FW}}\dfrac{1}{s_i}+P_i^{\mathrm{NB}}\right)}{S^{(k)}}}{Z_{\min}}\right);$$

约束条件仍为：

$$\begin{cases}0\leqslant x_i\leqslant l_i\\ \sum_{i=1}^{N} x_i s_i\leqslant S^{(j)}\end{cases}.$$

2）Lingo 与 Matlab 结合的逐步寻优算法

首先，使用 Lingo 求解满足优化模型的方案，使用 Matlab 判断能否实际安装下．如果能够安装，即为最优解；如果不能安装，缩小已求方案（实际不能安装）中各类电池的数量，作为新的约束条件加入模型中，寻找更进一步的最优安装方案；直至找到最优方案．

Step1：使用 Lingo 编程求解上述简化后的单目标优化模型，求得最优方案中的组合为：$X = [x_1, x_2, \cdots, x_n]$，其中 $x_i(i = 1, 2, \cdots, n)$ 表示第 i 种电池组件的数目；

Step2：使用 Matlab 编程判断最优方案能否实际安装上去，如果能，使用 Lingo 求得的解就是最优方案，结束，如果实际不能安装上去，进入 Step3；

Step3：对组合 X：从 1 到 n，找到 $x_k > 0$．将 $x_k < x_k - 1$ 作为一个新的约束条件加入单目标优化模型中，重复 Step1，求解新的最优方案．重复 Step2，如果满足条件，就找到了最优方案，结束．否则，继续以步长为 1 缩小第 k 类电池组件的数目作为新约束条件，重复 Step1，直到 $x_k = 0$，如果有解且能够实际安装，那么这种方案为最优方案；否则，不存在最优方案．

第三步：求解结果（见图 5.4 ~ 5.15）.

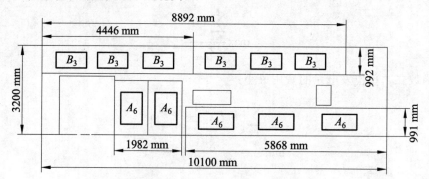

图 5.4　北立面铺设分组阵列图

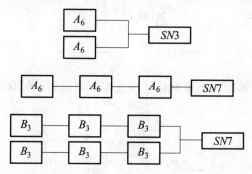

图 5.5　北立面组件连接示意图

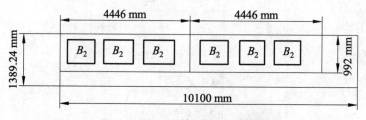

图 5.6　北顶面铺设分组阵列图

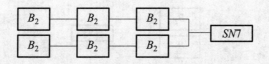

图 5.7 北顶面组件连接示意图

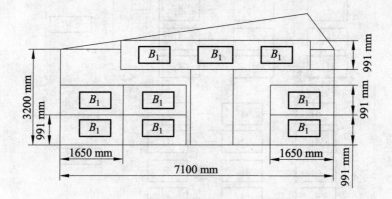

图 5.8 东立面铺设分组阵列图

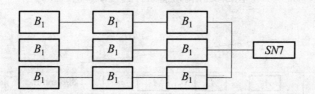

图 5.9 东立面组件连接示意图

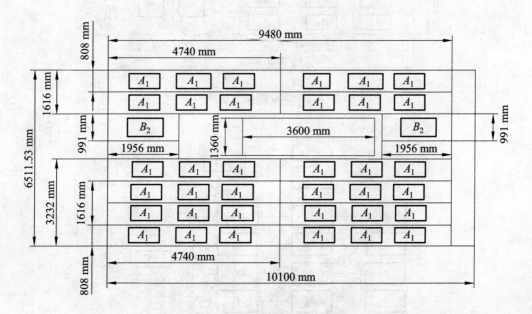

图 5.10 南顶面铺设分组阵列图

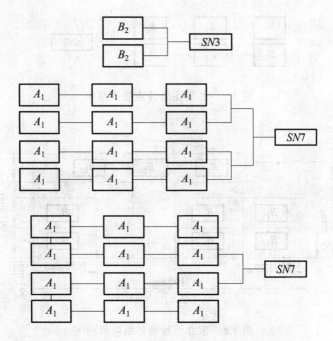

图 5.11　南顶面组件连接示意图

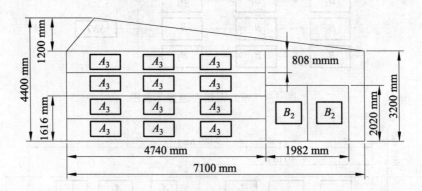

图 5.12　西立面铺设分组阵列图

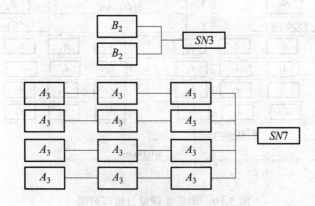

图 5.13　西立面组件连接示意图

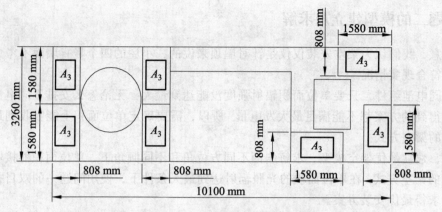

图 5.14　正立面铺设分组阵列图

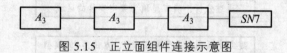

图 5.15　正立面组件连接示意图

5.1.5　求 35 年总发电量、经济效益和回收年限

要计算 35 年的总发电量、经济效益和回收年限，就要知道 35 年的数据，但附件 4 只给出了一年的数据，因此，我们假设在 35 年内，大同市的天气变化不大，于是可以用同一年的数据对 35 年内的指标进行近似计算. 由附件 3 知道：所有光伏组件在 0～10 年内效率按 100% 计算，10～25 年内按照 90% 折算，25 年后按 80% 折算. 则按照此条件有：

$$W_i = \begin{cases} W_1, & (1 \leqslant i \leqslant 10) \\ 0.9W_1, & (11 \leqslant i \leqslant 25) , \\ 0.8W_1, & (i \geqslant 26) \end{cases}$$

其中，W_1 表示第一年的发电总量，W_i 表示第 i 年的发电总量，则 35 年的总发电量为：

$$W = \sum_{i=1}^{35} W_i .$$

设 Q_j 表示第 j 年的经济效益，则 35 年的总经济效益为：

$$Q = \sum_{i=1}^{35} Q_i .$$

而回收年限 k 应该满足条件：

$$\begin{cases} \sum_{i=1}^{k} Q_i \leqslant 0, \\ \sum_{i=1}^{k+1} Q_i \geqslant 0. \end{cases}$$

求得 35 年的总发电量为 158366550 瓦，约为 1.58×10^8 瓦；总的经济效益为 1661772 元，约为 1.66×10^6 元；回收年限为 12 年.

5.2 问题二的模型建立及求解

由题意，我们认为架空安装仅仅是针对屋顶来说的，小屋的四个竖直墙面不考虑架空安装，这也符合现实情况.

对不同电池组件，只要单位面积辐射强度没能达到最大，无论怎么安排不同电池组件的组合，所得到的方案都不能满足最大发电量. 所以，需要确定单位面积上能吸收到最大光照辐射强度的架空方式.

首先，建立最优架空模型，求解斜面不同方位角和不同倾角下，单位面积能接收到最多光照辐射的架空方式. 在单位面积的光照辐射达到最大条件下，使用问题一的双目标最优安装模型，求得最优安装方案.

问题二的思路如图 5.16 所示.

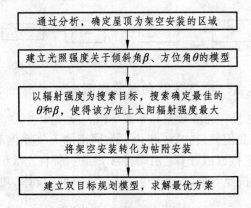

图 5.16 问题二流程图

概念说明：

电池板面方位角 θ：电池板面法向量在水平面上的投影，与当地南北方向的夹角；

电池板面倾角 β：电池板面与水平面的夹角.

5.2.1 屋顶最优架空模型的建立

电池组件的架空空间位置可以由电池板的方位角和电池板的倾角决定，那么对固定的某一电池组件，确定合理的方位角和倾角可以使得该电池板的单位时间发电量最大. 显然，电池组件单位面积接收的光照辐射，是电池板的方位角和倾角的函数：

$$I = I(\theta, \beta).$$

由问题一求得的物体表面太阳光总辐射强度函数关系式为：

$$I_\beta = I_{ZH}(\cos\beta\sin h + \sin\beta\cos h\cos(\gamma - \theta)) + I_{SH}\left(\cos\frac{\beta}{2}\right)^2.$$

由上式的物体表面太阳光总辐射强度 I_β，记 $I_{\beta t}$ 为 t 时刻物体表面的太阳光总辐射强度，则第 i 天的光照总强度为：

$$I_{\beta i} = \sum_{k=0}^{23} \int_{t=k}^{k+1} I_{\beta t} \mathrm{d}t,$$

第 j 个月的总光照强度是：

$$I_{\beta j} = \sum_{i=1}^{n_j} I_{\beta i}$$

其中 n_j 表示第 j 个月的总天数. 一年的总光照强度为：

$$I_0 = \sum_{j=1}^{12} I_{\beta j}$$

大同市位于北半球，光伏电池板应该面对南向，单位面积才能接收到最大的太阳辐射. 对某一固定方位角 θ_1，单位面积电池板如果能够接收到最多的太阳辐射，其倾斜角 β_1 应满足：

$$\frac{\mathrm{d}W}{\mathrm{d}\beta_1} = 0 ,$$

即：

$$\sum_{j=1}^{12} \sum_{i=1}^{n_j} \sum_{k=0}^{23} \int_{t=k}^{k+1} \left(I_{\mathrm{ZH}k}(-\sin\beta_1 \sin h + \cos\beta_1 \cos h \cos(\gamma - \theta_1)) + \frac{1}{2} I_{\mathrm{SH}k} \sin\beta_1 \right) \mathrm{d}t = 0 .$$

5.2.2　循环搜索算法求解

建立的架空模型比较复杂，为了更好地求解，我们设计了循环搜索算法. 循环搜索算法的思路是：

Step1：对某一固定方位角 θ_k，计算不同倾斜角 β_k 下，单位面积电池板能够接收到的太阳辐射强度. 求得最大的那个太阳辐射值，并且记录该值，及对应的方位角 θ_k、倾斜角 β_k；

Step2：改变方位角为 θ_{k+1}，重复 Step1；

Step3：步骤 Stcp2 中记录了不同方位角 θ_k 下，最大的太阳辐射值及相应的 β_k. 选取所有最大辐射强度中的最大值，记录相应的 θ,β 作为 $\theta_{\max k},\beta_{\max k}$，即为电池板最理想的方位角和倾斜角.

说明如下：

对位于面向南方屋顶上的电池组件，电池板倾斜角大于屋顶倾角，即 $\beta \geqslant \arctan\frac{3}{16}$；电池板

倾斜角不能大于 90 度，否则电池板很长时间不能被太阳照射，即 $\beta \leqslant \frac{\pi}{2}$；

对位于面向北方屋顶上的电池组件，电池板倾斜角大于屋顶倾角，即 $\beta \geqslant \pi - \arctan\frac{12}{7}$；

正午左右太阳辐射最强，电池板为了获得尽可能多的光照，电池板的朝向不可能偏离南向太多，所以取定 $-\frac{\pi}{12} \leqslant \theta \leqslant \frac{\pi}{12}$.

下面以面向南方的电池组件为例给出流程图 5.17.

求得最佳的方位角 $\theta = 0°$ 和最佳的倾斜角 $\beta = 44.6197°$（南屋顶）和 $\beta = 169.2654°$（北屋顶）.

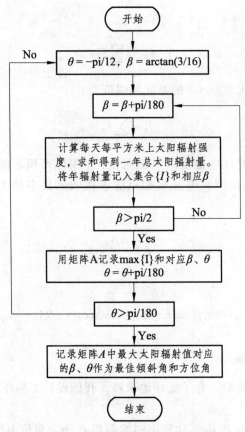

图 5.17   最佳倾斜角的搜索流程图

5.2.3   求屋顶最优安装

5.2.3.1   几何法转化架空安装为帖附安装

1）架空安装分析

架空安装光伏电池，电池板与电池板之间一定要有间距，才能充分利用太阳能. 太阳照射下，电池板会产生阴影，如果间距过小，阴影会覆盖周围电池板，使得发电效率降低；如果间距过大，能够安装的电池板数目减少，发电效率也会降低. 所以板与板的间距是根据阴影的面积来确定的.

然而，一天中太阳高度是不断变化的，一年四季中也是不断变化的，所以电池板的阴影也是不断变化的，这种不断变化的阴影会导致电池板间距离的确定很复杂，无法求解.

观察数据，发现一天中正午 12 点左右几小时的太阳辐射最强，而且显著强于其他时间，所以一天中主要的发电量是来自于正午 12 点左右几小时的太阳辐射. 我们认为，如果正午 12 点左右的时候，一些电池板阴影遮挡了其他电池板，造成的发电损失明显大于其他时间因遮挡造成的损失. 所以，以正午 12 点的太阳高度角，计算电池板在屋顶投影的长和宽及面积，根据这个长、宽和投影面积确定安装间距. 求每天正午 12 点的太阳高度角并作均值，近似作为求解过程中正午 12 点的太阳高度角.

说明：正午 12 点太阳的方位角很小，接近于 0 度，我们视作 0 度. 前面求得电池板法线的方位角也为 0 度，所以在太阳照射下，不同电池板的投影都是矩形.

2）架空安装转化为帖附安装

上面一步已经求得不同电池板的投影的长和宽，安装的时候如果每个电池板的投影不重叠，造成的发电损失会尽可能的少；如果投影有间隙，即帖附不满，就会造成浪费. 因此，只要将每个电池板的投影矩形不重叠的、紧凑的在墙面上拼接起来，就能让墙面得到充分利用，且发电损失尽可能的少.

问题转化为投影矩形在墙面上覆盖的问题，即投影矩形在墙面上帖附安装的问题，可以使用问题一建立的双目标规划模型，求解帖附安装最优方案，也就是求解出了架空安装的最优方案.

3）求投影长、宽

（1）南屋顶电池板投影长、宽.

图 5.18 为从西侧看小屋的侧视图，线段 AC 表示电池板的一条边，有向直线 EB 表示太阳光线，BC 为水平线，CG 为小屋的南屋顶，CD 为电池板的边 AC 在屋顶的投影，AF 为电池板的法向方向. 设此处电池板的一条边为 l，另一条边为 m.

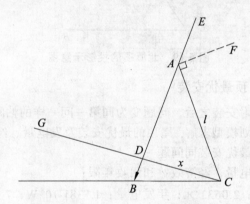

图 5.18　南屋顶的投影示意图

在 △ACD 中，由正弦定理：

$$\frac{l}{\sin \angle ADC} = \frac{x}{\sin \angle DAC};$$

$$\frac{l}{\sin(\angle ABC + \angle BCD)} = \frac{x}{\sin\left(\frac{\pi}{2} - \angle EAF\right)}.$$

得到：

$$x = \frac{l\sin\left(\frac{\pi}{2} - \angle EAF\right)}{\sin(\angle ABC + \angle BCD)}$$

其中，前面已经求得太阳向量与斜面法向量之间的夹角，在图中为 $\angle EAF = \theta_{\mathrm{T}}$；电池板最佳倾斜角 $\angle ACB = \beta = 44.6197°$，$\angle BCD$ 为屋顶倾角. 电池板投影矩形的一条边经算出来为 x，投

131

影矩形另一条边长度为 m.

（2）北屋顶电池板投影长、宽.

因为北屋顶没有阳光直射，只有散射，所以将电池板在屋顶的垂直投影图形作为帖附安装的投影矩形.

图 5.19 为从西侧看小屋的侧视图，线段 DE 表示电池板的一条边，AB 为水平线，AC 为小屋的北屋顶，DF 为电池板的边 DE 在屋顶的垂直投影，EF 为电池板的法向方向. 设此处电池板的一条边为 l，另一条边为 m. 图中 $\angle EDF = 49°$，是电池板的最佳倾斜角. 可以得到投影矩形的一条边为 $x = l\cos\beta$，投影矩形另一条边为电池板的边 m.

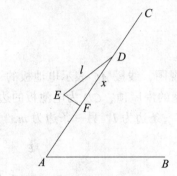

图 5.19　北屋顶的投影示意图

5.2.3.2　双目标规划求屋顶最优安装

将架空安装转化为帖附安装之后，问题变为同第一问一样的帖附安装问题，可以直接使用问题一建立的双目标规划模型求解. 屋顶的最优安装及发电量、经济效益和回收年限：

东西南北四个墙面的最优安装同问题一.

屋顶的最优安装及发电量、经济效益和回收年限：

（1）单位发电量费用：2.0631 元；年发电量：$1.7381 \cdot 10^8$ W；7 年收回成本；35 年赚钱：$2.2581 \cdot 10^6$ 元. 其图示如图 5.20 ~ 5.21 所示.

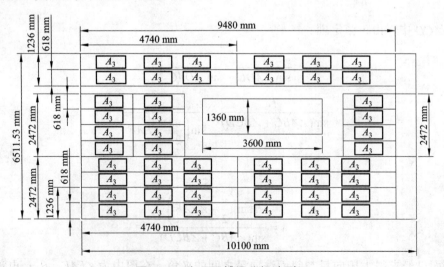

图 5.20　南顶面铺设分组阵列图

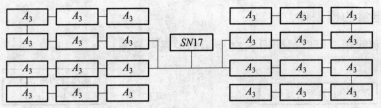

图 5.21　南顶面组件连接示意图

（2）单位发电量费用：58.879 元；年发电量：$6.9624 \cdot 10^5$ W；收不回成本；35 年亏本：57499 元. 其图示如图 5.22 ~ 5.23 所示.

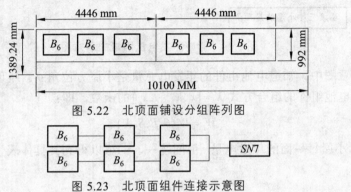

图 5.22　北顶面铺设分组阵列图

图 5.23　北顶面组件连接示意图

求得 35 年总发电量为 $6.5538 \cdot 10^8$ 瓦；总的经济效益为 $2.1637 \cdot 10^6$ 元；回收年限为 11 年.

5.3　问题三的模型建立及求解

问题三要求按照附件 7 的小屋建筑要求，重新设计小屋，然后对小屋外表面进行铺设光伏电池的优化以及分组连接方式.

5.3.1　小屋约束条件的建立

我们首先对附件 7 进行分析. 设小屋的长、宽、高分别 a，b，c，建筑屋顶最高点距地面高度为 H，面向南面的屋顶倾斜角为 β_1，面向北方的屋顶倾斜角为 β_2，小屋的东、西、南、北方向的墙表面积分别为 S_E，S_S，S_W，S_N，屋顶的朝南和向北表面积分别为 S_{DS}，S_{DN}，东、南、西、北方向的窗户面积分别为 $S_i(i = 1, 2, 3, 4)$，其中 $i = 1, 2, 3, 4$ 分别代表东、西、南、北；由附件 7 小屋的建筑要求可以得到如下约束条件：

$$
\begin{cases}
2.8m \leqslant c \leqslant H \leqslant 5.4m, \\
ab \leqslant 74m^2, \\
3m \leqslant b \leqslant a \leqslant 15m, \\
\left(\sum_{i=1}^{4} S_i\right) \Big/ ab \geqslant 0.2, \\
S_2 / ac \leqslant 0.5, \quad S_1 / bc \leqslant 0.35, \\
S_3 / bc \leqslant 0.35, \quad S_4 / bc \leqslant 0.35, \\
(H - c)(\cot \beta_1 + \cot \beta_2) = a, \\
S_{DS} = \dfrac{b(H - c)}{\sin \beta_1}, \quad S_{DN} = \dfrac{b(H - c)}{\sin \beta_2}.
\end{cases}
$$

133

5.3.2 总发电量的模型建立

由问题一和问题二可以得到图 5.24 所示的关系示意图.

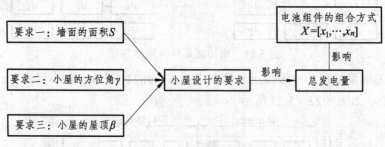

图 5.24 影响总发电量因素的示意图

从上述示意图中，知道电池组件的年发电总量是小屋方位角 θ、屋顶倾斜角 β、小屋外表面积 S 以及电池组件的组合方式 $X=[x_1,x_2,\cdots,x_n]$ 的函数，即：

$$W_i = W_i(\theta,\beta,S,X),$$

其中，W_i 表示小屋每一面的年发电量. 由问题一、二可以得到其具体表达式. 由题意建立双目标规划模型：

$$\begin{cases} \max \sum_{i=1}^{n} W_i(\theta,\beta,S,X), \\ \min \dfrac{P_{\text{rice}}}{\sum S}. \end{cases}$$

其中，P_{rice} 表示电池组件和逆变器的总成本，S 表示电池组件的面积，n 表示小屋的墙面个数.

对上述的模型求解时，要求知道小屋的参数，即：小屋方位角 θ、屋顶倾斜角 β、小屋外表面积 S. 若知道 β 和 S 的具体数据，则可以根据计算机搜索的方法确定小屋方位角 θ 的大小使得总的年发电量最大. 因此，接下来我们确定小屋的建筑方案.

5.3.3 小屋设计方案的确定

由第二问可以知道，当电池组件面向南方，与水平面之间的夹角 α 为 44.6197° 时，照射在电池组件上的光照强度最大，因此，我们可以选择 α 作为小屋的倾斜角. 要使得年发电总量尽量达到最大，则小屋能够铺设电池组件的面积应该尽量变大，在考虑小屋建筑约束条件时，我们选取极限情况.

小屋的长为 $a=15$ m，宽为 $b=4.9$ m，高为 $c=2.8$ m，根据集合关系，可以得到小屋的具体形状和大小. 小屋的图形如图 5.25 所示.

通过计算，得到 $S_E = S_W = 23.08$ m^2，$S_S = 42$ m^2，$S_N = 81$ m^2，$S_{DS} = 55.1543$ m^2，$S_{DN} = 34.5$ m^2. 根据建筑采光和节能要求，得到窗户的面积范围即：$\sum_{i=1}^{4} S_i \geqslant 14.7$ m^2. 由于小屋的南墙面对南方，受到太阳辐射的强度相对侧面的要大，为了使得年

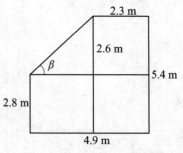

图 5.25 小屋东面的示意图

134

发电量最大，我们采取的方法是把窗户尽量的按照要求将其建在东侧、西侧和北侧. 对于北侧，太阳光线最弱，因此我们按照北墙的窗墙比的极限值计算北墙窗户的面积，得到：$S_4 = 4.41\,\mathrm{m}^2$；对于东侧和西侧，利用极限情况得到：$S_1 = S_3 = 5.145\,\mathrm{m}^2$；此时南面的窗户面积为：$S = 0$. 通过上述的求解，得到约束条件下的小屋形状.

5.3.4 小屋方位角的确定

得到小屋的具体形状后，我们采取计算机搜索的方法，计算使得小屋外表面的单位面积上所受到的光照强度总和最大. 小屋方位角 θ 的变化范围不妨设为：$\theta \in [-\varepsilon, \varepsilon]$，一般取 30°. 计算机搜索方法如图 5.26 所示：

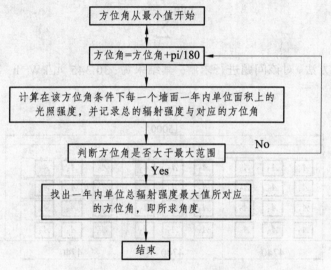

图 5.26 最佳方位角的搜索流程图

流程图中计算在某一方位角下的总光照辐射强度计算公式为：

$$\begin{cases} I_1 = \sum (I_E \cos\theta + I_N \cos\theta); \\ I_2 = \sum (I_E \sin\theta + I_S \cos\theta); \\ I_3 = \sum (I_W \cos\theta + I_S \sin\theta); \\ I_4 = \sum (I_N \cos\theta + I_W \sin\theta); \\ I_5 = \sum (I_{\beta 1}); \\ I_6 = \sum (I_{\beta 2}); \\ I = \sum_{i=1}^{6} I_i, \end{cases}$$

其中，$I_i (i = 1, 2, \cdots, 6)$ 表示第 i 个面的一年光照辐射强度，I 为一年总的单位面积上的太阳辐射强度，I_E, I_S, I_W, I_N 表示东、南、西、北方向单位面积上的总辐射强度，$I_{\beta 1}, I_{\beta 2}$ 表示屋顶上单位面积的总辐射强度. 上述模型给出的是方位角偏东南方向，若方位角偏西南方向，同理可以得到 I.

5.3.5 年发电量的求解

确定了屋顶倾斜角 β、方位角 θ、小屋外表面积 S 后,我们计算小屋的所有墙面的总年发电量. 设第 i 个墙面的电池组件的组合方式为: $X_i = [x_1, x_2, \cdots, x_n]$,对应的电池组件面积为: $S_i = [s_1, s_2, \cdots, s_n]$,光照强度为 I_i,则其年发电总电量为:

$$\max \sum_{i=1}^{6} X_i S_i I_i \eta_1 \eta_2 \ ;$$

单位发电量的费用成本为:

$$\min \frac{P_{\text{rice}}}{\sum\limits_{i=1}^{6} S_i}.$$

根据问题一的求解方法,对该问题进行求解. 其结果为: 30.345 元/kW·h. 其图示如图 5.27 ~ 5.37 所示.

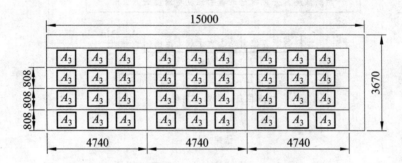

图 5.27　南顶面的铺设分组阵列图

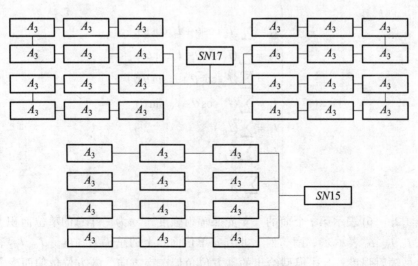

图 5.28　南顶面的组件连接示意图

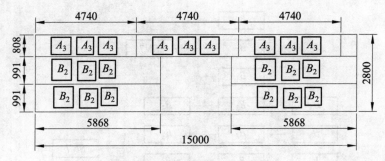

图 5.29　南面的铺设分组阵列图

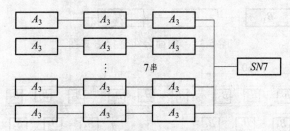

图 5.30　南面的组件连接示意图

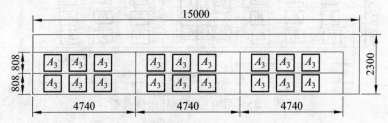

图 5.31　北顶面的铺设分组阵列图

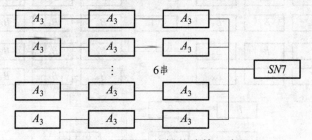

图 5.32　北顶面的组件连接示意图

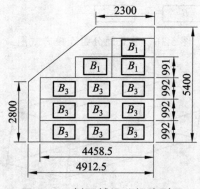

图 5.33　侧面铺设分组阵列图

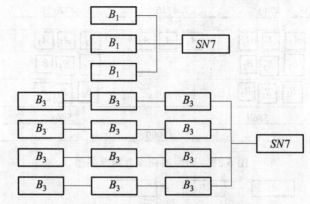

图 5.34　侧面分组连接方式图

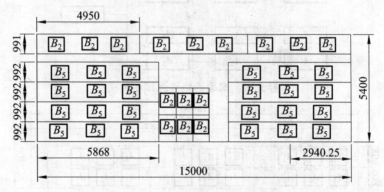

图 5.35　后立面铺设分组阵列图

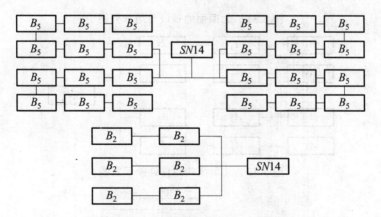

图 5.36　后立面分组连接方式图

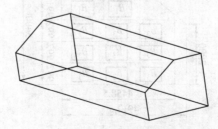

图 5.37　小屋的透视图

6 模型评价及推广

6.1 模型评价

问题一中利用逆变器接入要求筛选电池组件，剔除了大量电池组件，大大简化了模型的建立与求解. 基于选取后的电池组件，建立了多目标优化模型，使用无量纲化处理转化为单目标模型，进一步简化了模型的求解. 设计的 Lingo 与 Matlab 结合的逐步寻优算法，能够很好地求解模型，给出最优方案.

问题二中的循环搜索算法，能够计算给定倾斜角、方位角范围内，所有的光照辐射强度，比较所有辐射强度，提取出最大辐射强度对应的倾斜角、方位角，准确无误. 使用了几何法，将架空安装问题转化为帖附安装问题，大大简化了模型的建立与求解.

问题三中考虑约束条件的极限情况，建筑小屋，并且再次利用计算机搜索算法求解小屋的最佳方位角，使得年发电量尽可能地达到最大.

但整篇文章，由于问题以及计算的复杂性，使得我们大量的简化模型，而且，在进行计算时没有考虑周围环境、地区的气候与气象条件等因素，使得计算的结果与实际情况有偏差.

6.2 模型改进

问题要求我们对小屋光伏电池 35 年内的发电总量、经济效益进行计算，然而附件只给了一年的数据，使得我们在计算时使用的是同样的数据，这样使得最终的结果误差很大. 通过分析我们知道，太阳的辐射强度都是呈季节性变化的，因此可以采用时间序列模型对以后年限的每一时刻进行预测，以得到比较精准的数据，能够使计算误差减小.

6.3 模型推广

本篇文章，对太阳能小屋的设计、光伏电池组件的优化组合以及铺设方案的选取等问题进行了深入的研究，建立了计算机搜索方法，能够很好地解决现实生活中不确定性问题. 双目标规划模型，可以在管理、运输等领域等到应用.

7 参考文献

[1] 刘祖明. 固定式联网光伏方阵的最佳倾角. 云南师范大学学报, 2000, 6 (20): 24-28.
[2] 张琨, 毕靖, 丛滨. MATLAB7.6 从入门到精通. 北京: 电子工业出版社, 2009, 5.
[3] 陈珊, 孙继银, 罗晓春. 目标表面太阳辐射特性研究. 红外技术, 2011, 3 (33): 3.
[4] 司守愧, 孙玺菁. 数学建模算法与应用. 北京: 国防工业出版社, 2011, 8.

车道被占对城市道路通行能力的影响研究

摘　要：

随着城市规模的日益扩大，交通日趋拥挤，车道被占现象越演越烈，导致道路的通行能力受到制约，为此，城市道路通行能力的研究对交通管理部门的决策有指导性作用.

本文主要研究车道被占时，影响城市道路实际通行能力差异的原因和车辆最大排队长度与事故断面实际通行能力、事故持续时间及路段上游车辆数之间的关系. 在统计视频数据后，建立数据统计模型和基于通行能力理论的模型来探讨影响交通事故断面的实际通行能力差异的原因；对于车辆排队长度问题，建立多出入口的 MAEQL 模型并用 VISSIM 软件仿真验证；对于车辆排队时间问题，分别基于修正的格林伯速度-密度模型和连续化的 mnMAEQL 模型建立两种车辆排队持续时间模型来解决.

问题一，首先每间隔 1 min 统计视频 1 中事故横断面的各类车辆数，利用折算系数将其化为标准车当量数，并利用 Excel 画出实际车流量变化图（见图 7.1）；然后建立标准车当量随时间变化的回归模型；最后结合视频 1 和图 6.2 分析得到：实际通行能力在事故发生初期先快速下降，3 min 后趋于稳定，但仍较事故发生初期的通行量有明显下降，说明因事故导致车道被占削弱了道路的实际通行能力.

问题二，在统计并折算视频 2 中的车辆数后，首先，画出实际车流量变化图（见图 7.2）；然后，基于均值和最大值及最小值作为差异性指标建立数据统计模型，从数据角度分析差异性. 再者，通过分析影响实际通行能力的因素，找到相关修正系数，构造差异性指标函数，建立实际通行能力理论模型，运用 Matlab11.0 编程得到视频 1, 2 的事故横断面实际通行能力分别为：570 pcu/h, 1202 pcu/h，即视频 2 的实际通行能力强于视频 1. 最后，通过分析两种模型的结论得出影响交通事故横断面实际通行能力差异的因素是：未占车道的车辆速度和车流量占有比例，且分别与它们成正比和反比.

问题三，首先，统计并折算出视频 1 中事故横断面、两小区进出口、上游路口直行及右转相位通过的标准车当量数；其次，依据交通流的二流理论，建立多个出入口车辆排队长度模型；然后，根据实测数据进行回归分析得到事故横断面最佳密度和阻塞密度，并运用 Matlab11.0 计算得到车辆最大排队长度（见表 7.3）；最后，利用模型求得的车辆排队长度与视频数据比较，并利用偏差平方进行检验以及运用 VISSIM 软件仿真模拟得出模型是合理的.

问题四，方法一，将交通流理论中的格林希尔治-密度模型应用于交通波基本模型中，建立基于改进的停车波模型和启动波模型的排队持续时间模型；运用 Matlab11.0 编程得到从事故发生开始，经 9.8088 min，车辆排队长度到达上游路口. 方法二，假设车流量服从指数分布，将车辆排队的泊松离散问题处理为指数分布的连续问题，然后根据问题三的模型，建立基于连续化的 mnMAEQL 模型的排队持续时间模型，利用牛顿弦截算法求得近似解为 9.1648 min. 最后分析方法一、方法二的差异.

关键词： 实际通行能力；差异性指标；排队问题；二流理论；mnMAEQL 模型；VISSIM 软件仿真；交通波基本模型；牛顿弦截算法

1 问题重述

1.1 问题的背景及意义

车道被占用是指因交通事故、路边停车、占道施工等因素，导致车道或道路横断面通行能力在单位时间内降低的现象. 由于城市道路具有交通流密度大、连续性强等特点，一条车道被占用，也可能降低路段所有车道的通行能力，即使时间短，也可能引起车辆排队，出现交通阻塞. 如处理不当，甚至出现区域性拥堵.

车道被占用的情况种类繁多、复杂，正确估算车道被占用对城市道路通行能力的影响程度，将为交通管理部门正确引导车辆行驶、审批占道施工、设计道路渠化方案、设置路边停车位和设置非港湾式公交车站等提供理论依据.

1.2 问题的提出

（1）根据视频 1，描述视频中交通事故发生至撤离期间，事故所处横断面实际通行能力的变化过程.

（2）根据问题一所得结论，结合视频 2，分析说明同一横断面交通事故所占车道不同对该横断面实际通行能力影响的差异.

（3）构建数学模型，分析视频 1 中交通事故所影响的路段车辆排队长度与事故横断面实际通行能力、事故持续时间、路段上游车流量间的关系.

（4）假如视频 1 中的交通事故所处横断面距离上游路口变为 140 m，路段下游方向需求不变，路段上游车流量为 1500 pcu/h，事故发生时车辆初始排队长度为零，且事故持续不撤离. 请估算，从事故发生开始，经过多长时间，车辆排队长度将到达上游路口.

2 问题分析

2.1 问题总体分析

本文主要分四问来探讨城市车道被占时的道路通行能力问题. 其中前两问是针对附件视频的具体情况，解决被占车道不同时，对道路通行能力影响的差异问题. 后两问是在解决了事故横断面实际通行能力模型的基础上，考虑建立事故横断面实际通行能力、事故持续时间和上游车流量之间的关系，以及解决事故发生时，车辆排队长度问题. 其中，第三问需要建立三者关系的抽象模型，第四问可以单独运用相关理论求解实际问题下的车辆排队时间，同样也可以理解为第三问的实例应用. 其总体框架如图 2.1 所示.

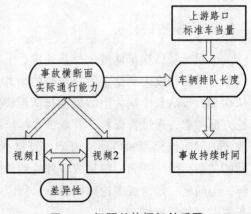

图 2.1 问题总体框架关系图

2.2 具体问题的分析

2.2.1 问题一的分析

本题需要描述事故发生到撤离期间，事故所处横截面实际通行能力的变化过程. 要解决此问题，必须明确以下关键点：

（1）什么是实际通行能力？

（2）影响实际通行能力的因素有哪些？

关于实际通行能力的背景知识需要查询大量文献资料；再考虑运用图直观展现事故发生到撤离期间，事故横断面的实际通行能力的变化过程.

明确以上问题后，对视频 1 的数据进行统计分析处理，需要注意的是统计的车辆数是通过事故横断面的，根据数据拟合函数并作图，说明实际通行能力的变化过程.

2.2.2 问题二的分析

本题要求说明同一横断面交通事故所占车道不同对实际通行能力影响的差异. 分析差异性，需要综合考虑附件 1，2 的情况. 首先处理视频 2 的数据，确定描述差异指标并建立数据统计模型，根据数据画折线图，对结果进行分析. 考虑到数据的不完全性，从影响道路实际通行能力的因素出发，建立有理论依据的模型，分别算出两种情况下的实际通行能力并比较两种方法的结论，分析造成差异的因素.

2.2.3 问题三的分析

本问要求建立交通事故所影响的路段车辆排队长度与事故横断面实际通行能力、事故持续时间、路段上游车流量间的关系的数学模型. 对于四者关系的数学模型，查找大量的专业文献，发现本问题属于交通流排队问题，解决此问题目前有概率论方法、车流波动理论、跟车理论、二流理论等方法. 分析视频 1，2，我们发现本问题是一个多进出口的交通流问题，所以我们选择二流理论中的 MAEQL 模型. 基于 MAEQL 模型考虑结合视频 1 车辆实际排队长度和理论排队长度，改进模型为 mnMAEQL，并用偏差平方和检验理论模型的合理性.

2.2.4 问题四的分析

该问题是已知车辆最大排队长度、上游车流量求解事故停车波时间. 考虑特殊点：因事故最大排队长度为到达上游路口处的距离. 假设当排队距离到达上游路口时则启动波开始，从而最大排队长度则为上游最远排队距离. 基于此，本问题有两种思路：一是单从交通波理论方面考虑，通过查资料，发现事故持续时间等于停车波时间加启动波时间，从而可以利用改进的停车波模型和启动波模型以及格林伯速度-密度模型来得到车辆排队长度和停车波时间的关系；另一方面，单从数学理论的角度考虑，问题三和问题四在其函数表达式上是逆运算，但问题三是二流理论离散模型，所以必须化为对应的连续性模型，再利用计算机求得停车波时间的近似解.

3 城市道路实际通行能力相关专业知识

3.1 道路通行能力

（1）通行能力[1,2]（traffic capacity）：在一定的道路条件、交通条件、控制条件、环境条件下，道路断面在一定的时间内能够通过的最大车辆数.

① 基本通行能力[2]（basic capacity）：公路的某组成部分在理想的道路、交通、控制和环境条件下，一条车道的一横断面上，不论服务水平如何，1 h 所能通过标准车辆的最大辆数（pcu），通常以高速公路上观测到的最大交通量为基准（理想、理论通行能力）.

② 实际通行能力[2]（possible capacity）：公路的某组成部分在实际的道路、交通、控制及环境条件下，一条车道的一横断面上，不论服务水平如何，1 h 所能通过的车辆的最大辆数（pcu），是现实条件道路上的最大交通量.

③ 设计通行能力[2]（design capacity）：公路的某组成部分在预测的道路、交通、控制及环境条件下，一条车道的一横断面上，在指定的设计服务水平下，1 h 所能通过的车辆的最大辆数（pcu）.

由图 3.1 可知，道路实际通行能力是在基本通行能力基础上，考虑实际情况对通行能力的影响因素和服务水平，即考虑在基本通行能力的基础上加入修正系数与服务水平系数.

图 3.1 基本通行能力与实际通行能力的转换

（2）服务水平[1]：道路使用者根据交通状态从速度、舒适、方便、经济和安全等方面所能得到的服务程度.

（3）修正系数[1]：修正系数是指在数据计算、公式表达等由于理想和现实、现实和调查等产生偏差时，为了使其尽可能地体现真实性能对计算公式进行处理而加的系数，一般用 α 等表示.下面针对本题，讨论具体的影响因素（修正系数）.

3.2 影响城市道路通行能力的因素

城市道路错综复杂，道路的通行能力一般达不到最理想的情况，为此，需要考虑影响城市道路通行能力的主要因素[3,4]，如图 3.2 所示.

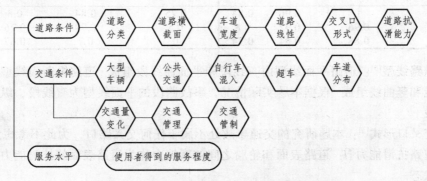

图 3.2 影响城市道路通行能力因素示意图

3.3 问题具体影响因素分析

3.3.1 道路条件因素

（1）道路分类[5]：城市道路分为四类：快速路、主干道、次干道、支路. 本题数据为城市道路，假设横向为主干道，纵向为次干道.

（2）道路横截面[5]：城市道路横断面形式有：单幅路、双幅路、三幅路及四幅路. 本题为双幅路横断面，利用中央分隔带将机动车道按上下行方向隔离，减少了对向车流的干扰，但由于其在一个方向上机非混行，机非之间的干扰还是存在，道路的通行能力还是受到制约，如 3.3 所示.

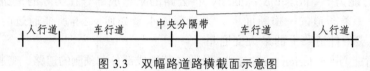

图 3.3 双幅路道路横截面示意图

交通事故地点位于双向六车道，当事故发生后，出现占道现象，故要考虑车道数修正系数[5]（相关取值见表 3.1）：

$$\alpha = \frac{n'_N}{n_N} , \qquad (3.1)$$

其中，n'_N 为无占道现象时的车道数修正系数，n_N 为有占道现象时的车道数修正系数.

表 3.1 车道数修正系数 α

车道数	1	2	3	4
车道修正系数	1	1.87	2.60	3.20

（3）车道宽度[5]：车道宽度是决定路上车辆行驶速度的重要因素. 根据城市道路设计规范，车辆行驶的速度会小于 40 km/h，为此，道路宽度至少为 3.5 m. 而实际道路宽度为 3.25 m，因此，车辆通行能力需要折减，相关系数[5]如表 3.2 所示.

表 3.2 车道宽度及侧向净宽对通行能力的影响折减系数（β）

侧向净宽（m）	车道宽（m）			侧向净宽（m）	车道宽（m）		
	4.0~4.5	3.5	3		4.0~4.5	3.5	3
1.75	1	0.96	0.84	0.75	0.84	0.8	0.7
1.5	0.96	0.92	0.8	0.5	0.79	0.76	0.66
1	0.88	0.84	0.74	0	0.7	0.67	0.58

（4）道路线型[5]：道路平面线型由直线段和平面曲线段组成. 道路纵断面线型由上坡、下坡的直线和竖曲线组成. 根据本题实际情况，事故路段的平面线型为直线段，纵断面近似为无坡路段.

（5）交叉口形式[5]：本题研究的交通事故处不属于任何交叉路口，为此不考虑.

（6）道路抗滑能力[5]：道路表面和轮胎之间的摩擦力称为道路表面的抗滑能力，假设本题是理想状态.

3.3.2　交通条件因素

（1）车辆混行[5]：根据附件，由于车道划分不明显，道路上公交车、小轿车和电动车（电动车）混行，且行车中有超车现象，交通量不断变化，大大影响了道路通行能力.

（2）交通管理[6]：由于交通管理不合理，车辆行驶混乱.影响因素[5]可以视为表 3.3.

表 3.3　机非混行修正系数 δ

非机动车流量pcu/（h*车道）	修正系数	非机动车流量pcu/（h*车道）	修正	非机动车流量pcu/（h*车道）	修正系数	非机动车流量pcu/（h*车道）	修正系数
0~200	1.00	200~500	0.90	300~800	0.80	800~1200	0.70

3.3.3　服务水平因素

服务水平[1]：对于城市道路来说，衡量交通服务水平的最主要指标为路段的饱和度(V/C)，即路段实际交通量/设计通行能力，其次是车速或延误.为方便研究，可采用 V/C 作为城市道路的服务水平划分依据.一般采用的服务水平划分标准如表 3.4 所示.

表 3.4　服务水平划分标准系数

服务水平	A	B	C	D	E	F
V/C	≤0.4	0.4~0.6	0.6~0.75	0.75~0.9	0.9~1.0	≥1.0

查询城市道路设计规范[5]，结合视频 1,2，该路段为稳定车流、一定延误的服务水平，即服务水平为 C 级，取系数平均值 0.675.

4　模型假设

（1）道路纵坡平缓并有开阔的视野，且道路有良好的平面线型和路面状况，即不用考虑其对道路通行能力的影响；

（2）道路抗滑系数处于理想状态，不影响道路通行能力；

（3）两个交通事故处于同一路段的同一横断面，且完全占用两条车道，另外一车道不受影响；

（4）由于城市交通密度大，连续性强，假设车流关于时间为连续的，各车辆之间保持与车速相适应的最小车头间隔，且无任何方向的干扰；

（5）除事故横断面处，其他路段车辆不变道；

（6）视频记录数据准确无误；

（7）车流量属于泊松分布；

（8）处理事故的交警车辆不会影响正常的车流；

（9）在同一车道的通车速度相同，均为匀速，不超车，且越靠近隔离带，车速越快.

5　模型说明

S_{min}：选择期间车辆通行最大值(pcu)；

S_{max}：选择期间车辆通行最小值(pcu)；

S_m：选择期间车辆通行平均值(pcu)；

$N_{\max(i)}$：i 号车道事故点基本通行能力(pcu/h)；

$v_{\max}$：三条车道的最大速度(km/h)；

$\lambda_{\max}$：三条车道最大车流量比例数(%)；

α：车道数修正系数；

β：车道宽度修正系数；

γ：侧向净宽修正系数；

δ：机非混合修正系数；

N_s：事故横断面可能通行能力(pcu/h)；

N_D：事故横断面实际通行能力(pcu/h)；

C/V：服务水平系数；

$N_u(i,t)$：t 时刻通过上游断面累计数(pcu)；

$N_D(i,t)$：t 时刻通过下游断面累计数(pcu)；

$\bar{k}_j$：上游和下游间交通流最佳密度；

$\bar{k}_m$：上游和下游间交通流的阻塞密度；

k_2：启动密度；

k_1：停车密度；

t_0：车辆排队时间(s).

6 数据处理

为了方便研究，我们对视频数据进行如下处理.

6.1 标准车当量换算

标准车当量数 pcu（Passenger Car Unit）[1]：也称当量交通量，是将实际的各种机动车和非机动车交通量按一定的折算系数换算成某种标准车型的当量交通量.

1）折算系数 p

根据附件 1, 2 的视频，可将车辆大致分为四类：小轿车、公交车、电动车和介于小轿车和公交车之间的中型车；再根据车辆折算系数转换为标准当量数. 折算系数[1]如表 6.1 所示：

表 6.1　车辆折算系数（单位：pcu）

车型	折算系数	车型	折算系数	车型	折算系数	车型	折算系数
小型汽车	1	中型汽车	1.5	大型汽车	2	电动车	0.4~0.6

说明：电动车的折算系数取中间值 0.5.

2）标准车当量数计算

通过 $n' = pn$ 换算成标准车当量数，其中，p 表示折算系数，n 表示每类车的单位时间通行数，n' 表示换算的标准车当量数，如图 6.1 所示.

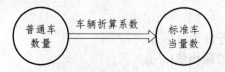

图 6.1　标准车当量数的换算示意图

6.2 车道标记

为方便模型的建立与研究，我们将题目所给的双向六车道进行编号，由于只研究一边车道的通行能力，为此，以中间的绿化带为界限，将道路分别标上 1, 2, 3 号，如图 6.2 所示，且由假设，有 $v_3 > v_2 > v_1$.

图 6.2　道路编号示意图

7　模型建立与求解

7.1　事故横断面实际通行能力变化过程的回归模型——问题一

通过查阅文献，单位时间内通过的标准车当量数可以刻画实际通行能力.

7.1.1　视频数据处理

视频数据采集在有数据采集仪时，可以用断面观测法和区间观测法[7]，囿于技术限制，本题只有采用人工统计方法.

1) 人工统计交通事故点车流量数据

根据附件 5，我们知道相位时间均为 30 s，黄灯时间为 3 s，信号周期为 60 s，故从事故发生开始到撤离期间，以 1 min 为一个周期，统计每分钟通过交通事故横断面的大型车、中型车、小型车及电动车通行量（见附件 1），分别记为 $C_i^1, C_i^2, C_i^3, C_i^4$（$i$ 为统计时间长度）.

2) 换算标准车当量

每分钟的标准车当量为：

$$S_i = (C_i^1, C_i^2, C_i^3, C_i^4)(p_1, p_2, p_3, p_4)^{\mathrm{T}},$$

其中，p_1, p_2, p_3, p_4 分别为四种车辆的折算系数.

7.1.2　基于拟合函数的通行能力变化过程分析

运用 Excle，得出事故横断面实际通行能力的变化过程，如图 7.1 所示.

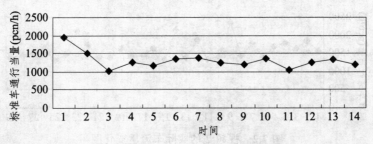

图 7.1　视频 1 的实际车流量变化图

根据数据拟合时间和实际通行能力的关系函数：

$$N_D(t) = -1.824t^3 + 44.52t^2 - 325t + 1756.$$

R-square：0.8322，即说明拟合效果较好.

结合视频 1 及图 7.1，分析交通事故处实际通行能力的变化过程：

（1）事故发生后 (0~3) min：实际通行量直线下降；结合视频实际情况，交通事故发生时，2,3 号道路被占，只有 1 号车道可以通行，车辆在事故发生地上游变道到 1 号车道，通过的车辆数迅速下降.

车流量下降迅速的原因可能为：事故发生在道路通行情况良好的情况下，车速比较快，一旦车道被占，车速迅速下降，通过事故横断面的车辆数立刻下降. 此外，未被占的 1 号车道的车流量比例小，当车辆变多时，车速会更慢，即拥堵发生时，车辆变道到 1 号车道，导致车速下降，从而影响了事故横断面的实际通行能力.

（2）事故发生后 (3~14) min：实际通行量比正常情况下少，但基本上波动不大，在两车道被占后，达到一种新的动态平衡. 上升阶段为上游路口车辆放行，而下降阶段为上游路口车辆因遇红灯而停止通行，处于瓶颈口排队的车辆慢速通行.

实际通行量趋于稳定的原因可能为：事故发生一段时间后，通过瓶颈口的车辆数下降，车流较连续，车辆只从 1 号车道通行，相当于单车道车辆慢速的依次通过，形成了新的通行量平衡，实际的通行能力稳定在一定的范围内.

7.2 基于两种模型分析不同占道对实际通行能力影响的差异——问题二

7.2.1 基于数据统计模型分析实际通行能力影响的差异（问题二方法 1）

1）实际通行能力数据统计模型的建立与求解

首先对视频 2 交通事故地点的数据（见附件 2）进行采集分析，并换算成标准车当量；同样选择期间车辆通行的最大值 S_{max}，最小值 S_{min} 以及平均值 S_m 作为刻画事故路段横断面实际通行能力的指标.

$$S_{max} = \max\{S_i\}, \quad S_{min} = \min\{S_i\},$$
$$S_m = \sum_i S_i / i, \tag{7.1}$$

其中，i 为统计的时间长度.

然后，运用 Excle 得出事故横断面车辆实际通行能力，变化过程如图 7.2 所示.

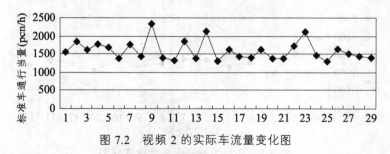

图 7.2 视频 2 的实际车流量变化图

结合视频及图 7.2，分析交通事故处实际通行能力的变化过程：

事故发生到车辆撤去：根据图 7.2，事故发生后，瓶颈口通行量变化不大，通行量的波动相对平稳，偶尔变大，估计为上游路口车辆放行时，车流量变大. 结合视频 2，事故发生在 1，2 号车道，部分车辆变道到 3 号车道.

在交通事故发生时，通行量没有明显的下降，原因可能为：交通事故发生在下班高峰期，车流量比其他时段都大，车速较正常情况放慢，当有车道被占时，车辆通过事故横断面时车速需降低，但因处于下班高峰期，车速下降后与正常情况的差异不大，故通行能力变化不大；又因未占的 3 号车道流量比例较大（35%），也保证在高峰期，通过事故地点的车辆流量受阻程度不会太大，速度变化不大.

2）实际通行能力影响的差异分析

由公式（7.1）计算两种不同占道情况的车流量最大（小）值、平均值，比较图如图 7.3 所示.

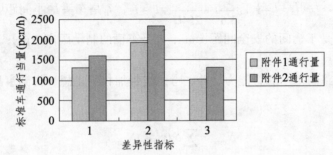

图 7.3　视频 1, 2 的车流量平均值，最大（小）值的差异比较

说明：1 为车通行当量平均值；2 为车通行当量最大值；3 为车通行当量最小值.

由图 7.3 可知，1, 2 车道被占时的车流量平均值、最大（小）值始终比 2, 3 车道被占时大. 根据图 6.2，7.1 反映的通行能力的变化过程，1, 2 车道被占时，因 3 道车速快，且占有的车流比例大，故车流量持续性好且流量强；相比在 2, 3 道被占时，1 道车速和流量占有比例都小于上种情况，故实际通行能力较弱.

7.2.2　基于理论模型分析实际通行能力影响的差异（问题二方法 2）

7.2.2.1　交通事故横断面实际通行能力理论模型建立

我们需要考虑双向六车道的一边，视为三车道. 在车辆为单一的标准车型汽车，以相同的速度，连续不断的行驶，且各车辆之间保持与车速相适应的最小车头间隔[5]，而无任何方向的干扰的情况下可以计算出基本通行能力. 值得注意的是，根据实际情况，将三车道的速度进行划分，如假设所说，越接近中央绿化带的速度越快，记为 v_i.

1）差异性指标函数的构造

根据常识和方法一的分析结果，车速与车流量成正比，即车速越快，实际通行能力越强；车流量所占比例与车流量成反比，即流量比例越大，实际通行能力越小. 这两点也是附件 1, 2 两种情况的不同之处（不考虑时间差异）. 这两点的不同导致了实际通行能力的差异，即导致差异的因素是车速与道路流量比例，为此，构造差异性指标函数：

$$\delta_i(v_i, \lambda_i) = k\frac{v_i}{v_{max}}\frac{\lambda_{max}}{\lambda_i}, \ i = 1, 2, 3, \tag{7.2}$$

其中，$\delta_i(v_i, \lambda_i) = k \dfrac{v_i}{v_{max}} \dfrac{\lambda_{max}}{\lambda_i}$，$v_{max}$ 是三条车道的最大速度，λ_{max} 是三条车道的最大车流量比例数．

说明：若 1，2 车道被占，即只有道路 3 可以通行，则 $\delta_1(v_1, \lambda_1) = \delta_2(v_2, \lambda_2) = 0$；若 2，3 车道被占，只有 1 车道可以通行，则 $\delta_3(v_3, \lambda_3) = \delta_2(v_2, \lambda_2) = 0$．

2）基本通行能力

首先得出每个车道的基本通行能力[8]：

$$N_{max(i)} = \frac{3600}{t_0} = \frac{3600}{l_0/(v_i/3.6)} = \frac{1000 v_i}{l_0}, \quad i = 1, 2, 3, \tag{7.3}$$

其中，$N_{max(i)}$ 是 i 号车道的基本通行能力（pcu）；t_0 是车头最小时距（s）；v_i 是 i 号车道上车速（km/h）；$l_0 = l_f + l_z + l_a + l_c$ 等于 $\dfrac{v}{3.6} t + \dfrac{v^2}{254U} + l_a + l_c$，$l_0$ 是车头最小间距[5]（m）；l_c 是车辆平均长度（m）；l_a 是车辆间的安全间距（m）；l_z 是车辆的制动距离（m）；l_f 是司机在反应时间内车辆行驶的距离（m）．

现在将三条道路的基本通行能力合并，考虑线性加权的思想，得到事故横断面基本通行能力：

$$N_{max} = \sum_{i=1}^{3} \delta_i(v_i, \lambda_i) N_{max(i)} . \tag{7.4}$$

3）修正因子的确定

实际通行能力的计算是将实际情况加入到基本通行能力，为此，计算基本通行能力前，必须明确必要的修正系数．结合本题实际情况，根据上文对影响因素的分析及选取，得到具体修正类和修正值（数据方便模型计算），见表 7.1.

表 7.1　选择如下修正系数

修正因子	修正系数	修正因子	修正系数
车道数 α	1/2.6	车道宽度 β	0.94
修正因子	修正系数	修正因子	修正系数
侧向净宽 γ	0.71	机非混合 δ	0.9

4）可能通行能力

修正系数乘以基本通行能力，得道路、交通与一定环境条件下的可能通行能力：

$$N_s = N_{max} \alpha \beta \gamma \delta , \tag{7.5}$$

其中，α 为车道数修正系数；β 为车道宽度修正系数；γ 为侧向净宽修正系数；δ 为机非混合修正系数．

5）实际通行能力

实际通行能力 N_D 为可能通行能力乘以服务水平的服务交通量与通行能力之比：

$$N_D = N_s \frac{C}{V} , \tag{7.6}$$

其中，C/V 为服务水平系数.

7.2.2.2 实际通行能力理论模型求解与分析

通过查询城市道路设计规范，车速分别为：50 km/h，55 km/h，60 km/h；车辆平均长度 $l_c = 6$ m；车辆间的安全间距 $l_a = 5$ m；司机的反应时间 $t = 1$ s. 在主频 3.39 GHz，3.24 GB 内存，WindowXP 的硬件环境下，运用 Matlab11.0 编程（程序名 praction.m 见附录 3）得到结果如表 7.2 所示.

表 7.2 视频 1, 2 事故横断面实际通行能力差异

被占车道	实际通行能力（pcu/h）
2,3 道（附件 1）	570
1,2 道（附件 2）	1202

观察表 7.2，2, 3 号车道被占时，事故横断面实际通行能力比 1, 2 号车道被占时大，这与数据统计模型的结论相符，也说明选择的差异性影响因子合理.

7.2.3 所占车道不同对实际通行能力影响的差异分析

结合数据统计模型和理论模型的计算结果，当所占车道不同时，影响实际通行能力的因素主要为：未被占道路的车速和车流量占有率. 关系如图 7.4 所示.

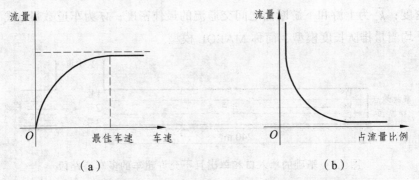

（a）   （b）

图 7.4 未被占道路车速和车流量占有率与车流量关系

值得注意的是两因素之间有联系，即同时影响实际通行能力，当车道流量占有比例较小时，道路车辆数较少，车速会比较快，实际通行能力较强；反之，当车道流量占有比例较大时，道路车辆数较多，车速较慢，实际通行能力较弱.

图 7.4（a）：事故横断面实际通行能力与畅通路段的车速成正比关系：当车速达一定速度后，流量稳定，即实际通行能力稳定；图 7.4（b）：事故横断面实际通行能力与畅通路段所占流量比例成反比关系：道路流量占有比例越大，实际通行能力越小.

7.3 基于改进车辆排队长度模型（MAEQL）分析车辆排队长度——问题三

7.3.1 车辆排队长度模型建模原理

依据交通流的二流理论[9, 10]，任何交通流都可以看作是由行驶交通流和阻塞交通流组成

的，也就是说，交通流的实际运行状态可以简化为交通流二流运行状态．根据交通流理论中三要素之间的关系曲线，可知流量-密度曲线的形状是二次抛物线型的，如图 7.7 所示．该曲线的特点是，只有当密度取得最佳值的时候，流量才会达到最大值，并以此为分界点，随着密度的增大或减小，流量均逐渐减小．在这个界限下，交通流状态可被简化地划分为非拥挤和拥挤两种状态[11,12]．由此，将划分拥挤交通流和非拥挤交通流的分界点（即交通流的最佳运行状态）作为行驶交通流的判定标准．

7.3.2　m 个入口 n 个出口的车辆排队长度（mnMAEQL）模型建立

1）基本的车辆排队长度（MAEQL）模型

文献[13]针对单个入口和单个出口并且不允许超车的多车道路段（见图 7.5），建立了用横断面实际通行能力、事故持续时间、路段上有车流量之间的关系描述强拥挤交通流下的标准车当量排队长度模型[14,15]，模型如下：

$$\bar{L}_D(N_D,t,N_u) = \frac{N_0 + \sum_{i=1}^{M} N_u(i,t) - \sum_{i=1}^{M} N_D(i,t) - \bar{k}_m LM}{M(\bar{k}_j - \bar{k}_m)}, \qquad (7.7)$$

其中，N_0 为初始时刻（即 $t=0$）上游和下游断面间的车辆数；$N_u(i,t)$ 为 t 时刻车辆通过上游断面的累计数；$N_D(i,t)$ 为 t 时刻车辆通过下游断面的累计数；$\bar{k}_j$ 为上游和下游断面之间交通流的阻塞密度；$\bar{k}_m$ 为上游和下游断面之间交通流的最佳密度；M 为车道数量．式（7.7）为多车道路段平均当量排队长度模型，简称 MAEQL 模型．

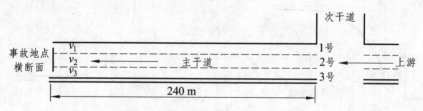

图 7.5　基础的单入口和单出且不允许超车的多车道路段

2）基于 m 个入口 n 个出口的车辆排队长度模型（mnMAEQL）

根据附件 1 可知，除事故横断面有车辆出和上游有车直行进入外，在事故上游还有两个小区口有车辆出入，路段上游的右转相位有车辆进入事故发生路段，即出现多出入口，基于题目数据，事故交通路段的汽车标准当量出入图如图 7.6 所示．

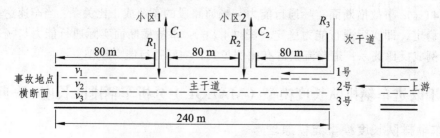

图 7.6　实际的多入口和多出口且不允许超车的多车道路段

说明：C_1，C_2 表示小区口标准车当量出量，R_1，R_2，R_3 表示小区口和上游右转相位的标准车当量的入量．

对上述车辆排队长度（MAEQL）模型进行了改进，考虑多个入口的车辆增加的量和多个出口的车辆减少量，得到 mnMAEQL 模型：

$$\overline{L}_D(N_D,t,N_u) = \frac{N_0 + \sum_{i=1}^{M} N_u(i,t) + \sum_{i=1}^{m} N_{Ri}(i,t) - \sum_{i=1}^{M} N_D(i,t) - \sum_{i=1}^{m} N_{Ci}(t) - \overline{k}_m LM}{M(\overline{k}_j - \overline{k}_m)},\qquad (7.8)$$

其中，N_0，$N_u(i,t)$，$N_D(i,t)$，$\overline{k}_j$，$\overline{k}_m$，M 的意义同式（7.7），$N_{Ri}(i,t)$ 为 t 时刻车辆通过第 i（$i=1,2,\cdots,m$）个入口的标准车当量数，$N_{Di}(i,t)$ 为 t 时刻车辆通过第 $i(i=1,2,\cdots,n)$ 个出口的标准车当量数.

3）最佳密度和阻塞密度的确定

为解决上述模型，必须得出最佳密度 $\overline{k}_j$ 和阻塞密度 $\overline{k}_m$. 根据 Greenshields 速度-线性密度[16]可以推知，城市公路上的车流量 Q、速度 v 及密度 k 存在下列的关系：

$$v = ak + b,\qquad (7.9)$$

$$Q = kv = ak^2 + bk.\qquad (7.10)$$

车流量 Q 和速度 v 的一般图像如图 7.7 所示.

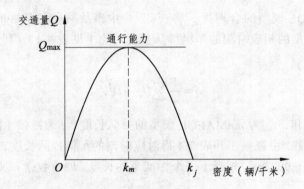

图 7.7　车流量 Q 和密度 k 的关系

（1）$Q_{\max}$ 是速度-流量图上的峰值，表示最大流量；V_m 是流量取最大值（$Q=Q_m$）时的速度，称为临界速度；

（2）阻塞密度：在速度-密度图上，车辆减少，密度随着变小，速度增大；当密度趋于零时，速度可达最大值，这时车辆可畅行无阻，所以 v_f 是畅行速度；若车辆增多，则密度增大，车速随之减小；当密度达到最大值 k_j 时，车流受阻即 $Q=0$，此时的密度 k_j 称为阻塞密度；

（3）最佳密度：在流量-密度图上，密度过小，速度虽大，但流量仍达不到最大值. 密度过大，速度会降低，流量也不能有最大值. 只有当密度合适时，通过的流量才最大，对应流量为最大值的密度称为最佳密度，用 k_m 表示.

由图 7.6 及式（7.8）~（7.10）的分析可得 k_j, k_m 的关系如下：

$$Q'(k_m) = 0,\quad k_j = 2k_m,\qquad (7.11)$$

其中，$Q'(k)$ 表示对 k 的导数.

7.3.3　*mn*MAEQL 模型的求解及检验

1）模型的求解

首先统计视频 1 事故横断面的标准车当量数、小区 1，2 的进出口标准车当量数，上游路口标准车当量数以及右转相位出口标准车当量数（见数据电子档：问题三的数据.xls）；然后，根据数理统计学原理，对实测数据进行回归分析得到事故发生路段的最佳密度 k_m 和阻塞密度 k_j；最后，在主频 3.39 GHz，3.24 GB 内存，WindowXP 的硬件环境下，运用 Matlab11.0 编程（程序名 Length.m 见附录 4）得到车辆排队长度，如表 7.3 所示.

表 7.3　视频 1 中各时间段交通事故横断面的车辆排队长度

时间段(min)	0～1	1～2	2～3	3～4	4～5	5～6	6～7
排队长度（m）	123.7143	124.3810	122.0952	122.8571	120.1905	119.7143	118.6667
时间段(min)	7～8	8～9	9～10	10～11	11～12	12～13	13～14
排队长度(m)	119.0476	118.0000	116.9524	113.3333	113.3333	112.9524	111.3333

2）模型的检验

为验证 *mn*MAEQL 模型的合理性，将视频 1 中事故路段的某些时刻车辆排队长度与 *mn*MAEQL 模型求解出的相应时刻的车辆排队长度对比（见表 7.4），利用偏差平方和来检验合理性，即：

$$\delta = \frac{1}{m}\sum_{i=1}^{m}(l_{mi} - l)^2, \tag{7.12}$$

其中，δ 为偏差平方和，l_{mi} 为 *mn*MAEQL 模型的排队长度，l 为视频 1 的实际情况的排队长度，m 为对应时刻段数. 由视频 1 和表 7.4 得对应时刻的车辆排队长度，根据公式（7.12）代入数据，计算得 $\delta = 16.9024$ m，相当于 3 个标准车的长度. 理论数据和实际数据的偏差不大，说明模型较合理.

表 7.4　某时段实际排队长度与理论排队长度对应

对应时间段（min）	0～1	5～6	9～10	10～11
实际排队长度(m)	120	120	120	120
*mn*MAEQL 模型的排队长度(m)	123.7143	119.7143	116.9524	113.3333

7.3.4　模型仿真

为了验证 m 个入口 n 个出口的车辆排队长度模型的合理性，通过交通专业软件 VISSIM 进行仿真.

1）VISSIM 仿真的一般步骤

Step1：确定仿真对象，对其进行基本交通数据调查. 需要调查的数据包括：交叉口高峰小时车流量数据、交叉口几何尺寸数据、车道功能划分情况及原有信号配时参数等；

Step2：利用绘图软件绘制交叉口仿真蓝图，并将其转换为软件平台能够识别的.bmp 格式；

Step3：把交叉口底图导入软件平台，对交叉口的各要素进行精确描绘；

Step4：输入仿真数据，如交叉口交通流量、信号相位、配时方案数据、车速、加减速度、车型组成等；

Step5：分别对现状及改善方案进行仿真分析（对于每个方案都需要重复进行以上步骤，然后对比分析现状及改善方案），最后得出结论.

2）交通条件的确定

通过分析题目和题目附件，整理得到交通事故路段的基本交通条件，如表 7.5 所示.

表 7.5　交通事故路段的基本交通条件

参　数		数　值
几何特征	交通路段总长	240 m
	轨道数	3 道
	车道宽度	3.25 m
交通特性	信号周期	60 s
	相位时间	30 s
	绿灯时间	24 s
	车速	60 km/h、55 km/h、50 km/h
	交通状态	2、3 车道被堵塞，1 车道通行
	交通规则	信号控制

3）VISSIM 仿真结果

在主频 3.39 GHz，3.24 GB 内存，WindowXP 的硬件环境下利用画图软件粗略地画出交通路段的图像，并将之转化为.bmp 格式，导入 VISSIM 软件，作为事故交通路段的背景图；然后，在背景图设置事故交通路段的实际路况；最后，利用 VISSIM 软件仿真得到事故交通路段的车辆排队长度与事故横断面实际通行能力、事故持续时间、路段上游车流间的关系，得到车辆排队长度的数据，如表 7.6 所示.

表 7.6　车辆排队长度的数据

时间段(min)	0~1	1~2	2~3	3~4	4~5	5~6	6~7
排队长度（m）	121.3521	124.236	120.2542	199.2532	120.1452	120.3251	116.3251
时间段(min)	7~8	8~9	9~10	10~11	11~12	12~13	13~14
排队长度(m)	120.23	120	117.1252	112.2122	110.2211	111.2241	112.6354

7.4　车辆排队持续时间模型——问题四

7.4.1　基于修正格林伯速度−密度模型的排队持续时间模型（问题四方法 1）

7.4.1.1　模型原理

交通波理论[17,18]是交通流理论的一个重要分支，描述了状态不同的两股交通流的转化过程，其建模基础为流体力学. 研究者们将交通流理论中的格林希尔治模型应用于交通波基本模型，建立了启动波模型和停车波模型.

7.4.1.2　基于修正格林伯速度–密度模型的车辆排队持续时间模型建立

1）改进停车波模型和启动波模型[19]

（1）格林伯速度-密度模型.

根据交通流量理论，得到修正的格林伯速度-密度模型：

$$v_i' = v_m \ln(k_j / k_i) ,\qquad(7.13)$$

其中，v_m（km/h）为最佳速度，即交通流达到通行能力时的速度；k_j 为阻塞密度.

（2）修正的停车波模型.

在（7.13）式中，令 $k_2 = k_j$，$v_2 = 0$，由格林伯速度-密度模型及波速公式得到停车波模型：

$$v_A' = \frac{q_2 - q_1}{k_2 - k_1} = \frac{-k_1 v_1}{k_j - k_1} = \frac{k_1 v_m \ln(k_j / k_1)}{k_j - k_1} ,\qquad(7.14)$$

其中，k_1 为停车密度.

（3）修正的启动波模型.

同（7.14）的修正方法一样，在（7.13）式中，令 $k_1 = k_j$，$v_1 = 0$，由格林伯速度-密度模型及波速公式得到启动波模型：

$$v_B' = \frac{q_2 - q_1}{k_2 - k_1} = \frac{k_2 v_2}{k_2 - k_j} = -\frac{k_2 v_m \ln(k_j / k_2)}{k_j - k_2} ,\qquad(7.15)$$

其中，k_2 为启动密度.

基于格林伯速度-密度模型推导出的停车波和启动波模型比传统的停车波和启动波模型更接近实际交通运行状况.

2）基于改进的停车波模型和启动波模型建立排队持续时间模型

由道路堵塞时交通流的运行特征分析可知，道路排队长度的最长距离为启动波与停车波相遇的位置与停车波产生位置之间的距离，但本文比较特殊的是事故最长排队距离为到达上游路口处的距离. 本文假设当排队距离到达上游路口时则启动波开始，从而最长排队距离则为上游最远排队距离，记为 L，从而进一步得到排队持续时间和停车时间以及启动时间的关系：

$$t_j = t_0 + t_s \qquad(7.16)$$

其中，t_j 为持续排队时间，t_0 为停车波开始到启动波产生的时间段，即本题的持续时间，t_s 为排队消散时间，而排队消散时间可由下列公式计算：

$$|v_A'|(t_0 + t_s) = |v_B'| t_s ,\qquad(7.17)$$

即

$$t_0 = \frac{(|v_B'| - |v_A'|)t_s}{|v_A'|} \quad \text{和} \quad L = |V_B'| t ,\qquad(7.18)$$

其中，将（7.14）（7.15）（7.18）代入（7.17）即得：$t_0 = \dfrac{(|v_B'| - |v_A'|)L}{|v_A'||v_B'|}$. 进一步整理，则有：

156

$$t_0 = \frac{\left|(k_j - k_1)k_2 \ln(k_j/k_2)\right| - \left|(k_j - k_2)k_1 \ln(k_j/k_1)\right|}{\left|k_1 k_2 v_m \ln(k_j/k_2) \ln(k_j/k_1)\right|} L, \qquad (7.19)$$

其中，v_m, k_1, k_2, k_j 如上面相同的意义.

7.4.1.3　车辆排队持续时间模型求解

1）参数的确定

（1）堵塞密度的确定：根据视频 1 中的调查数据（见数据电子档：问题三的数据.xls），城市快速路的堵塞密度在 150 veh/km 左右，故本文取 $k_j = 150$ veh/km 作为基于修正格林伯速度-密度模型的排队持续时间模型的堵塞密度.

（2）最佳速度的确定：在问题三中，由 Greenshields 速度-线性密度可以推知，最佳速度即为最佳密度所对应的位置，从而有 $v_m = ak_m + b$. 本文根据回归分析的方法得到 Greenshields 速度-线性密度表达式，同前文取 $k_m = 55$ veh/km，从而 $v_m = 60$ km/h.

（3）停车密度和启动密度的确定：根据本题附件所统计的数据以及问题四的数据，考虑 $k_1 = 65$ veh/km，$k_2 = 70$ veh/km.

2）模型求解

由公式（7.19），以及所确定的参数，在主频 3.39 GHz，3.24 GB 内存，WindowXP 的硬件环境下，运用 Matlab11.0 编程（程序名 Refore.m 见附录 5）得到从事故发生开始，经 9.8088 分钟，车辆长度达到上游路口.

7.4.2　基于连续化的 mnMAEQL 模型的排队持续时间模型（问题四方法 2）

7.4.2.1　建模原理

本问题要求我们根据已知车辆排队长度、上游车流量等条件，来计算经过多长时间车辆排队达到上游路口，即计算事故停车波时间. 这样本问题则和问题三互逆，故本问基于 mnMAEQL 模型求解车辆排队达到上游路口的时间 t_0.

7.4.2.2　连续化的 mnMAEQL 模型的建立

根据所查阅的资料和概率论知识，可知车流量是服从泊松分布[20]的，但又基于建模思想——连续化的 mnMAEQL 模型，我们假设车流量是服从指数分布的，从而将车辆排队的泊松离散问题处理为指数分布的连续问题，故而小区路口的车辆进出、十字路口车辆右转以及直行入主干道均服从随机指数分布. 车流量是源源不断的，故而将离散问题连续化并建立如下模型，并分析出时间 t 与车流量之间的函数关系，分别如下：

泊松分布的密度函数：

$$P(X = k) = \frac{\lambda^k}{k!} \mathrm{e}^{-\lambda}, k = 0, 1, 2, \cdots;$$

指数分布的密度函数：

$$P(x) = \begin{cases} \lambda \mathrm{e}^{-\lambda x}, & x \geq 0 \\ 0, & x < 0 \end{cases};$$

问题四近似处理泊松离散的随机分布为连续的指数分布，故有：

$$\frac{\lambda^k}{k!}e^{-\lambda} \approx \lambda e^{-\lambda x}. \tag{7.20}$$

解得 $k = k(\lambda, t)$. 代入不同的参数, 得到不同进出口的标准车当量数:

$$N_{Ri}(t) = k_i(\lambda_i, t), \ (i=1,2,\cdots,m), \tag{7.21}$$

$$N_{Ci}(t) = k_i(\lambda_i, t), \ (i=m+1, m+2, \cdots, m+n); \tag{7.22}$$

$$N_D(t) = k(\alpha, t). \tag{7.23}$$

式 (7.21), (7.22), (7.23) 的意义同第三问, 其中 λ_i 指不同的出入口引起的泊松分布情况是不同的, 故而 λ_i 值是不同的. 将式 (7.20)~(7.23) 代入问题三的式 (7.8), 得到排队长度和时间的 关系, 并将其反解可得时间 t 与排队长度之间的函数关系:

$$L = f(t). \tag{7.24}$$

7.4.2.3 模型求解

由上面的分析得到 (7.24) 式, 易知 (7.24) 式是一个关于 t 的连续函数. 求解 (7.24) 式, 转为求解 $F(t) = 0$ 的根的问题, 其中 $F(t) = f(t) - L$. 求解方程根的方法有很多种, 本文选取快速弦截法[21]来近似求解.

1) 基于快速弦截法的求解步骤

首先, 假设各个出、入口的车流量服从指数分布 (连续角度)、泊松分布 (离散角度), 从而利用统计学知识, 得到各个出、入口的车流量的概率函数;

其次, 假设指数分布和泊松分布概率计算结果相等, 有 $\frac{\lambda^k}{k!}e^{-\lambda} \approx \lambda e^{-\lambda x}$. 根据 Stirling 公式[22] 及误差控制因子 α, 进一步化简得到

$$-2\alpha k^2 + (\alpha + 2\ln\lambda + 1)k + 2\lambda + 2\lambda t - 2\ln\lambda - \ln 2\pi = 0.$$

从而有 $k(\lambda, t) = \dfrac{D + \sqrt{D^2 + 8\alpha E}}{4\alpha}$, 其中 $D = \alpha + 2\ln\lambda + 1$, $E = 2\lambda + 2\lambda t - 2\ln\lambda - \ln 2\pi$;

再次, 计算各个出、入口的车流量的标准车当量以及标准车累计当量;

接着, 利用积分理论以及公式 (7.24), 得到事故的停车波时间和车辆排队长度的关系;

最后, 利用快速弦截法求解停车波时间.

2) 模型求解结果

基于 1) 的求解步骤, 在主频 3.39 GHz, 3.24 GB 内存, WindowXP 的硬件环境下, 运用 Matlab11.0 编程 (主程序名: Fast-chord.m 见附录 6; 子程序 1 名: equation.m 见附件 7, 子程序 2 名: func4.m 见附件 8) 得到经过 9.1648 (min), 车辆排队长度将达到上游路口.

7.4.3 问题四模型 1 和模型 2 的比较分析

问题四的模型 1 是基于修正格林伯速度-密度模型, 其主要思想是利用交通流论中的格林伯速度-密度模型和交通波理论分别建立了停车波模型和启动波模型, 从而得到停车波时间和启动波时间. 对该模型是主要计算堵塞密度、停车密度、启动密度, 从而得到停车波时间和车辆排队时间的关系. 其特点是计算量简单, 但理论性较强, 所以计算结果很接近准确值.

问题四的模型 1 是基于连续化的 mnMAEQL 模型，其主要思想是利用二流理论的逆过程．顺向运用该模型时主要利用各个出入口的车流量，从而得到各个时刻的车流量；但在计算逆过程时，由于 mnMAEQL 模型是离散的，故从数学理论角度无法计算时间和车排队长度的关系，又考虑到车流量服从泊松分布（离散型），其对应的连续性为指数分布（连续型），即用指数分布（连续型）来连续化 mnMAEQL 模型，但这样做大大增加了计算难度，所以本文利用连续化的 mnMAEQL 模型来计算，其计算结果和基于修正格林伯速度-密度模型计算的结果存在一定的差别．

8 模型评价

8.1 模型的优点

（1）在分析同一横截面交通事故所占车道不同对该横截面实际通行能力影响时不仅从数据分析角度考虑差异性，还从流通量的理论角度考虑差异性．

（2）差异性理论模型考虑多个修正因子——车道数 α、车道宽度 β、侧向净宽 γ、机非混合 δ 等，这样的模型符合实际情况．

（3）通过实际情况构造差异性因子，从理论角度进行了分析并将之运用于横截面交通事故流量的模型．

（4）基于传统的 MAEQL 车辆排队长度模型，考虑多入口、多出口，得到多进出口的 mnMAEQL 车辆排队长度模型；并且将计算结果和视频的实际情况进行了比较，两者的误差为 16 m 左右，即三辆标准车的长度，这也说明模型的合理性．

（5）对于车辆持续时间模型，既从理论角度建立了修正格林伯速度-密度模型的排队持续时间模型，又从数学理论角度建立了连续化的 mnMAEQL 模型的排队持续时间模型，并分析了两者计算结果的差异的原因．

8.2 模型的缺点

（1）对于基于二流理论建立的模型，只建立了离散的模型，即无法反解得到时间和车辆排队长度的模型．

（2）题目所涉及的数据均由人工统计，因此存在一定的误差，也导致模型计算结果存在误差．

9 模型推广

（1）在考虑事故横截面的流通量时可以再加入多个因子，如交通事故处属于交叉路口、道路有倾斜角的修正因子，则更加符合实际情况．

（2）在本模型中，我们不考虑摩托车及其以下的车型，所以可以考虑存在摩托车或自行车等流通量的影响．

（3）本模型考虑视频所记录数据误差较小，但在实际中认为统计数据存在偶然误差，所以可以建立一个数据处理平滑模型，从而减少数据的原因对模型结果的影响.

10 参考文献

[1] 李德华，朱自煊，董建泓，等. 中国土木建筑百科辞典——城市规划与风景园林[M]. 北京：中国建 筑工业出版社，1999.

[2] http://baike.baidu.com/view/5921123.htm，2013，9，13.

[3] 何雅琴，李杰. 基于路边停车的路段通行能力研究[J]. 土木工程管理学报，2012，（29）1：44-47.

[4] 李家杰，郑义. 影响城市道路通行能力因素分析[J]. 道路交通，2006，3：19-21.

[5] CJJ 39—90，城市道路设计规范[S].

[6] 肖胜. 城市道路路段交通管理对其通行能力影响研究[D]. 武汉：华中科技大学，2008.

[7] 张亚平，李硕，吴江宁，等. 道路交通研究中的数据采集与处理方法探讨[J]. 中南公路工程，1999，（24）3：67-69.

[8] 李冬梅，李文权. 道路通行能力的计算方法[J]. 河南大学学报，2002，32：24-27.

[9] HERMAN R，PRIGOGINE I. *A tow-fluid approach to town traffic*[J]，Science，1979，（2004）4389：148-151.

[10] 姚荣涵，王殿海. 最大当量排队长度模型及其时空特性[J]. 大连理工大学学报，2010，（50）5：699-705.

[11] 姚荣涵，王殿海，曲昭伟. 基于二流理论的拥挤交通流当量排队长度模型[J]. 东南大学学报，2007，37（3）：521-526.

[12] 姚荣涵. 车辆排队模型研究[D]. 长春：吉林大学，2007.

[13] 张玲玲，贾元华，牛忠海. 基于视频检测技术的交叉口车辆排队长度研究[J]. 物流技术，2012，（31）3：64-79.

[14] 姚荣涵，王殿海. 最大当量排队长度模型及其时空特性[J]. 大连理工大学学报，2010，（50）5：699-705.

[15] WANG Dian hai，YAO Rong han，JING CHAO. *Entropy models of trip distribution*[J]. Journal of

碎纸片的拼接复原

摘 要：

本文运用左右边界匹配、图片特征匹配、上下边界匹配等方法研究单页打印纵切纸片、单页打印横、纵切纸片以及双页打印横、纵切纸片的拼接与复原问题.

针对问题一，首先对图像进行数据处理，读取图片的灰度信息，构建灰度矩阵，并将灰度矩阵转化为 0-1 矩阵，从而将二维图片数值化. 接着，提取出 0-1 矩阵的第一列与最后一列，存储在图片的左右边界矩阵中，通过建立两张图片的左右边界匹配度模型，探究图片的左右邻接关系. 计算结果为：汉字图片从左到右依次为：008、014、012、015、003、010、002、016、001、004、005、009、013、018、011、007、017、000、006，英文的排序结果为：003、006、002、007、015、018、011、000、005、001、009、013、010、008、012、014、017、016、004.

关于问题二，采用二层筛选的方法：第一层做行位置筛选. 读取图片的前 100 个像素行，存入图片的特征列向量中，并将此列向量作为行特征的唯一标识，建立图片的特征匹配模型，并将列向量元素差异最小的图片聚类，中文确定出 15 类，英文归为 16 类. 然后通过人为干预，实现类的合并，使每类中的图片个数相同，将中英文都聚成 11 类，每一类包含 19 张图片. 构建行内图片的左右边界匹配模型，最终确定出每类内部图片的排序. 第二层做列位置筛选. 建立每行上下边界匹配模型，得出在各行的上下位置序列. 经过两层筛选，得出原文件图片序列. 最后，视人工干预后的最终结果为正确答案，检验未加入人工干预计算机排序结果，得到中文的拼接正确率为 90.4%，英文的拼接正确率为 65.1%.

对于问题三，建立两次特征匹配模型将图片聚类，即首先任取一碎片的一面依次与其他碎片的两个面分别作第一次特征匹配，寻得与该面特征匹配程度高的另一碎片的一面，再将这两个碎片的另一面做第二次特征匹配，在两者匹配很好的前提下，探求出两碎片的确定面属于同一类. 加入人工干预，对类的个数降维，并保证每类中图片的数量相同. 再利用问题二中的模型构建方法，通过左右边界匹配模型的求解、上下边界匹配模型的构建方法，完成了本问的研究. 最后，我们从问题二的模型多增加一层特征匹配约束可得到问题三的模型这一角度出发，得出了模型三的拼接精度更高这一结论.

本文综合各种匹配方法，随着问题的深入，对匹配模型加以不断的改进，并结合 Matlab 编程、Word 拼图等手段，对碎纸片的拼接复原做了逐步深入分析，给出了基于边界灰度、图片行特征灰度的匹配模型. 在文章的最后对模型的适用范围做了推广，此模型在实际应用中有较大的参考价值.

关键词：左右边界匹配；特征匹配；上下边界匹配；Matlab；两层筛选

1 问题重述

破碎文件的拼接在司法物证复原、历史文献修复以及军事情报获取等领域都有着重要的应用. 传统上,拼接复原工作需由人工完成,准确率较高,但效率很低. 特别是当碎片数量巨大,人工拼接很难在短时间内完成任务. 随着计算机技术的发展,人们试图开发碎纸片的自动拼接技术,以提高拼接复原效率. 请讨论以下问题:

(1)对于给定的来自同一页印刷文字文件的碎纸机破碎纸片(仅纵切),建立碎纸片拼接复原模型和算法,并针对附件1、附件2给出的中、英文各一页文件的碎片数据进行拼接复原. 如果复原过程需要人工干预,请写出干预方式及干预的时间节点. 复原结果以图片形式及规定的表格形式表达.

(2)对于碎纸机既纵切又横切的情形,请设计碎纸片拼接复原模型和算法,并针对附件3、附件4给出的中、英文各一页文件的碎片数据进行拼接复原. 如果复原过程需要人工干预,请写出干预方式及干预的时间节点. 复原结果表达要求同上.

(3)上述所给碎片数据均为单面打印文件,从现实情形出发,还可能有双面打印文件的碎纸片拼接复原问题需要解决. 附件5给出的是一页英文印刷文字双面打印文件的碎片数据. 请尝试设计相应的碎纸片拼接复原模型与算法,并就附件5的碎片数据给出拼接复原结果,结果表达要求同上.

2 问题分析

碎片的拼接复原,通常的做法是人工识别碎片边缘的字迹断线、理解碎片内文字的含义,这种利用人工识别智能的方法,虽然准确度高,但是当碎片的数量很大时,人工效率就显得很低,而且出错率会明显提高;然而若用计算机拼接与复原图像,虽不及人工识别智能,但能充分发挥其运算量大、运算速度快的特点. 因此,本问题的目标就是利用附件中给出的碎片数据,分单页纵切、单页横纵切、双页打印横纵切三种情况,把拼接复原问题抽象成一个明确完整的数学模型,再利用计算机,同时加以人工干预,复原出原图表.

2.1 问题一的分析

问题一要求仅考虑单面纵切,建立来自同一页印刷文字文件的碎纸机破碎的纵切纸片拼接复原模型和算法. 通过对附件1和附件2给出的碎片数据图的观察,发现本题的碎片图像具有相对文字(汉字、英文)方向纵向规则剪开的特征,所以不适合基于碎片的边缘线建模,也不适合基于两幅图片的重合度建模. 我们可以根据打印文件的每行文件具有前后连续性,考虑先从读取文件数据入手,存储每幅图片对应的灰度值矩阵. 依靠得到的灰度值矩阵转化为0-1二值矩阵,再利用相邻接左右边界差异不大这一特性作为依据来建立左右边界匹配模型,以解决此问题,复原出图片的原始序列.

2.2　问题二的分析

　　此题加入了横向切割，使得切割方式更加多样化和更接近实际．它相对于第一问而言，图片的信息量更小，图片的个数增多了一倍．图片总体不仅在纵向具有无序性，而且在横向也具有无序性．若仅采用问题一中的方法，定位约束太少，可能会出现一个图片与多个图片最小差异度相等，导致该图片与多个图片相联系，从而增加问题求解的难度．通过观察图片的平行切割特点，发现来自原文件同一行的文字切割后的图片一般在相同的行位置上，所以可以考虑，先进行行位置筛选，通过构建图片的特征列向量并作为唯一标识，建立特征匹配模型，从而得到具有相同行特征的图片，聚成同一类．考虑到每类包含的图片个数不一致，可加入人工干预，以对类的个数降维，使得行集合包含的碎片个数一致，而利用左右边界匹配模型可以确定同一行的图片的序列．采用相同的原理，可建立上下边界匹配模型来解决纵向图片的定序问题．这样一来，可以拼接出本问的原文件，完成问题二的求解．

2.3　问题三的分析

　　问题三在前两问的基础上，加入了双面打印这一条件．本问中图片的个数相较于问题二增大了一倍，达 $2 \times 11 \times 19 = 418$ 个，较前两问复杂度更高．由于从单面看问题二和问题三没有任何区别，所以可以采取相似的方法对问题三进行求解．但我们思考总结出如下两方面：一方面不能思维定势，也就是说，所有编号中带有 a 的图不一定都来自同一面，既有可能是碎纸片的正面也有可能是碎纸片的反面．另一方面，如果采用问题二中相同的处理方法对附件 5 中所有的图片进行排序，可能会发生一个图片的匹配图片过多，或者出现将一个碎纸片的正反面归为同一类的错误．综合以上两方面的思考，问题三的求解过程的特点在于：先对一张碎纸片构建与其对应的特征匹配模型，若得到另外一张碎纸片与这张碎纸片匹配，则随后对它们的反面进行匹配以检验．

3　模型假设

　　（1）假设附件中每张碎纸片都是大小相等的矩形，切割边缘使之光滑．
　　（2）假设附件中编号为 000 的图片为第一张图片，编号为 001 的图片为第二张图片，依此类推．
　　（3）假设附件中每张图片无倾斜，即底边水平．
　　（4）假设附件中的每张图片是无噪的，仅考虑图像的拼接，无需考虑图像的修补．
　　（5）假设每一附件为同一页纸的碎片数据．
　　（6）假设包含 000a 图片的那页为原文件的正面．

4　符号说明与名称解释

4.1　符号说明

　　$A^{(k)}$：第 k 张图片的灰度值矩阵；

$a_{i,j}^{(k)}$：第 k 张图片的灰度值矩阵的第 i 行第 j 列元素；

$C^{(k)}$：第 k 张图片的灰度值矩阵转化的 0-1 矩阵；

$c_{i,j}^{(k)}$：第 k 张图片 0-1 矩阵的第 i 行第 j 列元素；

$B^{(k)}$：第 k 张图片左、右边界线上的 0-1 边界矩阵；

$P_{k,s}^r$：第 k 张图片右边界与第 s 张图片的左边界的边界匹配值；

$P_{k,s}^l$：第 k 张图片左边界与第 s 张图片的右边界的边界匹配值；

P_k^*：第 k 张图片左右边界匹配时最优的匹配值；

$D^{(k)}$：存入特征灰度信息的特征列向量；

$d_i^{(k)}$：第 k 张图片灰度信息特征列向量；

$W_{k,s}$：反映图片 k 及图片 s 的特征信息吻合程度的特征值.

4.2　名称解释

原文件：每个附件中所有图片拼接复原图；
图片行：以附件中各个图片为单位组成的行；
文字行：以图片内部文字为单位组成的行；
像素行：图片内部像素矩阵的行；
行集合：具有相同行特征的碎片组成的图片行.

5　模型的建立与求解

5.1　问题一的模型建立与求解

问题一要求拼接复原来自同一页纵切的破碎纸片. 这个问题仅在纵向维度对碎纸片的拼接复原提出了要求，对此本文从以下三个步骤进行回答：

步骤一：读取每张图片文件的数据，其目的是将附件中给的 bmp 格式的碎纸片图以灰度值矩阵的形式存储. 再将灰度值矩阵转化为 0-1 矩阵，得到模型的数据基础.

步骤二：基于上述 0-1 矩阵，提取每幅图片左右边界的 0-1 值，建立左右边界匹配模型，确定图片的序列.

步骤三：根据上面的步骤，将附件图片拼接，要以图片和表格形式展现.

5.1.1　图像的数据处理

Step1：灰度值矩阵的获取[1].

附件中无论印有汉字还是英文的碎纸片均以 bmp 格式的图片形式给出. 先将附件中的图片以元胞矩阵的形式存入 Matlab 中. 为建立模型，必须得到数字依据. 所以用 Matlab 的 imread 函数读取图片的灰度信息，将第 k 张图片的灰度信息分别存入灰度值矩阵 $A^{(k)}$ 中 (k = 1, 2,···,19)：

$$A^{(k)} = \begin{bmatrix} a_{1,1}^{(k)} & a_{1,2}^{(k)} & \cdots & a_{1,72}^{(k)} \\ a_{2,1}^{(k)} & a_{2,2}^{(k)} & \cdots & a_{2,72}^{(k)} \\ \vdots & \vdots & & \vdots \\ a_{m,1}^{(k)} & a_{m,2}^{(k)} & \cdots & a_{m,72}^{(k)} \end{bmatrix},$$

其中，第 k 个图片的灰度信息以 $0\sim255$ 的灰度值存储在矩阵 $A^{(k)}$ 中，颜色越深，灰度值越大.

Step2：0-1 矩阵的建立.

Matlab 在计算时，为防止灰度值溢出，先将值限制在 $0\sim255$. 在此模型的计算中，为保证灰度匹配模型中绝对值的和不受这个约束的影响，同时简便计算，需将灰度值矩阵 $A^{(k)}$ 转化为 0-1 矩阵 $C^{(k)}(k=1,2,\cdots,19)$. 具体转化操作如下：

若 $A^{(k)}$ 中某个元素灰度值 $a_{i,j}^{(k)}$ 小于 255，则 $C^{(k)}$ 中相同位置的元素值 $c_{i,j}^{(k)}$ 记为 0，否则记为 1. 即：

$$c_{i,j}^{(k)} = \begin{cases} 0, & a_{i,j}^{(k)} < 255 \\ 1, & a_{i,j}^{(k)} = 255 \end{cases}. \tag{5.1}$$

于是，建立了 0-1 矩阵 $C^{(k)}$：

$$C^{(k)} = \begin{bmatrix} c_{1,1}^{(k)} & c_{1,2}^{(k)} & \cdots & c_{1,n}^{(k)} \\ c_{2,1}^{(k)} & c_{2,2}^{(k)} & \cdots & c_{2,n}^{(k)} \\ \vdots & \vdots & & \vdots \\ c_{m,1}^{(k)} & c_{m,2}^{(k)} & \cdots & c_{m,n}^{(k)} \end{bmatrix}.$$

Step3：获取左、右边界矩阵.

根据 0-1 矩阵 $C^{(k)}$，将第 k 张图片的左、右边界处的元素分别存于 $B^{(k)}$ $(k=1,2,\cdots,19)$ 矩阵的第一列、第二列中，得到保存左、右边界线上的 0-1 值的 $B^{(k)}$ 边界矩阵：

$$B^{(k)} = \begin{bmatrix} c_{1,1}^{(k)} & c_{1,n}^{(k)} \\ c_{2,1}^{(k)} & c_{2,n}^{(k)} \\ \vdots & \vdots \\ c_{m,1}^{(k)} & c_{m,n}^{(k)} \end{bmatrix}.$$

5.1.2 边界匹配模型的建立

为了得到每个附件中各幅图片的邻接关系，可采用边界匹配法. 它是基于纵向规则切割特性进行匹配的：两相邻图片中第一幅图片的右边界上的文字和第二幅图片左边界上的文字多数来自同一个汉字或英文字母，即两邻接图片的边界的差异度小.

边界匹配模型建立的具体步骤如下：

1）右边界匹配模型的构建

将第 k 个图片的右边界与第 s 张 $(s=1,2,\cdots,19$ 且 $s\neq k)$ 图片的左边界进行右边界匹配，即求第 k 个图片边界矩阵的第二列与第 s 张边界矩阵的第一列对应行元素的差，再求差的绝对值的和 $P_{k,s}^r$：

$$P_{k,s}^r = \sum_{i=1}^{m} \left| c_{i,n}^{(k)} - c_{i,1}^{(s)} \right|. \tag{5.2}$$

将第 k 个图片的右边界依次与其余的任意一张图片的左边界进行右边界匹配，得到 n 个值：$P_{k,1}^r, P_{k,2}^r, \cdots, P_{k,n}^r$. 通过比较，取这 n 个值中的最小值，作为右边界匹配值：

$$P_{k,s}^r = \min\{P_{k,1}^r, P_{k,2}^r, \cdots, P_{k,n}^r\}. \tag{5.3}$$

2）左边界匹配模型的构建

将第 k 个图片的左边界分别与第 s 张 ($s = 1,2,\cdots,19$ 且 $s \neq k$) 图片的右边界进行左边界匹配，即求第 k 个图片边界矩阵的第一列与第 s 张边界矩阵的第二列对应行元素的差，再求差的绝对值的和 $P_{k,s}^l$：

$$P_{k,s}^l = \sum_{i=1}^{m} \left| c_{i,1}^{(k)} - c_{i,n}^{(s)} \right|. \tag{5.4}$$

将第 k 个图片的左边界依次与其余的任意一张图片的右边界进行左边界匹配，得到 n 个值：$P_{k,1}^l, P_{k,2}^l, \cdots, P_{k,n}^l$. 通过比较，取这 n 个值中最小值，作为左边界匹配值：

$$P_{k,s}^l = \min\{P_{k,1}^l, P_{k,2}^l, \cdots, P_{k,n}^l\}. \tag{5.5}$$

3）最佳边界匹配模型的建立

取第 k 个图片，先与任意一张图片 s ($s = 1, 2,\cdots,19$ 且 $s \neq k$) 依次进行右边界匹配，求得 $P_{k,s}^r$，再与任意一张图片 s ($s = 1,2,\cdots,19$ 且 $s \neq k$) 依次进行左边界匹配，得 $P_{k,s}^l$，取两值之间的最小值：

$$P_k^* = \min\{P_{k,s}^l, P_{k,s}^r\}. \tag{5.6}$$

P_k^* 对应的匹配方式即为第 k 张图片与第 s 张图片的最佳匹配方式. 若 $P_k^* = P_{k,s}^r$，说明第 k 张图片的右边接于第 s 张图片的左边，记作 $k \rightarrow s$；当 $P_k^* = P_{k,s}^l$ 时，说明第 k 张图片的左边与第 s 张图片的右边相连，记作 $s \rightarrow k$.

综上，我们的左右边界匹配模型可以总结为：

$$P_k^* = \min\{P_{k,s}^l, P_{k,s}^r\},$$

$$\text{s.t.} \begin{cases} P_{k,s}^r = \min\{P_{k,1}^r, P_{k,2}^r, \cdots, P_{k,n}^r\}, \\ P_{k,s}^r = \sum_{i=1}^{m} \left| c_{i,n}^{(k)} - c_{i,1}^{(s)} \right|, \\ P_{k,s}^l = \min\{P_{k,1}^l, P_{k,2}^l, \cdots, P_{k,n}^l\}, \\ P_{k,s}^l = \sum_{i=1}^{m} \left| c_{i,1}^{(k)} - c_{i,n}^{(s)} \right|. \end{cases} \tag{5.7}$$

5.1.4　模型的求解

1）求解算法

Step1：取附件中第 i 张碎片，将其依次与第 1 张碎片，第 2 张碎片，……，第 $i-1$ 张碎片，第 $i+1$ 张碎片，……，第 n 张碎片进行右边界匹配，得到右边界匹配值；

　　Step2：取附件中第 i 张碎片，将其依次与第 1 张碎片，第 2 张碎片，……，第 $i-1$ 张碎片，第 $i+1$ 张碎片，……，第 n 张碎片进行左边界匹配，得到左边界匹配值；

　　Step3：比较右边界匹配值与左边界匹配值的大小，选择两者之间的最小值对应的匹配方式，并将两张图片按匹配方式结合，视为一体.

　　Step4：重复进行 Step1→Step3，直至确定出附件原文件的图片序列.

　　2）编程实现

　　我们利用 Matlab 求解（具体程序见附录），结果如下：

　　附件 1，2 分别包含了 19 张图片，通过 Matlab 中"imread"命令，得到灰度值矩阵 $A^{(k)}$，考虑到本题中 $A^{(k)}$ 的维度为 1980×72，且这是中间过程的结果，故不予以展示.

　　同样的，由于 0-1 矩阵 $C^{(k)}$ 的大小为 1980×72，边界矩阵 $B^{(k)}$ 的维度为本题中它的维数 1980×2，不在正文中显示矩阵的具体值.

　　本文仅列举右边界匹配值 $P_{k,s}^{l}$ 与邻接关系，附件 1，2 的情况一并显示在表 5.1 中.

表 5.1　问题一的邻接关系与 $P_{k,s}^{*}$ 值

附件 1（汉字）		附件 2（英文）	
邻接关系	$P_{k,s}^{l}$ 值	邻接关系	$P_{k,s}^{l}$ 值
000→006	282	000→005	281
001→004	284	001→009	228
002→016	333	002→007	135
003→010	332	003→006	172
004→005	279	004→003	101
005→009	296	005→001	185
006→008	169	006→002	185
007→017	318	007→015	212
008→014	238	008→012	180
009→013	375	009→013	200
010→002	330	010→008	198
011→007	259	011→000	145
012→015	212	012→014	230
013→018	71	013→010	178
014→012	262	014→017	169
015→003	372	015→018	46
016→001	336	016→004	143
017→000	322	017→016	195
018→011	327	018→011	192

复原结果：附件 1 对应的复原表格见表 5.2，附件 2 对应的复原表格见表 5.3. 按照表 5.2、表 5.3 的序列，把图片设置成相同的高和统一大小的宽，将图片复制，粘贴进 Word，即用 Word 拼图，得到复原图，依次见附录 1.4、附录 1.5.

表 5.2　附件 1（汉字）复原的碎片序号

008	014	012	015	003	010	002	016	001	004	005	009	013	018	011	007	017	000	006

表 5.3　附件 2（英文）复原的碎片序号

003	006	002	007	015	018	011	000	005	001	009	013	010	008	012	014	017	016	004

5.1.4　模型结果的分析

本问中，边界匹配模型建立后，利用 Matlab 编程进行求解，可以得到附件 1（汉字）、附件 2（英文）的图片，再排列顺序，在 Word 中拼出图片，见附录 2.1、2.2. 观察图片，通过观察碎片边缘的字迹断线的连接、理解碎片内文字的含义，检验了拼接复原结果的准确性. 也说明边界匹配模型在不需要人工干预的情况下很好地解决了问题一.

5.2　问题二的模型建立与求解

问题二要求在碎纸机既纵切又横切的情形下，对碎纸片进行拼接复原. 我们认为它由以下四个步骤组成：

步骤一：进行模型的准备，用问题一的方法对图像进行预处理，分别构建反映中英文文章行特征的特征向量以及确定需要扫描像素行的行数；

步骤二：通过分别建立特征匹配模型，左右边界匹配模型，上下边界匹配模型三个模型，完成单页打印横纵切纸片匹配模型的构建；

步骤三：对模型进行求解. 特别的，特征匹配模型求解后加入人工干预；

步骤四：对求解结果进行分析.

5.2.1　模型的准备

5.2.1.1　图像的预处理

对于图像的预处理，我们采用问题一中的方法，首先用 Matlab 读取每张图片的灰度信息，再将灰度信息转换为 0-1 矩阵.

5.2.1.2　构建特征灰度条向量

1）构建中文特征灰度条向量

特征灰度条是指记录图片中文字的行方向信息的列向量 $D^{(k)}$. 建造特征灰度条的方法为：对于预处理后的图像，建造一个与碎片的图像行数一致的列向量 $D^{(k)}$. 对图像中的像素行进行扫描，若此行中有像素值为 0 的点，则将列向量 $D^{(k)}$ 中相同行处的值设为 0，否则设为 1. 图 000.bmp 的特征灰度条如图 5.1 所示.

图 5.1　图 000.bmp 及其灰度条

特征灰度条的列向量 $D^{(k)}$ 为：

$$D^{(k)} = (d_1^{(k)}, d_2^{(k)}, \cdots, d_m^{(k)})^{\mathrm{T}},$$

其中 $\qquad d_i^{(k)} = \begin{cases} 0, & \text{第 } k \text{ 张图片中第 } i \text{ 行出现了 } 0, \\ 1, & \text{第 } k \text{ 张图片中第 } i \text{ 行全为 } 1 \end{cases}$ （5.8）

根据此法，便可得到每张碎纸片的特征灰度条．若某两张碎片的灰度条相似程度达到精度要求，则它们具有相同的图像行特征，位于原文件的同一行．

2）构建英文特征灰度条向量

由于英文与汉字的结构不同，各个英文字母在上、中、下三格的分布情况也不同．有些图片中的某一行只含有中格字母，如附件 4 中的 011.bmp 图片第二行只含有 o, c, r 和 a，而与它相邻图片的对应行同时含有中上格、中下格字母，例如，位于 011.bmp 图片右边的 154.bmp 图片第二行含有中上格字母"t"．如果用汉字特征灰度条的构建方法来制作这两个英文图片的特征灰度条，则 154.bmp 的特征灰度条在文字第二行区域的黑色段会比 011.bmp 的要长．在第一轮筛选过程中，会因为这个黑色段长度的差异而将两者归入不同的行集合中．为了使第一轮筛选结果尽量准确，必须要避免这种情况．通过分析英文字母的结构特性，发现所有的英文字母的主体部分都在中格，所以在构建特征灰度条时，可以只考虑每行英文字母的中格部分，这样就规避了因字母在上、中、下三格分布情况不同而造成筛选不准确的情况．具体方法如下：

对预处理后的附件 4 的图像，建造一个与碎片 0-1 矩阵行数相同的列向量．逐次扫描图像的像素行．若某行元素之和小于 M，说明该像素行中黑点较多，是英文字母的主体部分，位于此文字行的中格，则在列向量中相同行处的元素记为 0，否则记为 1．多次试验后，我们选取合适的值为 56．以 011.bmp 图片为例构建的特征灰度条如图 5.2 所示．

图 5.2　图 011.bmp 及其灰度条

特征灰度条的列向量 $D^{(k)}$ 为：

$$D^{(k)} = (d_1^{(k)}, d_2^{(k)}, \cdots, d_m^{(k)})^{\mathrm{T}},$$

其中 $\qquad d_i^{(k)} = \begin{cases} 0, & \text{第 } k \text{ 张图片中第 } i \text{ 行元素之和} < M \\ 1, & \text{第 } k \text{ 张图片中第 } i \text{ 行元素之和} \geqslant M \end{cases}$ （5.9）

根据此法，便可得到附件 4 中每张碎纸片的特征灰度条．若某两张碎片的灰度条相似程度达到精度要求，它们就具有相同的图像行特征，位于原文件的同一行．

5.2.1.3　确定扫描像素行的行数[1]

扫描一幅图片的像素点，其自然的思路就是对第 k 张图像的每一行进行扫描，得到每行的像素值．但在构造特征灰度条矩阵的时候，发现了一些特殊情况，如图 5.3 所示．

编号为 170 和编号为 205 的图片可以人为判断它们是左右相邻的，两幅图刚好位于一篇文章的最后三行文字的位置，其中编号为 170 的图片位置靠前，所以图片截到了第三行末尾的句号，但编号为 205 的图片位置靠后，图中第三文字行已经到了换行符之后，是空白的．两者的特征灰度条会在下边界处出现明显偏差，原本应归入同一集合的两张碎片会被分开．

色一 异 170.bmp 分悉 乡风 205.bmp

图 3 特殊情况举例

这种情况的出现，会加重计算的复杂度，而且造成结果冗余而不准确. 为了得到准确的结果，必须要削弱这种情况所带来的干扰. 结合附件中图片的特征，发现文字大多集中在图片三分之二高度的区域内，所以，构建特征灰度条时，没必要每一行都扫描到. 为了得到合适的扫描行数，分别试验了扫描前 100 行、前 120 行和前 140 行的方案，得到的效果如表 5.4 所示（附件三和附件四中每张图片总共有 180 个像素行）.

表 5.4 关于图像扫描行数确定的几次尝试

扫描像素行数	行集合的个数
100	15
120	16
140	19

观察结果可以看出，扫描前 100 行得到的碎片总行数是最少的，很接近题目中切割源文件的行数 11. 所以，本文仅对每张图像的前 100 个像素行进行扫描，并提高匹配的精度要求，这样更有利于解决问题.

5.2.2 建立横纵切纸片匹配模型

1）建立特征匹配模型

将碎片 k 与碎片 s 进行特征比较（$s = 0, 1, \cdots, 208$ 且 $s \neq k$），即求碎片 k 的特征列向量 $D^{(k)}$ 与碎片 s 的特征列向量 $D^{(s)}$ 对应元素的差的绝对值，再求和，得到特征值 $W_{k,s}$：

$$W_{k,s} = \sum_{i=1}^{m} \left| d_i^{(k)}, d_i^{(s)} \right|. \tag{5.10}$$

考虑到每个汉字或者每个英文字母结构的差异性，位于同一行文字的高度可能会出现微小的偏差，很难出现特征灰度条相同（即 $W_{k,s} = 0$）的情况，若取 $W_{k,s} = 0$ 作为判断原则，那么原本位于同一行的两张图片可能因为这微小的偏差而归于不同的行集合中.

取一个适当小的置信区间 $[a, b]$，若 $W_{k,s} \in [a, b]$，则认为碎片 k 与碎片 s 来自原文件的同一行.

2）建立左右边界匹配模型

本问中的左右边界匹配模型相对于第一问中的边界匹配模型而言，差异性在于问题一中的边界匹配模型是 19 个纵向大长条，信息量大；而本问中是 19 个纵向小长条，信息量小. 也就是说，问题一中的左右边界矩阵为：

$$B^{(k)} = \begin{bmatrix} c_{1,1}^{(k)} & c_{1,72}^{(k)} \\ c_{2,1}^{(k)} & c_{2,72}^{(k)} \\ \vdots & \vdots \\ c_{1980,1}^{(k)} & c_{1980,72}^{(k)} \end{bmatrix},$$

而问题二中的左右边界矩阵为：

$$B^{(k)} = \begin{bmatrix} c_{1,1}^{(k)} & c_{1,72}^{(k)} \\ c_{2,1}^{(k)} & c_{2,72}^{(k)} \\ \vdots & \vdots \\ c_{180,1}^{(k)} & c_{180,72}^{(k)} \end{bmatrix}.$$

其余模型的建立步骤同问题一，即：

（1）构建右边界匹配模型；

（2）构建左边界匹配模型；

（3）构建最佳匹配模型.

3）建立上下边界匹配模型

本模型的基本思路与第一问中边界匹配模型的构建一致，因为问题一中是一长列的边界匹配，是纵向的边界匹配，本模型是一长行的边界匹配，是横向的边界匹配. 但是不同之处在于：问题一中匹配的是 19 条纵列的左右边界匹配模型，而本模型为 11 条行的上下边界匹配模型. 将第 k 张图片的上、下边界处的元素分别存于 $E^{(k)}(k=1,2,\cdots,11)$ 矩阵的第一行、第二行中，即上下边界匹配模型中第 k 行的上下边界矩阵为：

$$E^{(k)} = \begin{bmatrix} c_{1,1}^{(k)} & c_{1,2}^{(k)} & \cdots & c_{1,n}^{(k)} \\ c_{m,1}^{(k)} & c_{m,2}^{(k)} & \cdots & c_{m,n}^{(k)} \end{bmatrix}.$$

因此，模型的构建如下：

（1）上边界匹配模型的构建.

将第 k 行的上边界与第 $s(s=1,2,\cdots,11$ 且 $s \neq k$) 行的下边界进行上边界匹配，即求第 k 行的边界矩阵的第一行与第 s 行的边界矩阵的第二行对应列元素的差，再求差的绝对值的和 $Q_{k,s}^{u}$ ：

$$Q_{k,s}^{u} = \sum_{j=1}^{n} \left| c_{1,j}^{(k)} - c_{m,j}^{(s)} \right|. \tag{5.11}$$

将第 k 行的上边界依次与其余的任意一行的下边界进行上边界匹配，得到 n 个值：$Q_{k,1}^{u}, Q_{k,2}^{u}, \cdots, Q_{k,n}^{u}$. 通过比较，取这 n 个值中最小值，作为上边界匹配值：

$$Q_{k,s}^{u} = \min\{Q_{k,1}^{u}, Q_{k,2}^{u}, \cdots, Q_{k,n}^{u}\}. \tag{5.12}$$

（2）下边界匹配模型的构建.

将第 k 行的下边界与第 $s(s=1,2,\cdots,11$ 且 $s \neq k$) 行的上边界进行下边界匹配，即求第 k 行边界矩阵的第二行与第 s 行边界矩阵的第一列对应列元素的差，再求差的绝对值的和 $Q_{k,s}^{d}$ ：

$$Q_{k,s}^d = \sum_{j=1}^{n} \left| c_{m,j}^{(k)} - c_{1,j}^{(s)} \right|. \tag{5.13}$$

将第 k 行的下边界依次与其余的任意一行的上边界进行下边界匹配,得到 n 个值:$Q_{k,1}^d, Q_{k,2}^d, \cdots, Q_{k,n}^d$. 通过比较,取这 n 个值中最小值,作为下边界匹配值:

$$Q_{k,s}^d = \min\{Q_{k,1}^d, Q_{k,2}^d, \cdots, Q_{k,n}^d\}. \tag{5.14}$$

(3)最佳边界匹配模型的建立.

取第 k 行,先与任意一行 $s(s = 1, 2, \cdots, 11$ 且 $s \neq k)$ 依次进行上匹配,求得 $Q_{k,s}^u$,再与任意一行 $s(s = 1, 2, \cdots, 11$ 且 $s \neq k)$ 依次进行下匹配,求得 $Q_{k,s}^d$,取两值之间的最小值:

$$Q_k^* = \min\{Q_{k,s}^u, Q_{k,s}^d\}. \tag{5.15}$$

Q_k^* 对应的匹配方式即为第 k 行与第 s 行的最佳匹配方式. 若 $Q_k^* = Q_{k,s}^u$,说明第 k 行上边接于第 s 行的下边;若 $Q_k^* = Q_{k,s}^d$,说明第 k 行的下边与第 s 行的上边相连.

综上,我们构建的横纵切纸片匹配模型为:

$$Q_k^* = \min\{Q_{k,s}^u, Q_{k,s}^d\},$$

$$\text{s.t.} \begin{cases} W_{k,s} = \sum_{i=1}^{m} \left| d_i^{(k)} - d_i^{(s)} \right| \in [a, b] \\ Q_{k,s}^u = \min\{Q_{k,1}^u, Q_{k,2}^u, \cdots, Q_{k,n}^u\}, \\ Q_{k,s}^u = \sum_{j=1}^{n} \left| c_{1,j}^{(k)} - c_{m,j}^{(s)} \right|, \\ Q_{k,s}^d = \min\{Q_{k,1}^d, Q_{k,2}^d, \cdots, Q_{k,n}^d\}, \\ Q_{k,s}^d = \sum_{j=1}^{n} \left| c_{m,j}^{(k)} - c_{1,j}^{(s)} \right|. \end{cases} \tag{5.16}$$

5.2.3　模型的求解

1)求解步骤

Step1:取附件中第 i 张碎片,将其依次与第 1 张碎片,第 2 张碎片,……,第 $i-1$ 张碎片,第 $i+1$ 张碎片,……,第 n 张碎片进行特征匹配,将匹配成功的碎片存入同一行;

Step2:重复 Step1,得到具有相同行特征的行集合;

Step3:人工识别碎片边缘的字迹断线、理解碎片内文字含义的方式,对相邻接的图片,即加入人工干预,将得到的类的个数降维;

Step4:取同一行中第 i 张碎片,将其依次与第 1 张碎片,第 2 张碎片,……,第 $i-1$ 张碎片,第 $i+1$ 张碎片,……,第 n 张碎片先进行右边界匹配,得到右边界匹配值,再依次进行左边界匹配,得到左边界匹配值. 比较右边界匹配值与左边界匹配值的大小,选择两者之间的最小值对应的匹配方式,将两张图片按匹配方式结合,视为一体.

Step5:重复进行 Step4,直至确定出每行内部图片的排列顺序.

Step6:取第 i 行,将其依次与第 1 行,第 2 行,……,第 $i-1$ 行,第 $i+1$ 行,……,

第 n 行先进行上边界匹配，得到上边界匹配值，再依次进行下边界匹配，得到下边界匹配值. 比较上边界匹配值与下边界匹配值的大小，选择两者之间的最小值对应的匹配方式，将两张图片按匹配方式结合，视为一体.

Step7：重复进行 Step6，直至确定出每行的上下位置，从而得到图片的原始序列.

2）算法实现

（1）结合特征匹配模型，利用 Matlab 编程（见附录），得到每行集合的碎片个数，附件 3（中文）对应的 15 个行集合中的碎片个数，如表 5.5 所示.

表 5.5　15 行中每行的碎片个数

行集合的编号	1	2	3	4	5	6	7	8	9	10	11	12	13	14	15
碎图片的个数	19	19	19	18	15	19	19	19	3	2	18	16	18	1	4

为了直观表现，我们将表 5.5 的数据绘制成条形见图 5.4.

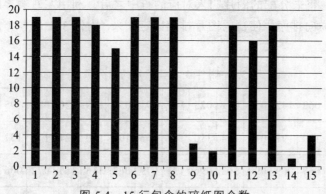

图 5.4　15 行包含的碎纸图个数

由表 5.5、图 5.4 知道：包含 19 个碎图片行集合的个数有 6 个，编号分别为：1、2、3、6、7、8，这 6 个可以唯一对应原文件的 6 个图像行；行集合包含的图片个数大于 10 且小于 19 的行的个数有 5，标号分别为：4、5、11、12、13. 该列行集合中包含于原文件中的图片行. 而行集合中元素个数小于 10 的行的个数有 4 个，行集合编号分别为：9、10、14、15.

由于附件 3 中的图片是 11×19 个，所以需要将 4 个行集合中的图片分配到 5 个行集合中去.

（2）此外还得到了每行所包含的图片编号，考虑到数据过多，本文仅列举其中三行，见表 5.6.

表 5.6　特征匹配模型求解结果示例

	行集合 1			行集合 2			行集合 3		
	0	7	32	1	18	23	2	11	22
	45	53	56	26	30	41	28	49	54
碎图	68	70	93	50	62	76	57	65	91
片的	126	137	138	86	87	100	95	118	129
编号	153	158	166	120	142	147	141	143	178
	174	175	196	168	179	191	186	188	190
	208			195			192		

（3）人工干预.

由上文且结合附件 3, 4 是 11×19 规模的文件, 在特征匹配模型求解完成后加入第一次人工干预, 即将表 5.5 中 4 个行集合中的图片元素通过与对应的 5 个行集合的图片进行人工配对, 人为生成与原文件相同的 11 个行集合. 具体的人工配对方法如下:

Step1: 按行集合编号的顺序选择集合 9 中的一个图片, 通过文义匹配和边缘断线匹配的方法, 将其与集合 4, 5, 11, 12, 13 中各抽取出一个图片共 5 张图片, 进行依次比较, 如果与某行集合中的那个图片匹配成功, 就将这个图片存入该行集合中;

Step2: 循环进行 Step1 步骤, 直至将集合 9, 10, 14, 15 中共计 10 个图片分别归于各自的行集合中.

在最不利的情况下, 需要匹配 $5 \times 5 + 5 + 4 + 3 + 2 = 39$ 次, 而在最有利的情况下只需配对 9 次. 可见人工干预的复杂度不高, 从而充分发挥了人工智能的准确度高的优点, 而且很好地规避人工效率不高的缺点.

通过人工干预, 将未分配的图片归入对应的行中之后, 利用左右边界匹配模型对附件三中每一行图片进行横向排序, 使行内图片排列固定下来. 附件 3 中的各类图片的排列顺序如表 5.7 所示.

表 5.7　附件 3 各类图片的排列顺序

类 1	168	100	076	062	142	030	041	023	147	191	050	179	120	086	195	026	001	087	018
类 2	125	013	182	109	197	016	184	110	187	066	106	150	021	173	157	181	204	139	145
类 3	061	019	078	067	069	099	162	096	131	079	063	116	163	072	006	177	020	052	036
类 4	094	034	084	183	090	047	121	042	124	144	077	112	149	097	136	164	127	058	043
类 5	007	208	138	158	126	068	175	045	174	000	137	053	056	093	153	070	166	032	196
类 6	038	148	046	161	024	035	081	189	122	103	130	193	088	167	025	008	009	105	074
类 7	014	128	003	159	082	199	135	012	073	160	203	169	134	039	031	051	107	115	176
类 8	029	064	111	201	005	092	180	048	037	075	055	044	206	010	104	098	172	171	059
类 9	089	146	102	154	114	040	151	207	155	140	185	108	117	004	101	113	194	119	123
类 10	049	054	065	143	186	002	057	192	178	118	190	095	011	022	129	028	091	188	141
类 11	071	156	083	132	200	017	080	033	202	198	015	133	170	205	85	152	165	027	060

再根据上、下匹配模型, 得到行与行之间的邻接关系为: 8→5; 1→6; 6→11; 7→4; 10→3; 2→8; 3→1; 11→7; 4→2; 5→9. 进而可得到行的排列顺序为: 10→3→1→6→11→7→4→2→8→5→9.

同理, 对于附件 4, 采用相同的办法得到行内图片的排列, 如表 5.8 所示.

表 5.8 附件 4 各行内图片的排列顺序

类 1	020	041	108	116	136	073	036	207	135	015	076	043	199	045	173	079	161	179	143
类 2	132	181	095	069	167	163	166	188	111	144	206	003	130	034	013	110	025	027	178
类 3	086	051	107	029	040	158	186	098	024	117	150	005	059	058	092	030	037	046	127
类 4	208	021	007	049	061	119	033	142	168	062	169	054	192	133	118	189	162	197	112
类 5	171	042	066	205	010	157	074	145	083	134	055	018	056	035	016	009	183	152	044
类 6	159	139	001	129	063	138	153	053	038	123	120	175	085	050	160	187	097	203	031
类 7	191	075	011	154	190	184	002	104	180	064	106	004	149	032	204	065	039	067	147
类 8	070	084	060	014	068	174	137	195	008	047	172	156	096	023	099	122	090	185	109
类 9	081	077	128	200	131	052	125	140	193	087	089	048	072	012	177	124	000	102	115
类 10	019	194	093	141	088	121	126	105	155	114	176	182	151	022	057	202	071	165	082
类 11	201	148	170	196	198	094	113	164	078	103	091	080	101	026	100	006	017	028	146

根据上、下匹配模型，得到行与行之间的邻接关系为：5→9；7→11；10→6；8→2；11→3；6→1；4→8；1→4；2→5；3→10；由此得到行与行之间的排列顺序：7→11→3→10→6→1→4→8→2→5→9.

3）复原结果

将已经得到的行内图片排列顺序以及行与行之间的排列顺序相结合，便可以得到各个碎图片在原文件中的位置，从而将原文件复原. 结合用 Word 拼图，使复原的结果分别以表格和图像的形式表现. 其中附件 3 的复原表见表 5.9，复原图见附录 2.7，附件 4 的复原表见表 5.10，复原图见附录 2.8.

表 5.9 附件 3（汉字）复原的碎片序号

049	054	065	143	186	002	057	192	178	118	190	095	011	022	129	028	091	188	141
061	019	078	067	069	099	162	096	131	079	063	116	163	072	006	177	020	052	036
168	100	076	062	142	030	041	023	147	191	050	179	120	086	195	026	001	087	018
038	148	046	161	024	035	081	189	122	103	130	193	088	167	025	008	009	105	074
071	156	083	132	200	017	080	033	202	198	015	133	170	205	085	152	165	027	060
014	128	003	159	082	199	135	012	073	160	203	169	134	039	031	051	107	115	176
094	034	084	183	090	047	121	042	124	144	077	112	149	097	136	164	127	058	043
125	013	182	109	197	016	184	110	187	066	106	150	021	173	157	181	204	139	145
029	064	111	201	005	092	180	048	037	075	055	044	206	010	104	098	172	171	059
007	208	138	158	126	068	175	045	174	000	137	053	056	093	153	070	166	032	196
089	146	102	154	114	040	151	207	155	140	185	108	117	004	101	113	194	119	123

表 5.10　附件 4（英文）复原的碎片序号

191	075	011	154	190	184	002	104	180	064	106	004	149	032	204	065	039	067	147
201	148	170	196	198	094	113	164	078	103	091	080	101	026	100	006	017	028	146
086	051	107	029	040	158	186	098	024	117	150	005	059	058	092	030	037	046	127
019	194	093	141	088	121	126	105	155	114	176	182	151	022	057	202	071	165	082
159	139	001	129	063	138	153	053	128	123	120	175	085	050	160	187	097	203	031
020	041	108	116	136	073	036	207	135	015	076	043	199	045	173	079	161	179	143
208	021	007	049	061	119	033	142	168	062	169	054	192	133	118	189	162	197	112
070	084	060	014	068	174	137	195	008	047	172	156	096	023	099	122	090	185	109
132	181	095	069	167	163	166	188	111	144	206	003	130	034	013	110	025	27	178
171	042	066	205	010	157	074	145	083	134	055	018	056	035	016	009	183	152	044
081	077	128	200	131	052	125	140	193	087	089	048	072	012	177	124	000	102	115

5.2.4　结果分析

同理,视人工干预后的最终结果为正确答案,检验未加入人工干预的计算机排序结果. 因为本问中人工干预只选择图片的首序列,对图片的排列顺序没有任何影响,所以附件 3（中文）的排序正确率为 90.4%,附件 4（英文）的排序正确率为 65.1%.

由此可得,三模型两筛选的方法能很好地解决中文单页打印横纵切纸片的拼接复原问题,而对于英文单页打印横纵切纸片的拼接复原效果不理想.

5.3　问题三的模型建立与求解

问题三要求在双面打印横纵切割的情况下,对碎纸片进行拼接复原. 由于问题三相较于问题二,仅加入了双面打印一个新的条件,故可知问题三的基本求解思路与问题二一致.

5.3.1　模型的准备

1）图像的数据处理

利用 Matlab 读取每张图片的灰度信息,再将灰度信息转换为 0-1 矩阵.

2）构建正、反面特征矩阵

利用问题二中英文灰度条的构建方法,先得到图片 k 的 a 面特征灰度条,再扫描特征灰度条,得到 a 面的特征列向量:

$$D_a^{(k)} = (d_{1,a}^{(k)}, d_{2,a}^{(k)}, \cdots, d_{m,a}^{(k)})^\mathrm{T},$$

其中

$$d_{i,a}^{(k)} = \begin{cases} 0, & \text{第 } k \text{ 张图片中第 } i \text{ 行元素之和} < M \\ 1, & \text{第 } k \text{ 张图片中第 } i \text{ 行元素之和} \geqslant M \end{cases}.$$

同理,得到 b 面的特征列向量:

$$D_b^{(k)} = (d_{1,b}^{(k)}, d_{2,b}^{(k)}, \cdots, d_{m,b}^{(k)})^\mathrm{T},$$

其中
$$d_{i,b}^{(k)} = \begin{cases} 0, & \text{第 } k \text{ 张图片中第 } i \text{ 行元素之和} < M \\ 1, & \text{第 } k \text{ 张图片中第 } i \text{ 行元素之和} \geqslant M \end{cases}.$$

5.3.3　建立双面横纵切纸片匹配模型

1）建立两次特征匹配模型

参考问题二的求解思路，需要进行两次特征匹配：

第一次特征匹配：

将碎片 k 的 a 面与碎片 s ($s = 0,1,\cdots,208$ 且 $s \neq k$) 的 a 面进行特征比较，即求碎片 k 的 a 面特征列向量 $D_a^{(k)}$ 与碎片 s 的 a 面特征列向量 $D_a^{(s)}$ 的对应元素之差，再对差的绝对值求和，得到特征值 $R_{k,s}^{a,a}$：

$$R_{k,s}^{a,a} = \sum_{i=1}^{m} \left| d_{i,a}^{(k)} - d_{i,a}^{(s)} \right|. \tag{5.17}$$

再将碎片 k 的 a 面与碎片 s ($s = 0,1,\cdots,208$ 且 $s \neq k$) 的 b 面进行特征比较，即求碎片 k 的 a 面特征列向量 $D_b^{(k)}$ 与碎片 s 的 b 面特征列向量 $D_b^{(s)}$ 的对应元素之差，再对差的绝对值求和，得到特征值 $R_{k,s}^{a,b}$：

$$R_{k,s}^{a,b} = \sum_{i=1}^{m} \left| d_{i,a}^{(k)} - d_{i,b}^{(s)} \right|, \tag{5.18}$$

$$R_k^1 = \min\{R_{k,s}^{a,a}, R_{k,s}^{a,b}\}. \tag{5.19}$$

取一个适当小的置信区间 $[c, d]$，若 $R_k^1 \in [c, d]$，则进行第二次特征匹配：

情况一（$R_k^1 = R_{k,s}^{a,a}$）：将碎片 k 的 b 面与碎片 s ($s = 0,1,\cdots,208$ 且 $s \neq k$) 的 b 面进行特征比较，即求碎片 k 的 b 面特征列向量 $D_b^{(k)}$ 与碎片 s 的 b 面特征列向量 $D_b^{(s)}$ 的对应元素之差，再对差的绝对值求和，得到特征值 $R_{k,s}^{b,b}$：

$$R_{k,s}^{b,b} = \sum_{i=1}^{m} \left| d_{i,b}^{(k)} - d_{i,b}^{(s)} \right|. \tag{5.20}$$

若取一个适当小的置信区间 $[e, f]$，若 $R_{k,s}^{b,b} \in [e, f]$，则认为碎片 k 与碎片 s 的匹配方式为 k 的 a 面与 s 的 a 面处于一面的同一行，k 的 b 面与 s 的 b 面处于另一面的同一行.

情况二（$R_k^1 = R_{k,s}^{a,b}$）：将碎片 k 的 b 面与碎片 s ($s = 0,1,\cdots,208$ 且 $s \neq k$) 的 a 面进行特征比较，即求碎片 k 的 b 面特征列向量 $D_b^{(k)}$ 与碎片 s 的 a 面特征列向量 $D_b^{(s)}$ 的对应元素之差，再对差的绝对值求和，得到特征值 $R_{k,s}^{b,a}$：

$$R_{k,s}^{b,a} = \sum_{i=1}^{m} \left| d_{i,b}^{(k)} - d_{i,a}^{(k)} \right|. \tag{5.21}$$

若取一个适当小的置信区间 $[e, f]$，若 $R_{k,s}^{b,a} \in [e, f]$，则认为碎片 k 与碎片 s 的匹配方式为 k 的 b 面与 s 的 a 面处于一面的同一行，k 的 a 面与 s 的 b 面处于另一面的同一行.

2）建立左右边界匹配模型

本问中此模型的构建方式同问题二的思路.

3）建立上下边界匹配模型

本问中上下边界匹配模型的建立与问题二的构建过程类似.

5.3.4 模型的求解

1）算　法

Step1：读取图片数据，构建 0-1 矩阵；

Step2：任取碎片 i 依次与其他碎片 s 进行二次特征匹配，确定出 i 与 s 的特定面来自原文件的同一行；

Step3：重复 Step2，将附件中的图片聚类，将相同特征的图片放入同一行；

Step4：加入同问题二中的人工干预方式，将类的个数降维，并使得每类的图片个数相同.

Step5：取同一行中第 i 张碎片，将其依次与第 1 张碎片，第 2 张碎片，……，第 $i-1$ 张碎片，第 $i+1$ 张碎片，……，第 n 张碎片先进行右边界匹配，得到右边界匹配值，再依次进行左边界匹配，得到左边界匹配值. 比较右边界匹配值与左边界匹配值的大小，选择两者之间的最小值对应的匹配方式，将两张图片按匹配方式结合，视为一个整体.

Step6：重复进行 Step5，直至确定出每行内部图片的排列顺序.

Step7：取第 i 行，将其依次与第 1 行，第 2 行，……，第 $i-1$ 行，第 $i+1$ 行，……，第 n 行先进行上边界匹配，得到上边界匹配值，再依次进行下边界匹配，得到下边界匹配值. 比较上边界匹配值与下边界匹配值的大小，选择两者之间的最小值对应的匹配方式，将两张图片按匹配方式结合，视为一体.

Step8：重复进行 Step7，直至确定出每行的上下位置，从而得到图片的原始序列.

2）算法的实现

根据上述模型的分类原则，通过 Matlab 编程（见附录），将附件五中的 2×209 张图片进行归类. 程序计算出来的结果中总共含有 36 类，由于数据太多，这里只选取其中三类的元素展示在表 5.11 中.

表 5.11　特征匹配后的聚类结果

类 1					类 2					类 3				
0	7	30	45	69	1	2	37	65	70	6	24	26	57	91
84	85	86	105	121	88	107	115	139	151	96	99	100	103	106
135	141	148	176	185	162	166	170	180	191	109	112	113	134	196
204	80	126	187		203									

在这 36 类中，每一类的元素个数参差不齐. 这时需要加入人工干预，先从元素较少的类中挑出元素与其他类的图片进行比较，通过对比图中文字到上边界的距离、文字含义等特征将这些图片归入其他元素较多的类别，直至使正、反两面都有 11 类，每类 19 个元素.

利用左右边界匹配模型，对每一类中各个碎片进行横向排序，得到各类中图片的排列顺序. 再利用上下边界匹配模型，求出类与类之间的排列顺序. 结合碎片在行内的排列顺序以及类与类之间的排列顺序，就可以得到每个碎片的正反面在原文件中的位置，进而复原出原文件.

为了结果表述的方便，而且由于正反面的地位相同，也就是一张纸既可以说正面的后面是反面，也可以说反面的后面是正面. 设包含 000a 的那一页为原图片的正面.

本文结合 Word 拼图方式，将复原出的正反两面的信息分别以表格和图片的形式给出，其中正面的碎片序列表格见表 5.12，其图片见附录 3.3，反面的碎片序列表格见表 5.13，其图片见附录 3.4.

表 5.12　附件五正面的复原的碎片序号

136a	047b	020b	164a	081a	189a	029b	018a	108b	066b	110b	174a	183a	150b	155b	140b	125b	111a	078a
005b	152b	147b	060a	059b	014b	079b	144b	120a	022b	124a	192b	025a	044b	178b	076a	036b	010a	089b
143a	200a	086a	187a	131a	056a	138b	045a	137a	061a	094a	098b	121b	038b	030b	042a	084a	153b	186a
083b	039a	097b	175b	072a	093b	132a	087b	198a	181a	034b	156b	206a	173a	194a	169a	161b	011a	199a
090b	203a	162a	002b	139a	070a	041b	170a	151a	001a	166a	115a	065a	191b	037a	180b	149a	107b	088a
013b	024b	057b	142b	208b	064a	102a	017a	012b	028a	154a	197b	158b	058b	207b	116a	179a	184a	114b
035b	159b	073a	193a	163b	130b	021a	202b	053a	177a	016a	019a	092a	190a	050b	201b	031b	171a	146b
172b	122b	182a	040b	127b	188b	068a	008a	117a	167b	075a	063a	067b	046b	168b	157b	128b	195b	165a
105b	204a	141b	135b	027b	080a	000a	185a	176b	126a	074a	032b	069b	004b	077b	148a	085a	007a	003a
009a	145b	082a	205b	015a	101b	118a	129a	062b	052b	071a	033a	119b	160a	095b	051a	048b	133b	023a
054a	196a	112b	103b	055a	100a	106a	091b	049a	026a	113b	134b	104b	006b	123b	109b	096a	043b	099b

表 5.13　附件五反面的复原的碎片序号

078b	111b	125a	140a	155a	150a	183b	174b	110a	066a	108a	018b	029a	189b	081b	164b	020a	047a	136b
089a	010b	036a	076b	178a	044a	025b	192a	124b	022a	120b	144a	079a	014a	059a	060b	147a	152a	005a
186b	153a	084b	042b	030a	038a	121a	098a	094b	061b	137b	045a	138a	056b	131b	187b	086b	200b	143b
199b	011b	161a	169b	194b	173b	206b	156a	034a	181b	198b	087a	132b	093a	072b	175a	097b	039b	083a
088b	107a	149b	180a	037b	191a	065b	115b	166b	001b	151b	170b	041a	070b	139b	002a	162b	203b	090a
114a	184b	179b	116b	207a	058a	158a	197a	154b	028b	012a	017b	102b	064b	208a	142a	057a	024a	013a
146a	171b	031a	201a	050a	190b	092b	019a	016b	177b	053b	202a	021b	130a	163a	193b	073b	159a	035a
165b	195a	128a	157a	168a	046a	067a	063b	075b	167a	117b	008b	068b	188a	127a	040a	182b	122a	172a
003b	007b	085b	148b	077a	004a	069a	032a	074b	126b	176a	185b	000b	080b	027a	135b	141a	204b	105a
023b	133a	048a	051b	095a	160b	119a	033b	071b	052a	062a	129b	118b	101a	015b	205a	082b	145a	009b
099a	043a	096b	109a	123a	006a	104a	134a	113a	026b	049b	091a	106b	100b	055b	103a	112a	196b	054b

5.4.4　模型的分析

从模型的构建过程及算法的实现过程来看，问题三的双面横纵切纸片匹配模型实质就是对问题二的横纵切纸片匹配模型增加了一层特征匹配程度约束，从而可知问题三的模型的精确度比问题二中模型的精确度高.

6 模型的评价与推广

6.1 模型的评价

本文建立的模型简单易懂，建立过程自然，流畅，而且随着问题的深入，不断加以改进．通过对结果进行的分析，可知本文的模型精确度较高，可以合理地解决规则边缘碎纸片的拼接复原问题.

但它也存在缺点：对于灰度匹配模型，是以两图像左右对应的边界矩阵的相应元素的差异值越小为原则，此模型计算简单，运算时间复杂度低．但是，带来了两种可能对最终造成不利的影响．第一种：存在两张不相邻的碎片，一张图片的右边界上没有任何文字，另一幅碎纸片左边界上也空白，没有任何文字．通过灰度匹配模型计算，两张图片的配对指标值 $P_{k,s}^*$ 特别小，于是会犯将这两张图片归为相邻图片的错误；第二种不利影响是基于附件图片的观测得到，直接忽略了如下情况：存在四张图片 A, B, C, D，图片 A, B 邻接，C, D 邻接而且 A, B 与 C, D 图片的碎片边缘字迹断线是一模一样的，这样会出现 A 与 D 邻接的误判断.

总体来说，本文建立的模型层层深入，可以很好地解决这类精确度要求不高的题目.

6.2 模型的推广[2]

本文解决了平行或垂直规则切割的碎纸片拼接复原问题．但现实生活中，在扫描文档碎片的时候，会有不是水平而是倾斜的扫描，或者切割文档文件的时候，倾斜切割，这些均导致得到的碎纸片是倾斜的碎纸片．为了解决这类更为贴近现实的问题，我们对模型做了推广．我们可先将碎纸片方向进行调整，再利用本文建立的模型完成碎纸片的重构．故我们设计算法如下：

Step1：找到平行于碎片中文字的直线的斜率：找到图片 $1 \sim x$ 列，每一列最上面像素值为 0 的点，从 x 个点中选出最上面的点．同理得到 $(m - x) - m$（m 为碎片图片的宽度）列中处于最上面像素值为 0 的点．使用这两个点得到平行于碎片中文字方向的直线；

Step2：根据找到直线的斜率对碎片进行碎片角度的调整；

Step3：根据本文建立的模型拼接复原碎纸片.

嫦娥三号软着陆轨道设计与控制策略

摘　要：

本文针对嫦娥三号软着陆轨道设计与控制策略的问题，通过题中所给数据以及基本物理学定律，分阶段建立了嫦娥三号绕月轨道模型以及着陆轨道方程模型，最终求出整个登月过程模型.

针对问题一，本文首先运用题中所给数据，综合物理学知识对轨道方程进行求解. 因整个绕月轨道处于三维空间内，为方便模型求解，首先在二维平面的基础上引入特征角φ，接着将轨道模型构建为 $r\text{-}\theta$ 极坐标方程，采用能量守恒定律以及面积速度守恒定律，建立一阶常系数微分方程并结合解析法求得轨迹方程，再将其中的 r 作为矢径，对其求导得出在近远月点飞行器的速度，此轨迹中近月点为（ $19.053°$ W, $28.992°$ N），速度为 $v_{近} = 1.69 \times 10^3$ m/s，其余结果见正文. 最终通过模型结果与实际数据的吻合情况，进一步说明了所有结果的合理性.

针对问题二，整个着陆轨道分为 6 个阶段，本文分别对其进行研究，最终整合得出完整的着陆轨道模型. 本文以整个过程燃料损耗尽量少建立分阶段优化模型. 主减速阶段中，以终点速度以及下落距离限制作为约束，以燃料损耗为目标构建非线性优化模型，使用遍历搜索算法求解. 粗避障阶段中，以避开大坑以及悬停为约束条件. 对附件图像进行处理，粗选的着陆点应满足高程适中、坡度较小，故以此作为约束，以最近可行着陆点坐标为目标在水平方向构建非线性优化模型，以圆径扩大搜索求解，最终确定与目标坐标的距离大小，同时在竖直方向以最终速度作为约束，建立竖直方向轨迹模型，对其进行求解，由此求得此阶段中各个参数的值. 其余四个阶段，在改变局部条件的情况下，均可采用类似方法求解. 最终，综合各个阶段所求出的轨道方程，得到完整的着陆轨道模型，并画出各个阶段以及整个轨道的示意图，并且得到最优控制策略，结果为燃料总消耗为 1191.01 kg，卫星着陆总耗时为 618.47 s，其他结果见正文.

针对问题三，本文首先进行误差分析，将误差来源分为不可控误差和条件缺省误差，由此分析了月球重力加速度等因素的误差影响. 之后本文进行敏感性分析，选取敏感度可能较高的参数 m 和 $F_{thrust}(N)$，对其进行定量分析，得出 m 和 $F_{thrust}(N)$ 敏感度较高的结论.

本文充分结合物理学和数学模型知识，通过微分方程和非线性优化模型等，较好地提出了嫦娥三号软着陆轨道以及最优控制策略，不管是近月点的位置还是着陆点时间均与实际情况相符合，说明了本模型的科学性. 但若增加考虑地球引力等其他附加因素的影响，本模型可得到进一步优化.

关键词：遍历搜索；微分方程；地形梯度分析

1 问题重述

嫦娥三号于 2013 年 12 月 2 日 1 时 30 分成功发射，12 月 6 日抵达月球轨道．嫦娥三号在着陆准备轨道上的运行质量为 2.4 t，其安装在下部的主减速发动机能够产生 1500 N 到 7500 N 的可调节推力，其比冲（即单位质量的推进剂产生的推力）为 2940 m/s，可以满足调整速度的控制要求．在四周安装有姿态调整发动机，在给定主减速发动机的推力方向后，能够自动通过多个发动机的脉冲组合实现各种姿态的调整控制．嫦娥三号的预定着陆点为 (19.51° W，44.12° N)，海拔为 – 2641 m．

嫦娥三号在高速飞行的情况下，要保证准确地在月球预定区域内实现软着陆，关键问题是着陆轨道与控制策略的设计．其着陆轨道设计的基本要求为：着陆准备轨道为近月点 15 km，远月点 100 km 的椭圆形轨道；着陆轨道为从近月点至着陆点，其软着陆过程共分为 6 个阶段，要求满足每个阶段在关键点所处的状态；尽量减少软着陆过程的燃料消耗．

根据上述基本要求，请你们建立数学模型解决下面的问题：

（1）确定着陆准备轨道近月点和远月点的位置，以及嫦娥三号相应速度的大小与方向．

（2）确定嫦娥三号的着陆轨道和在 6 个阶段的最优控制策略．

（3）对于你们所设计的着陆轨道和控制策略做相应的误差分析和敏感性分析．

2 基本假设

（1）不考虑月球上大气对卫星能量的损耗；

（2）忽略发动机启动、卫星悬停所需时间；

（3）降落过程中月球重力加速度保持不变；

（4）在同一个阶段内主发动机推力保持不变；

（5）不考虑姿态发动机的燃料损耗；

（6）不考虑地球、太阳应力以及月球扁率等对卫星的影响．

3 符号说明

φ：轨道与赤道平面夹角；

M_n：第 n 个阶段的燃料耗量；

$g_月$：月球重力加速度；

α：推力与水平方向的夹角；

grad (i, j)：点 (i, j) 处的坡度；

a_F：姿态发动机的水平加速度；

$D(i, j)$：点 $D(i, j)$ 的高程；

$\dot{m}$：单位时间燃料消耗的公斤数；

F_{thrust}：发动机的推力；

t_n：第 n 个阶段的卫星运行时间．

4 问题分析

4.1 问题一的分析

问题一要求确定着陆准备轨道近月点和远月点的位置，以及嫦娥三号相应速度的大小与方向. 本文首先考虑求出嫦娥三号绕行月球的整个轨迹，并将其表示为关于 r-θ 的极坐标方程. 其次，通过对飞行器关于月心的矢径求导，以此作为飞行器的速度，并将 θ 在近月点和远月点的数值分别代入计算，可以求出速度的具体数值，同时分析矢量方向以求出速度的方向，同时，综合后文所做出的结果，可确定轨道的具体位置. 最终，本文考虑利用附件中所给数据对所求结果进行检验，以此来确认它的准确性.

4.2 问题二的分析

问题二要求确定嫦娥三号的着陆轨道和在 6 个阶段的最优控制策略. 考虑到题目中所要求的燃料损耗尽量少，由此本文考虑建立以燃料损耗为目标函数的优化模型，以此求出最优解作为最优控制策略. 本文考虑到题目要求确定着陆轨道，拟采用分阶段求解的方式，主减速阶段建立以燃料用量为目标，以竖直方向高度变化以及终点速度作为约束的优化模型，由此求出的解代入快速调整阶段，经数学上的计算，可得此阶段各项参数以及姿态调整发动机能提供的加速度 a_F. 在粗避障阶段，本文考虑避开大坑以及悬停两个约束条件，建立根据拍摄图像判断降落地点的模型，以此求出控制策略以及轨道，同时将此模型运用至下一阶段即细避障阶段，求出所需的数值解. 最终分析缓速下降阶段，考虑到此阶段分为减速缓冲阶段以及自由落体阶段，运用前文类似方法求解，由此得到整个着陆轨道的表达方式以及此时各个阶段的最优控制策略.

4.3 问题三的分析

问题三要求对于设计的着陆轨道和控制策略做相应的误差分析和敏感性分析. 本文首先考虑对构建的着陆轨道模型中存在的误差进行分析，将误差来源大致分为不可控误差和条件缺省误差；对于控制策略中存在的误差运用类似的方法进行分析. 之后本文对着陆轨道模型中的参数进行敏感性分析，首先选取敏感度可能较高的参数，然后通过改变其值分析其敏感度大小，再运用类似的方法对控制策略中的参数进行敏感性分析.

5 模型的建立与求解

5.1 问题一模型的建立与求解

为了准确求得着陆准备轨道近月点和远月点的位置，以及嫦娥三号相应速度的大小与方向，需要详细地刻画出嫦娥三号环月轨道，并以此得出近月点、远月点的位置. 之后，再结合月球自身性质，运用物理学知识，求得其速度大小和方向.

5.1.1 嫦娥三号椭圆形环月轨道模型的确立

由卫星轨道相关知识可知，嫦娥三号的环月轨道可看作以月心为焦点的一个椭圆形外框. 然而，直接在三维空间的状态下进行求解有一定难度（见图 5.1）. 不过由图可以看出，不管平面与赤道面所成倾角 φ 的具体值为多少，环月轨道都处于一个平面内，因此，本文将截取轨道所在平面，化三维为二维，对轨道所在平面做具体分析. 最后，将 φ 作为特征角，求出其值后，进一步求出最终结果.

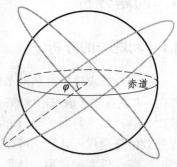

图 5.1　三维轨迹示意图

5.1.1.1　基于守恒定律的环形轨道方程的建立

将轨道及其所在平面分离出来，以近月点和远月点连线所在射线为极轴，建立如图 5.2 所示的 r-θ 极坐标系：

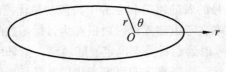

图 5.2　极坐标系

为了详细刻画嫦娥三号的绕月情况，需求解出其环月轨道解析式. 对此，本文结合相关物理知识，运用两个守恒定律，并加以化简求解[1].

1）能量守恒定律

人造卫星在轨道上运行时，其能量包括动能与势能两个部分.

动能可以表示为：

$$E_k = \frac{1}{2}mv^2 ,$$

其中，m 为卫星的质量，v 为速度.

根据万有引力公式，可以推算出嫦娥三号在月球引力作用下的势能：

$$E_p = \int_R^r \frac{\mu m}{r^2}\mathrm{d}r = -\frac{\mu m}{r}\bigg|_R^r = -\frac{\mu m}{r} + \frac{\mu m}{R} ,$$

其中，R 为月球半径，μ 为月球引力常量.

因此，在不考虑空气阻力及其他星体引力的情况下，卫星总能量 $E = E_k + E_p$ 为定值，进而得到能量守恒定律表达式：

$$\frac{1}{2}mv^2 - \frac{\mu m}{r} + \frac{\mu m}{R} = C_1 ,$$

其中，C_1 为常数，表示嫦娥三号运动中能量守恒.

2）面积速度守恒定律

此守恒定律即开普勒第二定律，其具体含义为：在相等时间内，中心天体和运动中行星的连线所扫过的面积都是相等的.

设绕月环行的嫦娥三号的位置极坐标为 (r,θ)，其中 r 为矢径长度，θ 为极角. 经过极短的时间 $\mathrm{d}t$ 以后，其坐标定义为 $(r+\mathrm{d}r,\theta+\mathrm{d}\theta)$，其中，$\mathrm{d}r$ 和 $\mathrm{d}\theta$ 都是极小的量. 设在 $\mathrm{d}t$ 这段时间内矢径扫过的面积为 $\mathrm{d}S$，则：

$$\mathrm{d}S = \frac{1}{2}r^2\mathrm{d}\theta.$$

又由于 $\dfrac{\mathrm{d}S}{\mathrm{d}t}$ 为面积速度，由面积速度守恒，可以得到：

$$r^2\frac{\mathrm{d}\theta}{\mathrm{d}t} = C_2,$$

其中，C_2 为常数，表示面积速度守恒.

由上可以得到关于 r,θ 的方程组：

$$\begin{cases} \dfrac{1}{2}mv^2 - \dfrac{\mu m}{r} + \dfrac{\mu m}{R} = C_1, & (5.1) \\[3mm] r^2\dfrac{\mathrm{d}\theta}{\mathrm{d}t} = C_2. & (5.2) \end{cases}$$

求解方程组，可得：

$$\frac{1}{2}\left[\left(\frac{\mathrm{d}r}{\mathrm{d}t}\right)^2 + r^2\left(\frac{\mathrm{d}\theta}{\mathrm{d}t}\right)^2\right] - \frac{\mu}{r} = C_3, \qquad (5.3)$$

其中，C_3 为常数，其值为：$C_3 = \dfrac{C_1}{m} - \dfrac{\mu}{R}$. 由于式（5.2）与式（5.3）中均含有 t，因而要设法求出 r,θ 关于 t 的参数方程，得到：

$$\begin{cases} \dfrac{\mathrm{d}\theta}{\mathrm{d}t} = \dfrac{C_2}{r^2}, \\[3mm] \dfrac{\mathrm{d}r}{\mathrm{d}t} = \pm\sqrt{2C_3 + \dfrac{2\mu}{r} - \dfrac{C_2^2}{r^2}}. \end{cases}$$

消去 t，做进一步化简，可得最终环月轨道在 $r-\theta$ 极坐标中的解析式：

$$\begin{cases} r = \dfrac{p}{1+e\cos\theta}, \\[4mm] e = \dfrac{C_1\cdot\sqrt{2C_3 + \left(\dfrac{\mu}{C_2}\right)^2}}{\mu}, \\[4mm] p = \dfrac{C_2^2}{\mu}, \end{cases}$$

其中，e 为椭圆离心率，p 为椭圆的半通径.

轨道方程建立后，便可对题目所要求解的参数做进一步探究.

5.1.1.2　环月轨道速度公式的建立

要求近月点和远月点的速度，需要将嫦娥三号在环月轨道上的速度表达式求解出，并将具体值代入求出其具体速度. 由速度的定义可知，速度为矢径的一阶导数，即：

$$\vec{v} = \vec{r}'.$$

因而环月轨道的速度可以用由月心到飞船的矢径表示.

根据上述求解结果，可以得到月心到飞船的矢量表达式：

$$\vec{r} = |\vec{r}|\cos\theta\vec{i} + |\vec{r}|\sin\theta\vec{j}$$

其中，$\vec{i}$，$\vec{j}$ 表示惯性参考矢量，表示方向.

将 $\vec{v} = \vec{r}'$ 作一阶求导，可以求得速度的表达式：

$$\vec{v} = \vec{r}' = (|\vec{r}|'\cos\theta - |\vec{r}|\theta'\sin\theta)\vec{i} + (|\vec{r}|'\sin\theta - |\vec{r}|\theta'\cos\theta)\vec{j}.$$

最终，经化简，可以得出轨道速度公式：

$$v = \sqrt{\frac{\mu}{a(1-e^2)}} \cdot \sqrt{\sin^2\theta + (e+\cos\theta)^2} = \sqrt{\mu\left(\frac{2}{r} - \frac{1}{a}\right)}.$$

其中，a 为半长轴，根据解析几何原理可得：$a = \dfrac{p}{(1-e^2)}$.

补充：由于矢径为月心指向飞船，故所求速度为飞船相对于月球的速度.

【小结】

经上述建模过程，可以得出：

环形轨道方程模型：

$$\begin{cases} r = \dfrac{p}{1+e\cos\theta}, \\[4mm] e = \dfrac{C_1 \cdot \sqrt{2C_3 + \left(\dfrac{\mu}{C_2}\right)^2}}{\mu}, \\[4mm] p = \dfrac{C_2^2}{\mu}. \end{cases}$$

轨道速度公式：

$$v = \sqrt{\frac{\mu}{a(1-e^2)}} \cdot \sqrt{\sin^2\theta + (e+\cos\theta)^2} = \sqrt{\mu\left(\frac{2}{r} - \frac{1}{a}\right)}.$$

根据轨道方程模型，可以计算出着陆准备轨道近月点和远月点的位置，而根据速度公式，可以求解出嫦娥三号在两点相应速度的大小，并进一步探究出其运动方向. 因此，问题一的各项未知数均得到了较好的求解.

5.1.2　未知数的求解及结果检验

1）φ 值的确定

根据附件得知，嫦娥三号的实际着陆点坐标为 (19.51° W，44.12° N)，在此，本文将后文所求卫星轨道的着陆点看作实际着陆点. 之后，根据轨道参数进行倒推，求得近月点的月星坐标系位置为 (19.053° W，28.992° N)，进而求出 φ 的值为 28.992°.

2）结果的求解

将各项已知参数代入上述公式，进行运算，可以得到各项未知数运算结果，如表 5.1 所示.

表 5.1　未知参数运算结果表

近月远月点参数				中间变量		
	坐　标	速度 v(m/s)	速度方向	长半轴 a	半通径 p	离心率 e
近月点	(19.053° W，28.992° N)	1.69×10^3	垂直于矢径	1794.513	1793.5	0.0268
远月点	(19.053° E，28.992° S)	1.65×10^3	垂直于矢径			

由上，可以得到最终结果：

近月点坐标（19.053° W，28.992° N），相对月球速度 $v_{近}=1.69\times10^3$ m/s，方向为垂直于矢径沿切线方向.

远月点坐标（19.053° E，28.992° S），相对月球速度 $v_{远}=1.65\times10^3$ m/s，方向为垂直于矢径沿切线方向.

3）所求结果的检验

对于上述结果的准确性，需要结合实际，做进一步检验与确认. 由题目所给附件 1 可知：嫦娥三号在近月点实际运行速度为 1.7 km/s，月球平均半径为 1737.013 km. 查阅相关资料可知，月球自转速度为 16.6 m/s.

由上文所求结果可知，近月点速度为 $v_{近}=1.69\times10^3$ m/s，结合月球自转速度，得到在近月点卫星相对于月球表面的速度应在 1.6734×10^3 m/s 与 1.7066×10^3 m/s 之间，而 1.7 km/s 的实际运行速度完全符合这一范围，因而速度的计算结果是较为准确的.

半通径的计算结果为 1793.5 m，其与月球半径差值为 56.487 km，即所求半通径值大于月球半径，且长度处于近月远月点到月心距离之间，符合实际.

综上，可以得出，问题一所求得结果是较为准确的.

5.2　问题二模型的建立与求解

题目要求确定嫦娥三号的着陆轨道和在 6 个阶段的最优控制策略，这需要在每个阶段在关键点嫦娥三号满足其所处状态的条件下，尽量减少软着陆过程的燃料消耗，从而尽可能减少能耗，达到最优控制的目的. 然而，为了在减少能耗的同时，保证每个阶段关键点嫦娥三号都满足其所处状态，本文将对着陆轨道 6 个阶段的约束条件做逐一、单独的探究，以保证约束条件的满足.

5.2.1　基于最省燃料控制的着陆阶段目标分析

由于每个阶段的运行都有一定的特点，因此单位时间燃料消耗的公斤数 $\dot{m}$ 不是一成不变的. 由于嫦娥三号在各阶段着陆轨迹上运行状态相似，视 $\dot{m}$ 在各阶段值为常数，由此，在第 n 阶段，嫦娥三号燃料消耗量可表示为：

$$M_n = \dot{m}_n \cdot t_n, \ (n=1,2,3,4,5,6),$$

其中，t_n 表示在第 n 阶段所经历的时间.

为了达到控制燃料最省的目的，可以得到第 n 阶段满足的目标函数为：

$$\min Z = \min M_n = \dot{m}_n \cdot t_n.$$

另外，由题目可知，每个阶段的关键点的运动状态、运行方式等都需满足一定的条件，因此，每个阶段的运动状态都是独立的，各阶段之间的相互影响很小. 从而，只要各阶段均满足目标函数，便可以达到控制燃料最省的目的.

5.2.2　各阶段轨迹运行模型的分析及求解

5.2.2.1　阶段一：着陆准备轨道阶段分析

由题可知，着陆准备轨道是指上文月球环月椭圆轨道. 由于本问着陆轨道的开始设为近月点，因此，对于此轨道本身运动状态的讨论意义不大. 因而此阶段不纳入具体分析求解过程.

5.2.2.2　阶段二：主减速段模型的建立与求解

1）基于 5.2.1 最省燃料目标优化模型的建立

以水平面为 x 轴，初速度方向为 x 轴正方向，建立如图 5.3 所示的直角坐标系. 由第一问结果可知，第一阶段开始时，存在初速度 $v_0 = 1.69 \times 10^3$ m/s，方向水平向右：

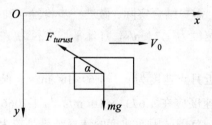

图 5.3　嫦娥三号运动受力示意图

受重力影响，嫦娥三号存在方向竖直向下的月球重力加速度 $g_{月}$. 为了在第一阶段度降为 57 m/s，需对嫦娥三号施加向后上方的力，以此达到减速的目的.

结合以上内容，可得关于速度大小、下落高度、引擎推力大小及燃耗引擎关系的约束条件：

（1）阶段终点速度大小约束.

根据图 5.3，将引擎推力 F_{thrush} 正交分解，则在 x 轴、y 轴分力可表示为：

$$（分力表达式）\begin{cases} F_x = F_{thrust} \cdot \cos\alpha, \\ F_y = F_{thrust} \cdot \sin\alpha, \end{cases}$$

其中，α 为推力与水平方向的夹角. 又竖直方向存在月球重力加速度 $g_{月}$，因此，根据牛顿第二定律，x 轴、y 轴上的分加速度可以表示为：

$$\begin{cases} a_x = \dfrac{F_{thrust} \cdot \cos\alpha}{m_0 - \dot{m}_1 t}, \\[3mm] a_y = g_{月} - \dfrac{F_{thrust} \cdot \sin\alpha}{m_0 - \dot{m}_1 t}, \end{cases}$$

其中，m_0 为嫦娥三号初始质量. 再将加速度对总时间 t_1 求积分，可以得到在阶段结束时 x 轴、y 轴方向的分速度：

$$\begin{cases} v_x = \displaystyle\int_0^{t_1} a_x \mathrm{d}t = \int_0^{t_1} \dfrac{F_{thrust} \cdot \cos\alpha}{m_0 - \dot{m}_1 t} \mathrm{d}t, \\[4mm] v_y = \displaystyle\int_0^{t_1} a_y \mathrm{d}t = \int_0^{t_1} \left(g_{月} - \dfrac{F_{thrust} \cdot \sin\alpha}{m_0 - \dot{m}_1 t} \right) \mathrm{d}t. \end{cases}$$

在第一阶段结束时，速度大小要求变为 57 m/s，因此，嫦娥三号在该阶段的终点速度需满足：

$$\begin{cases} \sqrt{v_x^2 + v_y^2} = 57, \\[3mm] v_x = \displaystyle\int_0^{t_1} a_x \mathrm{d}t = \int_0^{t_1} \dfrac{F_{thrust} \cdot \cos\alpha}{m_0 - \dot{m}_1 t} \mathrm{d}t, \\[4mm] v_y = \displaystyle\int_0^{t_1} a_y \mathrm{d}t = \int_0^{t_1} \left(g_{月} - \dfrac{F_{thrust} \cdot \sin\alpha}{m_0 - \dot{m}_1 t} \right) \mathrm{d}t. \end{cases}$$

（2）竖直方向高度变化约束.

根据条件，在第一阶段，竖直方向高度由 15000 m 变为 3000 m，即高度变化量 $\Delta H_1 = 12000$ m. 由此，可以得到约束条件为：

$$\Delta H_1 = \int_0^{t_1} v_y \mathrm{d}t = 12000.$$

（3）引擎推力大小约束.

由题目可知，引擎推力 F_{thrust} 大小只能在 1500 N ~ 7500 N 选取，因此，可以得到关于 F_{thrust} 大小的约束条件为：

$$1500 \leqslant F_{thrust} \leqslant 7500.$$

（4）燃耗引擎关系约束.

燃耗引擎，即火箭发动机单位质量推进剂产生的冲量，或单位流量的推进剂产生的推力. 比冲的单位为米/秒，并满足下列关系式：

$$F_{thrust} = v_e \dot{m}.$$

由题目可知，v_e 的值为 2940，因此，可得约束条件为：

$$F_{thrust} = 2940\dot{m}.$$

将（3）（4）约束化简，可得：

$$0.51 \leqslant \dot{m} \leqslant 2.55.$$

综上，可以得到第一阶段约束条件为：

$$\text{s.t.}\begin{cases} \Delta H_1 = \displaystyle\int_0^{t_1} v_y \mathrm{d}t = 12000, \\[2mm] \sqrt{v_x^2 + v_y^2} = 57, \\[2mm] v_x = \displaystyle\int_0^{t_1} a_x \mathrm{d}t = \int_0^{t_1} \frac{F_{thrust} \cdot \cos\alpha}{m_0 - \dot{m}_1 t} \mathrm{d}t, \\[3mm] v_y = \displaystyle\int_0^{t_1} a_y \mathrm{d}t = \int_0^{t_1} \left(g_{月} - \frac{F_{thrust} \cdot \sin\alpha}{m_0 - \dot{m}_1 t} \right) \mathrm{d}t, \\[3mm] 0.51 \leqslant \dot{m} \leqslant 2.55. \end{cases}$$

【第二阶段模型】

结合 5.2.1 所建立的目标函数，可以得到目标优化模型为：

$$\min Z_1 = \min M_1 = \dot{m}_1 \cdot t_1 ,$$

$$\text{s.t.}\begin{cases} \Delta H_1 = \displaystyle\int_0^{t_1} v_y \mathrm{d}t = 12000, \\[2mm] \sqrt{v_x^2 + v_y^2} = 57, \\[2mm] v_x = \displaystyle\int_0^{t_1} a_x \mathrm{d}t = \int_0^{t_1} \frac{F_{thrust} \cdot \cos\alpha}{m_0 - \dot{m}_1 t} \mathrm{d}t, \\[3mm] v_y = \displaystyle\int_0^{t_1} a_y \mathrm{d}t = \int_0^{t_1} \left(g_{月} - \frac{F_{thrust} \cdot \sin\alpha}{m_0 - \dot{m}_1 t} \right) \mathrm{d}t, \\[3mm] 0.51 \leqslant \dot{m} \leqslant 2.55. \end{cases}$$

2）阶段一模型的求解

（1）参数 $g_{月}$ 估计.

根据万有引力公式，有：

$$g_{月} = \frac{GM_{月}}{r^2} ,$$

其中，G 表示引力常量，$M_{月}$ 表示月球质量，r 表示所处点与月心的距离.

由上式可以看出，$g_{月}$ 的大小与所处点与月心的距离有关. 因此，本文所探究的 $g_{月}$ 的大小可表示为

$$g_{月} = \frac{GM_{月}}{(h+R)^2} ,（R 为月球半径）.$$

对于起始点，$h_{起} + R = 1752.013 \text{ km}$，对于月球表面，$h_{表} + R = 1737.013 \text{ km}$. 因此，可得：

$$\frac{g_{月起}}{g_{月表}} = \frac{(h_{表} + R)^2}{(h_{起} + R)^2} = 0.983 .$$

190

由于整个着陆过程，$g_月$ 变化十分微小，因此，本文将始末重力加速度均值作为 $g_月$：

$$g_月 = \frac{g_{月起} + g_{月表}}{2}.$$

（2）算法建立及结果求解.

由于所建立的优化模型约束繁多，为了便于结果的计算，本文设计了遍历搜索算法. 其具体思路是：

Step 1：初台化 $m = 0$，$t_1 = 0$；

Step 2：m 在[0.5, 2.6] 的范围内以 0.1 的精度等步长递增，t_1 在 [150, 750] 的范围内以 1 的精度等步长递增；

Step 3：判断 m 和 t_1 是否满足所有约束条件：若满足，记录燃料耗量 $M = mt_1$；若不满足，记录 $M = 100000$（使其成为无效解）；

Step 4：找出所有燃料耗量 M 中的最小值，作为初步优化值；同时找出其对应的 m 值 m_s 和 t_1 值 t_{1s}；

Step 5：缩小搜索范围，提高搜索精度：m 在 $[m_s - 0.09, m_s + 0.09]$ 的范围内以 0.01 的精度等步长递增，t_1 在 $[t_{1s} - 0.9, t_{1s} + 0.9]$ 的范围内以 0.1 的精度等步长递增；

Step 6：重复 Step3，在找出所有燃料耗量 M 中的最小值，作为高精度最优解；同时找出其对应的 m 值 m_s 和 t_1 值 t_{1s}；

详细的算法流程图如图 5.4 所示.

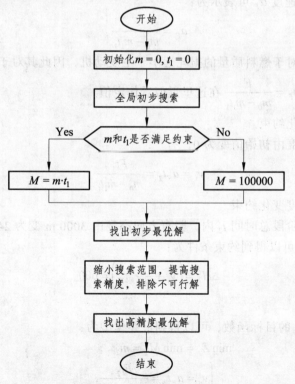

图 5.4　遍历算法流程图

由上文可知，在水平和竖直方向上的初始速度分别为：$v_x = 1.69 \times 10^3$ m/s，$v_y = 0$. 根据上述算法，结合初速度，求得模型最优解组，结果如表 5.2 所示.

表 5.2　第一阶段最优参数解

t(s)	$v_{总}$(m/s)	v_x(m/s)	v_y(m/s)	$\dot{m}$(kg/s)	F_{thrust}(N)	α(°)	m(kg)
545.1	57.04	16.74	54.53	2.08	6115.2	29.7	1266.192

5.2.2.3　阶段三：快速调整段模型的建立与求解

1）基于 5.2.1 最省燃料目标优化模型的建立

快速调整段的主要目的是调整探测器姿态，从距离月面 3 km 到 2.4 km 处将水平速度减为 0. 为了使燃料最省，需将姿态发动机推力 F 尽可能地用于减慢嫦娥三号的水平方向速度.

由图 5.5 可知，为了充分利用引擎推力，应尽量使得推力 F 在 y 轴方向的分力尽可能小. 因此，本文选择推力 F 方向水平向左.

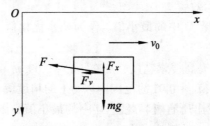

图 5.5　推力 F 分解示意图

推力 F 产生的加速度 a_F 可表示为：

$$a_F = \frac{F}{m_0 - \dot{m}_1 t_1}.$$

由于姿态发动机对于燃料质量的损耗远小于主发动机，因此其对于机身质量变化影响可以忽略不计. 因此，$a_F = \dfrac{F}{m_0 - \dot{m}_1 t_1}$ 在这里近似看作定值.

（1）水平速度变化约束.

根据水平方向速度由初始值变为 0，有

$$v_x = a_F t_2 = \frac{F t_2}{m_0 - \dot{m}_1 t_1}.$$

（2）竖直方向高度变化约束.

竖直方向上，在阶段总时间 t_2 内，竖直方向高度由 3000 m 变为 2400 m，即高度变化量 $\Delta H_2 = 600$ m. 由此，可以得到约束条件为：

$$\Delta H_2 = \left(v_y + \frac{1}{2} g_{月} t_2^2 \right) = 600.$$

【第三阶段模型】

结合 5.2.1 所建立的目标函数，可以得到最终模型为：

$$\min Z_2 = \min M_2 = \dot{m}_2 t_2,$$

$$\text{s.t.} \begin{cases} v_x = a_F t_2 = \dfrac{F t_2}{m_0 - \dot{m}_1 t_1}, \\ \Delta H_2 = \left(v_y + \dfrac{1}{2} g_{月} t_2^2 \right) = 600. \end{cases}$$

2）阶段二模型的求解

将参数代入，进行迭代处理，通过直接运算，求解出表 5.3 所示的结果.

表 5.3　第二阶段最优参数解

t(s)	$v_{总}$(m/s)	v_x(m/s)	v_y(m/s)	$\dot{m}$(kg/s)	F_{thrust}(N)	a(F)	m(kg)
9.63	70.022	0	70.022	0	0	1.74	1266.192

5.2.2.4　阶段四：粗避障段模型的建立与求解

1）基于粗避障系统模型的建立

本问题要求避开大的陨石坑，实现在设计着陆点上方 100 m 处悬停，并初步确定落月地点. 根据要求，卫星在这一阶段应该满足以下两个条件：

条件一：水平位置上避开大陨石坑；

条件二：阶段结束时竖直方向速度为 0.

对于两个条件，需对其分开探究.

（1）水平位置上避开大陨石坑.

为了避开大陨石坑，找到适合的降落范围，需要对所观测范围的地形做详细探究和了解. 将附件 3 "距 2400 m 处的 tiff 数字高程图" 运用 Matlab 的 imread 命令进行处理读取图中像素点高程矩阵 $D(i, j)$，并用 mesh 命令得到图 5.6 所示的三维图像（见附录程序）.

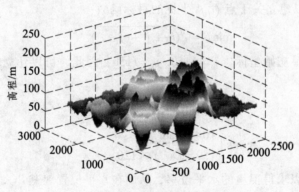

图 5.6　2400 m 处的数字高程三维图

对其作梯度分析，将其以中心剖面图的形式表现出，纵剖面如图 5.7 所示（横剖面见附录）.

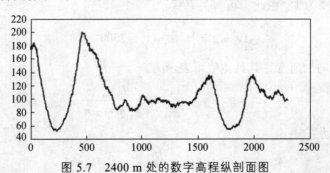

图 5.7　2400 m 处的数字高程纵剖面图

对上述剖面图进行分析,可以发现:大陨石坑区域,高程大多处于极高或极低状态,且坡度较大. 因此,所期待区域,应具有高程适中、坡度较小这两个特点. 对此,本文将区域点的选取设定两个约束:

① 高程范围约束.

对附件 3 的剖面图进行分析,发现,巨坑底部高程范围大概处于 [0, 50] 区间,而巨坑边缘顶端则基本处于 [120, 220] 区间,因此,本文对于所期待点 (i, j) 建立约束:[2]

$$50 < D(i, j) < 120,$$

其中, $D(i, j)$ 表示点 (i, j) 高程大小,且 $i = 1, 2, 3, \cdots, 2300; j = 1, 2, 3, \cdots, 2300$.

② 坡度范围约束.

对剖面图中巨坑内斜坡面的具体坡度进行求解,发现,坡度范围处于 [0.1, 0.3] 区间. 为了保证期待点不在巨坑斜坡上,对所搜寻点做如下约束:

$$0 \leqslant \text{grad}(i, j) \leqslant 0.1,$$

其中, $\text{grad}(i, j)$ 表示点 (i, j) 所处位置的最大坡度.

综上,可得点 (i, j) 所满足的约束条件为:

$$\text{s.t.} \begin{cases} 0 \leqslant \text{grad}(i, j) \leqslant 0.1, \\ 50 < D(i, j) < 120. \end{cases}$$

为了最优化,显然所搜寻的点应该尽可能地离卫星所处点近,从而尽量减小卫星水平方向的位移. 对此,可以建立关于点 (i, j) 坐标的目标函数:

$$\min S = \sqrt{(i - i_0)^2 + (j - j_0)^2},$$

其中, (i_0, j_0) 表示卫星初始坐标, $i_0 = 1150$, $j_0 = 1150$. 因此,可以建立求解期待点坐标的模型如下:

$$\min S = \sqrt{(i - i_0)^2 + (j - j_0)^2},$$

$$\text{s.t.} \begin{cases} 0 \leqslant \text{grad}(i, j) \leqslant 0.1, \\ 50 < D(i, j) < 120. \end{cases}$$

由此模型,便可以求得卫星的水平位移,从而在水平位置上避开大陨石坑.

(2)竖直方向速度为 0.

为了使得竖直方向速度在此阶段减为 0,需合理控制引擎推力 F_{thrust},使得在 2300 m 的路程内,速度恰好变为零. 由此,可得关系式:

$$(v_y + g_月 t_2) t_3 + \frac{1}{2} a_3 t_3^2 = 2300,$$

其中, a_3 为竖直方向加速度,其具体值可表示为

$$a_3 = g_月 - a_推 = g_月 - \frac{F_{thrust}}{m_0 - \dot{m}_1 t_1 - \dot{m}_3 t}.$$

最终关系式可表示为:

$$(v_y + g_月 t_2) t_3 + \frac{1}{2} \cdot \frac{F_{thrust}}{m_0 - \dot{m}_1 t_1 - \dot{m}_3 t} \cdot t_3^2 = 2300.$$

【第四阶段模型】

由条件二，可以求解出第三阶段时间 t_3. 据此，根据水平位移，可以求解出水平加速度.

为了方便下一阶段的运行，在阶段结束时，应保证水平速度为零. 由于加速度大小一定，因此，水平运动模型可看作先加速后减速的变速运动. 如图 5.8 所示.

图 5.8　变速运动示意图

由上可以得到加速度 $a_{调}$ 的表达式：

$$a_{调} = \frac{\min S}{t_3^2}$$

最终，可得该阶段各轨道参数模型：

$$(v_y + g_月 t_2)t_3 + \frac{1}{2} \cdot \frac{F_{thrust}}{m_0 - \dot{m}_1 t_1 - \dot{m}_3 t} \cdot t_3^2 = 2300 ,$$

$$a_{调} = \frac{\min S}{t_3^2} ,$$

其中，$\min S$ 由以下优化模型确定：

$$\min S = \sqrt{(i - i_0)^2 + (j - j_0)^2} ,$$

$$\text{s.t.} \begin{cases} 0 \leqslant \mathrm{grad}(i, j) \leqslant 0.1, \\ 50 < D(i, j) < 120. \end{cases}$$

2）粗避障系统模型的求解

（1）探求点 (i, j) 坡度 $\mathrm{grad}(i, j)$ 值的定义.

为了准确表示点 (i, j) 附近的坡度情况，本文将其与附近点的最大单位高度差作为评判标准. 由于相邻点存在偶然性，因此选取四周四个相隔 20 单位的点作比. 由此得：

$$\mathrm{grad}(i, j) = \max\left\{ \frac{D(i-20, j) - D(i, j)}{20}, \frac{D(i+20, j) - D(i, j)}{20}, \frac{D(i, j+20) - D(i, j)}{20}, \frac{D(i, j) - D(i, j-20)}{20} \right\}.$$

（2）卫星的自动避障.

Step 1：判定选定区域的中心点 (i_0, j_0) 是否满足停降条件：若满足，选定该点为停降点；若不满足，转至 Step 2；

Step 2：扩大搜索范围，搜索原有区域周围一圈点的状态：若满足停降条件，选定一圈点中与 (i_0, j_0) 距离最近的点 (i, j) 为停降点；若不满足，重复 Step 2；

Step 3：计算卫星水平移动距离 $d = \sqrt{(i_0 - i)^2 + (j_0 - j)^2} \times d_p$，其中 d_p 为单位像素对应距离.

（3）模型的求解.

对上述模型进行求解，将已知参数代入原模型表达式，通过运算，求解出表 5.4 所示的结果.

表 5.4　第三阶段最优参数解

t(s)	$v_{总}$(m/s)	v_x(m/s)	v_y(m/s)	$\dot{m}$(kg/s)	F_{thrust}(N)	m(kg)	d(m)
52	0	0	0	57.21	0	1266.192	1

5.2.2.5 阶段五：粗避障段模型的建立与求解

1）基于精避障系统模型的确立

（1）进一步精准避障.

在经过粗避障阶段后，卫星离月球面高度变为 100 m. 此时，得到了 100 m 数字高程图. 运用 Matlab 软件将其转化为三维形式（转化图见附录）.

从三维图中可以看出，粗避障阶段只能避开大陨石坑，但不能保证，卫星最终成功降落在地势平坦之处，需要进行一次更加精准的避障过程.

同上，将其以中心剖面图的形式表现出（剖面图见附录）：

分上述剖面图，可以发现：同粗避障段，陨石坑及坑洼区域，高程大多处于较高或较低状态，且坡度较大. 因此，所期待区域，应同样具有高程适中、坡度较小这两个特点. 然而，由于粗避障的筛选，所确定范围的地形起伏已不十分明显，高程基本处于一个较小的范围区间以内. 因此，高程范围的约束，对于精避障，并不十分适用.

因而，本文对其改作单约束坡度范围分析：

对剖面图中巨坑内斜坡面的具体坡度进行求解，发现，坡度范围处于 $[0.05, 0.1]$ 区间. 为了保证期待点不在巨坑斜坡上，对所搜寻点做如下约束：

$$0 \leqslant \mathrm{grad}(i, j) \leqslant 0.05 ,$$

其中，$\mathrm{grad}(i, j)$ 表示点 (i, j) 所处位置的最大坡度.

综上，可得点 (i, j) 所满足的约束条件为：

$$0 \leqslant \mathrm{grad}(i, j) \leqslant 0.05 .$$

同上，为了尽量减小卫星水平方向的位移，可以建立关于点 (i, j) 坐标的目标函数：

$$\min d = \sqrt{(i - i_0)^2 + (j - j_0)^2} ,$$

其中，(i_0, j_0) 表示卫星初始坐标，$i_0 = 1150$，$j_0 = 1150$. 因此，可以建立求解期待点的坐标模型如下：

$$\min d = \sqrt{(i - i_0)^2 + (j - j_0)^2} ,$$
$$0 \leqslant \mathrm{grad}(i, j) \leqslant 0.05 .$$

（2）竖直方向的时间确立.

为了简化轨道运行，同时保证阶段燃料消耗尽可能低，本文在此阶段将竖直方向上的引擎推力大小定为 0，即在整个阶段竖直方向上可看作"自由落体"运动. 因此，根据物理知识，可以求得该阶段运行时间：

$$t_4 = \sqrt{\frac{2h_4}{g_{月}}} .$$

【第五阶段模型】

结合本问（1），（2），可以求得水平调整加速度：

$$a_{调} = \frac{\min S}{t_4^2}$$

最终，可得该阶段各轨道参数模型：

$$t_4 = \sqrt{\frac{2h_4}{g_月}}, \quad a_{调} = \frac{\min S}{t_4^2}.$$

其中，$\min S$ 由以下优化模型确定：

$$\min S = \sqrt{(i-i_0)^2 + (j-j_0)^2},$$

$$\text{s.t.} \begin{cases} 0 \leqslant \text{grad}(i,j) \leqslant 0.05, \\ 2 < D(i,j) < 16. \end{cases}$$

2）模型的求解

对上述模型进行求解，将已知参数代入原模型表达式，通过运算，求解出以下结果（见表 5.5）：

表 5.5　第四阶段最优参数解

t(s)	$v_{总}$(m/s)	v_x(m/s)	v_y(m/s)	$\dot{m}$(kg/s)	F_{thrust}(N)	m(kg)	d(m)
7.36	11.835	0	11.835	0	0	1266.192	5.16

5.2.2.6　阶段六：缓速下降阶段模型的建立与求解

1）缓速下降模型的建立

缓速下降阶段的区间是距离月面 30 m 到 4 m. 该阶段的主要任务是控制着陆器在距离月面 4 m 处的速度为 0，即实现在距离月面 4 m 处相对月面静止，之后关闭发动机，使嫦娥三号自由落体到精确落月点.

此阶段的运动轨迹较为简单，模型主要分为两段：

【第六阶段模型】

（1）30 m 到 4 m 的减速缓冲阶段.

此段需要考虑引擎推力 f_{thrust} 大小，推力应满足一定的值，使得卫星速度顺利地在此段结束时降为零. 对于该段加速度，求解出具体值为：

$$a_5 = g_月 - \frac{F_{thrust}}{m_0 - \dot{m}_1 t_1 - \dot{m}_3 t_3 - \dot{m}_5 t},$$

此段运行时间为：$t_5 = \sqrt{\frac{2h_5}{a_5}}.$

（2）4 m 到着陆的自由落体阶段.

由于是自由落体，其运动规律符合一般初速度为零的匀加速运动规律，因此，此段各项参数均唯一确定.

根据相关物理知识，可以得此段运行时间为：

$$t_{5(2)} = \sqrt{\frac{2h_{5(2)}}{g_月}},$$

降落速度为：

$$v_{5(2)} = \sqrt{2g_月 h}.$$

197

2）模型的求解

对上述模型进行求解，将已知参数代入原模型表达式，通过运算，求解出以下结果（见表 5.6）：

表 5.6　第五阶段最优参数解

t(s)	$v_{总}$(m/s)	v_x(m/s)	v_y(m/s)	$\dot{m}$(kg/s)	F_{thrust}(N)	m(kg)
4.38	2.23	0	2.23	0	0	1266.192

【小结】

上述关于六个阶段的模型建立及模型的求解，基本上完整地诠释了最优控制策略的各项参数要求，各种求值的参数结果均在合理范围之内，对着陆轨道及最优控制策略的最终确立做好了准备.

5.2.3　着陆轨道及最优控制策略的最终确立

1）着陆轨道的建立

根据上述所求各阶段参数，利用解析几何原理求解出着陆各阶段轨道的具体表达式，并画出轨道示意图，结果如表 5.7 所示.

表 5.7　轨道状态详表

一、主减速段	
表达式	$$\begin{cases} x = \int_0^t \int_0^t \dfrac{6115.2 \cdot \cos 29.7°}{2400 - 2.08t} \mathrm{d}t\mathrm{d}t \\ y = \int_0^t \int_0^t \left(1.608 - \dfrac{6115.2 \cdot \sin 29.7°}{2400 - 2.08t}\right) \mathrm{d}t\mathrm{d}t \end{cases}$$
轨道图	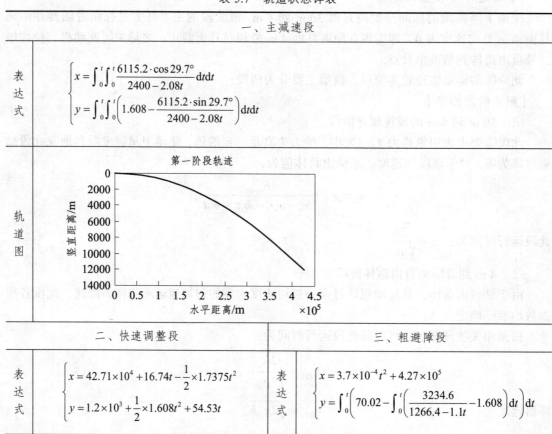

二、快速调整段		三、粗避障段	
表达式	$$\begin{cases} x = 42.71 \times 10^4 + 16.74t - \dfrac{1}{2} \times 1.7375t^2 \\ y = 1.2 \times 10^3 + \dfrac{1}{2} \times 1.608t^2 + 54.53t \end{cases}$$	表达式	$$\begin{cases} x = 3.7 \times 10^{-4} t^2 + 4.27 \times 10^5 \\ y = \int_0^t \left(70.02 - \int_0^t \left(\dfrac{3234.6}{1266.4 - 1.1t} - 1.608\right)\mathrm{d}t\right)\mathrm{d}t \end{cases}$$

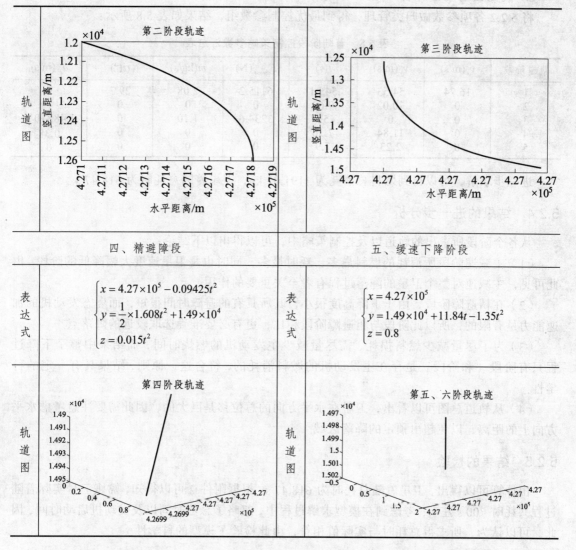

	第二阶段轨迹		第三阶段轨迹
轨道图		轨道图	

	四、精避障段		五、缓速下降阶段
表达式	$$\begin{cases} x = 4.27 \times 10^5 - 0.09425t^2 \\ y = \dfrac{1}{2} \times 1.608t^2 + 1.49 \times 10^4 \\ z = 0.015t^2 \end{cases}$$	表达式	$$\begin{cases} x = 4.27 \times 10^5 \\ y = 1.49 \times 10^4 + 11.84t - 1.35t^2 \\ z = 0.8 \end{cases}$$
轨道图	第四阶段轨迹	轨道图	第五、六阶段轨迹

将所有阶段轨道图合并，置于一个新的三维坐标系中，可以得到轨道总图，如图5.9所示.

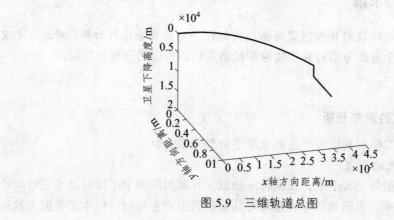

图5.9 三维轨道总图

2）最优控制策略的确立

将 5.2.2 各项参数做归类管理，得到最优控制参数组，结果如表 5.8 所示：

表 5.8　着陆阶段控制策略参数汇总表

轨道阶段	v_x(m/s)	v_y(m/s)	t(s)	F_{thrust}(N)	$\dot{m}$(kg/s)	α(°)	a_F(m/s)
1	16.74	54.53	545.1	6115.2	2.08	29.7	0
2	0	70.02	9.63	0	0	0	1.74
3	0	0	52	3234.6	1.10	0	1.48×10^{-3}
4	0	11.84	7.36	0	0	0	0.38
5	0	2.23	7.9	0	0	0	0

进一步求解，可以得到燃料总消耗为 1191.01 kg，卫星着陆总耗时为 618.47 s．

5.2.4　结果的进一步分析

从各个阶段所求出的轨道以及控制策略中，可以得出以下结论：

（1）主减速阶段所消耗的燃料最多，耗时最多，同时也是卫星速度大幅降低的阶段．由此可见，主减速对整个卫星的降落过程有着至关重要的作用．

（2）在精避障阶段，由于下降高度很小，其所具有的避障时间很短，而姿态发动机的加速能力是有限的，所以此阶段与粗避障阶段相比，更有必要准确选取较近的降落点．

（3）为了尽量减少燃料损耗，需尽量减少主发动机的燃烧时间，而结果中整个下降过程只有阶段一和阶段三是存在主发动机的燃料消耗的，符合这一原则，结果具有一定的科学性．

（4）从轨道总图可以看出，卫星在水平方向的总位移是巨大的，因此需要注意考虑水平方向上的距离，以免超出预定的降落区域．

5.2.5　结果的检验

由计算可以得出，卫星着陆总耗时为 618.47 s．根据附件 2 可以得知，嫦娥三号实际着陆过程共耗时 700 s 左右．考虑到在模型求解过程中，忽略了悬停时间以及发动机启动时间，因此，可以认为，所求得总耗时与实际值相符，由此检验了模型的科学性．

5.3　问题三的分析与求解

题目要求对设计的着陆轨道和控制策略做相应的误差分析和敏感性分析．对此，本文将先后从误差和敏感度两个方面分别对着陆轨道和控制策略做相应的分析与探究．

5.3.1　误差分析

5.3.1.1　关于着陆轨道的误差分析

对于轨道误差，本文将对其误差产生的来源做分类并做分析．

1）不可控因素导致的误差[3]

因本文所建立的模型处于太空中，根据物理知识，月球周围多个星球对嫦娥三号均产生引力作用，同时地球扁率、太阳光压等因素均对其运行轨道产生影响，但本文根据大致估算以及查阅相关资料可以发现，其作用效果并不明显，其具体量级如表 5.9 所示.

表 5.9　外界摄动因素量级表

序号	摄动因素	量级
1	地球引力摄动	$O(10^{-5})$
2	太阳引力摄动	$O(10^{-7})$
3	太阳光压摄动	$O(10^{-9})$
4	地球扁率摄动	$O(10^{-12})$
5	大行星引力摄动	$O(10^{-12})$

同时，因月球本身并不是一个完美的球形星体，其非球形引力、扁率等均对嫦娥三号产生影响，同时查阅相关资料可知，月球固体潮、月球物理天平动以及月球引力后牛顿效应等因素同样影响嫦娥三号的运行，其具体量级如表 5.10 所示.

表 5.10　月球摄动因素量级表

序号	摄动因素	量级
1	月球非球形引力摄动	$O(10^{-5})$
2	月球固体潮摄动	$O(10^{-7})$
3	月球物理天平动	$O(10^{-9})$
4	月球扁率间接摄动	$O(10^{-12})$
5	月球引力后牛顿效应	$O(10^{-12})$

综上可知，本文所列出的多个不可控因素，确实会对嫦娥三号卫星的运行轨道以及实际运行过程产生一定的影响，但其产生的误差非常有限，可以在一定程度上忽略不计.

2）模型自身的误差分析

本文在问题二的模型中，对其做了一定的假设. 其中假设月球的重力加速度 $g_月$ 在下降过程中始终保持不变与事实有一定的偏差，存在着固有误差. 实际上，根据公式 $g_月 = \dfrac{GM}{r^2}$ ，$g_月$ 在降落过程中一直在不断增大. 因此，对于模型自身的误差分析，选取该假设进行分析. 在月球低空中，$g_月$ 的变化极其微小，它带来的误差几乎可以忽略不计. 因此该假设造成的误差主要来源于卫星高空阶段，即主减速阶段. 因此我们主要对该阶段进行 $g_月$ 的误差分析.

根据问题二建立的模型：

$$\begin{cases} a_x = \dfrac{F_{thrust} \cdot \cos\alpha}{m_0 - \dot{m}_1 t} \\ a_y = g_月 - \dfrac{F_{thrust} \cdot \sin\alpha}{m_0 - \dot{m}_1 t} \end{cases},$$

取该阶段重力加速度的最大值 $g_{max} = 1.618 \ \mathrm{m/s^2}$ 以及最小值 $g_{min} = 1.597 \ \mathrm{m/s^2}$，分别将其代入问题二的主减速阶段模型求解，得到的轨迹如图 5.10 所示.

由此可知，这一假设对于卫星的轨道状态及其他各参数均有一定的影响. 但显然，影响不大，因此，这一假设有可能是模型误差的一个来源.

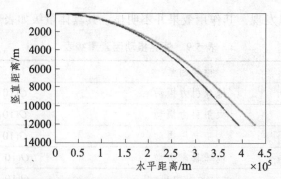

图 5.10　月球重力加速度的误差分析

5.3.1.2　关于控制策略误差分析

对于控制策略误差分析，本文主要从题目缺省条件造成的误差入手. 对此本文考虑两个方面，即：悬停时间与发动机启动时间.

在嫦娥三号降落的整个过程中，飞行器有过多次悬停以及发动机启动，因对实际情况缺乏了解，无法确定其悬停过程以及发动机启动过程所消耗的时间. 在嫦娥三号实际降落过程中，其过程所消耗的时间确实存在，并且无法忽略，本文无法将其用具体数值表示，但因为此时间与本文所建立的降落过程模型中求出的降落时间仅通过线性累加即可完善模型的结果，且不影响其他过程，所以本文考虑此误差对结果精确度造成的影响相对有限.

5.3.2　敏感度分析

5.3.2.1　对着陆轨道参数的敏感度分析

1）敏感度分析参数的选取

经过对前问所构建的轨道模型分析，可能对整个轨道路径产生影响的参数为 $\dot{m}(kg/s)$ 以及原质量 m，由于 $\dot{m}(kg/s)$ 为发动机参数，讨论价值过小，故本文选取 m 以分析其对于轨道路径模型的敏感度.

2）对所选参数的敏感度分析

因 m 与轨道路径的各个阶段均存在关系，但在第一阶段体现得较为明显，故本文选取其对轨道第一阶段，即主减速阶段的影响，本文将 m 取值改变，由此求出主减速阶段路径，路径具体表示如图 5.11 所示.

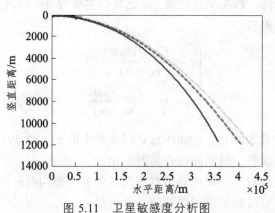

图 5.11　卫星敏感度分析图

由求出的路径可知，在 m 取值改变后，整个轨道路径几乎一致，不发生根本性改变，与实际情况基本吻合，由此确定所构建的路径模型合理可靠。同时在其改变并不明显的情况下，水平距离的改变如表 5.11 所示，均为数万米，有较为明显的偏移，因此本文认为 m 对轨道模型的敏感度较高。

表 5.11　分析图具体数值表

F/N	6015.2	6115.2	6165.2	6215.2
水平距离/m	432130	429250	427800	426350

5.3.2.2　对控制策略参数的敏感度分析

1）敏感度分析参数的选取

综合考虑控制策略中的多个参数以及轨道模型，本文认为 $F_{thrust}(\text{N})$，$\alpha(°)$，$a_F(\text{m/s}^2)$ 均对轨道模型产生影响，但考虑到 $\alpha(°)$ 仅在主减速阶段产生影响，同时 $a_F(\text{m/s}^2)$ 本身难以进行定量处理，故本文选择对 $F_{thrust}(\text{N})$ 进行敏感度分析。

2）对所选参数的敏感度分析

因为 $F_{thrust}(\text{N})$ 对主减速阶段影响较大，本文将其取值改变，由此求出主减速阶段路径，又考虑到对其他阶段进行分析方法类似，且效果不够明显，故仅分析此阶段路径。其路径具体表示为图 5.12。

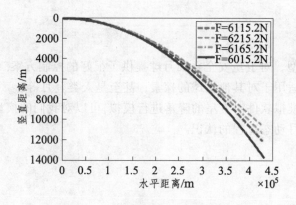

图 5.12　卫星推动力敏感度分析图

由求出的路径可知，在 $F_{thrust}(\text{N})$ 取值改变后，整个轨道路径趋势相同，几乎一致，与实际可能发生的情况相吻合。同时在其改变并不明显的情况下，水平距离有较为明显的偏移，因此本文认为其对控制决策的敏感度较高，由此对整个路径轨迹影响较大，如表 5.12 所示。

表 5.12　分析图具体数值表

M/t	2.2	2.4	2.5
水平距离/m	360400	427100	404150

6 模型评价和推广

6.1 模型的评价

问题一中，轨道模型应为三维模型，本文在解决此问题时，创新性地定义了整个轨道的特征角，同时保证了所求轨道的唯一性与轨道方程求解的简便性. 本文在建立轨道模型时，结合能量守恒定律以及开普勒面积速度守恒定律，同时经计算综合考虑排除嫦娥三号所受地球引力以及太阳引力的影响，简化了模型的建立和求解，最终解出轨道方程.

问题二中，本文确定了嫦娥三号的着陆轨道和在 6 个阶段的最优控制策略，以消耗总燃料作为目标，使用遍历搜索算法对建立的优化模型进行求解，保证了所求出的最优解的准确性. 在对姿态调整发动机动力的处理中，不考虑其所造成的能耗，使得问题得到简化，易于求解. 在避障阶段，通过计算机只能识别每一个点的停降条件并自动选择停降点.

6.2 模型的改进

问题一中，可以通过第二问的求解结果，更加准确地确定嫦娥三号的近月点位置与速度方向.

问题二中，为了更加方便地求解，对所建立的微分方程及优化模型进行了一定的简化. 为了求解出更准确、更真实的结果，可以适当减少一些假设，使建立的模型更接近实际情况.

6.3 模型的推广

本文所建立的模型，对卫星安全登陆月球提供了很好的控制方案. 本文模型不仅可以运用于卫星登月，还可适用于对其他星球的探索，甚至是人类登月等.

结合相关的卫星模拟软件对卫星的降落进行模拟，可以对我们的模型进行进一步的检验，也可以加深对卫星登月动态过程的认识.

7 参考文献

[1] 王志刚，施志佳. 远程火箭与卫星轨道力学基础. 西安：西北工业大学出版社，2006.

[2] 穆欣，等. 确定稳定斜坡的极限坡度. 1957 年.

[3] 李茂登. 月球软着陆自主导航、制导与控制问题研究. 2011，629.783，1～173.

折叠桌最优加工参数的设计

摘　要：

本文通过变步长搜索、受力分析与演绎推理等方法，建立了双目标非线性规划模型、直纹曲面方程模型等，以便对折叠桌切实可行的最优设计加工参数问题进行研究.

针对问题一，为描述折叠桌的动态变化过程，本文首先利用勾股定理确定了桌面加工参数，进而确定了各条桌腿的长度. 其次，本文从描述其整体运动情况和每根木条的独立运动情况两个角度入手，分别建立了直纹曲面模型和桌腿木条运动方程模型. 再次对桌腿木条建立了开槽长度模型，通过分析折叠桌折叠前后的钢筋的位置给出了开槽长度的计算公式. 最后，采用直纹曲面和边缘约束曲面相交的方法得到了描述桌脚边缘的空间曲线方程，利用桌腿木条运动方程算得的边缘点对该曲线方程的吻合性进行检验，检验结果显示两者完全吻合.

问题二要求给出满足产品设计要求的最优加工参数. 对于其基本要求稳固性，本文首先从保持形态不变和结构功能不受损失两个角度对折叠桌进行受力分析，给出了使其稳固的约束条件. 其次，将加工方便和用材最少两个设计要求作为参数优化的目标函数，建立了稳固性和成型要求为约束条件，钢筋位置、平板长度、平板厚度和单个木条宽度为决策变量的双目标非线性规划模型. 接着，对目标函数和决策变量的实际意义进行分析后将模型简化为单目标仅有两个决策变量的规划模型. 最后，对桌面圆直径为 80 cm，桌高为 70 cm 时的情形运用定步长搜索算法求解得到长方形平板的长度为 165.8 cm，钢筋固定位置为 35.2 cm.

问题三要求对任意给定折叠桌参数的最优加工参数设计模型. 本文首先根据任意给定的桌面边缘形状，建立桌面加工参数计算模型，从而计算出所需木条数量和桌面端点；其次，根据给定的桌高在问题二中建立的非线性规划模型基础上建立桌腿木条加工参数计算模型，并由给定的桌脚边缘线，增加基于桌脚边缘线的桌腿长度修正约束，建立任意形状的折叠桌最优加工参数设计模型. 最后，采用变步长搜索算法对模型进行求解，给出桌面为 50 cm·40 cm 矩形，桌高为 53 cm 和桌面为长轴 100 cm、短轴 80 cm 的椭圆，桌高为 83 cm 时的加工设计参数及动态变化过程图.

本文的特色在于建立了直纹曲面方程模型和桌腿木条运动方程模型，分别从整体和单个木条两个角度对折叠桌折叠的动态变化过程进行了描述，使得对于折叠动态过程的描述更加全面和具体；同时，对于折叠桌稳定性的分析从保持形态不变和结构功能不受损失两个角度进行受力分析，给出了一个与决策变量相关的约束范围，具有说服力.

关键词： 双目标非线性规划模型

1 问题重述

某公司生产一种可折叠的桌子，桌面呈圆形，桌腿随着铰链的活动可以平摊成一张平板。桌腿由两组木条组成，每组各用一根钢筋将木条连接，钢筋两端分别固定在桌腿各组最外侧的两根木条上。为保证自由滑动，沿木条挖有空槽。桌子外形由直纹曲面构成，造型美观。试建立数学模型讨论下列问题：

（1）给定尺寸为 120 cm×50 cm×3 cm 的长方形平板，每根木条宽 2.5 cm，连接桌腿木条的钢筋固定在桌腿最外侧木条的中心位置，折叠后桌子的高度为 53 cm。试建立模型描述此折叠桌的动态变化过程，在此基础上给出此折叠桌的设计加工参数和桌脚边缘线的数学描述。

（2）折叠桌的设计应做到产品稳固性好、加工方便、用材最少。对于任意给定的折叠桌高度和圆形桌面直径的设计要求，讨论长方形平板材料和折叠桌的最优设计加工参数。对于桌高 70 cm、桌面直径 80 cm 的情形，确定最优设计加工参数。

（3）公司计划开发一种折叠桌设计软件，根据客户任意设定的折叠桌高度、桌面边缘线的形状大小和桌脚边缘线的大致形状，给出所需平板材料的形状尺寸和切实可行的最优设计加工参数，使得生产的折叠桌尽可能地接近客户所期望的形状。请给出这一软件设计的数学模型，并根据所建立的模型给出几个你们自己设计的创意平板折叠桌。要求给出相应的设计加工参数和至少 8 张动态变化过程的示意图。

2 模型假设

（1）假设铰链尺寸忽略不计；
（2）假设带有开槽的木条在平衡状态下对钢筋的作用力大小基本相等；
（3）假设折叠桌均有四条桌腿接触地面。

3 符号说明

D：桌面圆直径，单位：cm；

L：长方形平板的长度，单位：cm；

h_0：桌子木条的厚度，单位：cm；

b：桌子木条的宽度，单位：cm；

l_i：第 i 根桌腿木条的长度，单位：cm；

d_i：第 i 根桌面木条的长度，单位：cm；

A_i：第 i 根桌腿木条开槽起点；

B_i：第 i 根桌腿木条开槽终点；

s_i：第 i 根桌腿木条上的开槽长度，单位：cm；

θ_i：第 i 根桌腿木条相对于桌面木条旋转的角度，单位：度；

Q：桌子的总成本费用。

4 问题分析

4.1 问题一的分析

问题一首先要求建立模型描述折叠桌的动态变化过程. 动态变化过程是指各个桌腿在折叠成形过程中与桌面的相对位置的变化. 由于每根桌脚相对于桌面都是做旋转运动, 所以相对位置的变化可以采用桌脚与桌面之间的夹角来描述. 首先应建立适当坐标系, 刻画桌面和桌脚的空间位置关系; 再从桌脚的运动特征出发, 以桌脚与桌面之间的夹角作为研究对象建立折叠桌动态变化模型. 其次问题要求在上述基础上给出折叠桌的设计加工参数和桌角边缘线的数学描述. 设计加工参数主要有: 桌脚的长度、桌腿木条开槽的长度和位置以及钢筋的固定位置. 确定桌脚的长度即确定桌腿与桌面铰接的位置, 可以由桌腿中轴线与桌面圆的交点作为其铰接的位置得到. 桌腿木条的开槽长度和位置可以转化为钢筋的运动范围进行求解. 而对于桌脚边缘线的数学描述, 可以采用曲面相交的方法得到其空间曲线方程.

4.2 问题二的分析

问题二首先要求对于任意给定的折叠桌的高度和桌面直径的设计要求, 讨论长方形平板材料和折叠桌的最优设计加工参数. 加工参数应包括平板尺寸、钢筋位置、桌腿和桌面木条长度、开槽长度和位置等. 首先应分析折叠桌设计的基本要求: 稳固性好、加工方便和用材最少; 其次分析折叠桌能够成型的约束条件, 给出各加工参数的关系式; 再次以加工参数为研究对象建立最优设计参数模型; 最后, 在给定桌高 70 cm、桌面直径 80 cm 的条件下, 求解最优设计加工参数.

4.3 问题三分析

公司计划开发一种折叠桌设计软件, 根据客户任意设定的折叠桌高度、桌面边缘线的形状大小和桌脚边缘线的大致形状, 给出所需平板材料的形状尺寸和切实可行的最优设计加工参数, 使得生产的折叠桌尽可能接近客户所期望的形状. 你们团队的任务是帮助给出这一软件设计的数学模型, 并根据所建立的模型给出几个你们自己设计的创意平板折叠桌. 要求给出相应的设计加工参数, 画出至少 8 张动态变化过程的示意图.

5 问题一模型的建立与求解

本问题要求建立模型描述此折叠桌的动态变化过程, 在此基础上给出此折叠桌的设计加工参数和桌脚边缘线的数学描述. 对于折叠桌动态过程的描述, 本文首先分析桌脚的运动状态, 给出动态过程描述的定义. 其次从桌腿的整体形状为直纹曲面出发建立直纹曲面动态变化过程模型, 再次以桌脚与桌面之间的夹角作为研究对象, 建立木条动态变化描述模型. 在设计加工的参数上, 本文以桌脚的长度、桌腿木条开槽的长度和钢筋固定位置为主要参数, 计算其参数值. 对于桌脚边缘线的描述, 采取直纹曲面和边缘曲面相交的方法得到其边缘线的数学几何意义.

5.1 各木条长度的计算

折叠桌由桌面和两部分桌腿组成,桌腿和桌面之间依靠铰链连接,其横截面为矩形平面.由于桌腿的木条存在一定宽度,因此各个铰接面并不连续,其桌面边缘为一个阶梯状的圆形.

桌面与桌脚的铰接位置显然与桌面圆与木条的相交位置有关.根据桌面圆的对称性,本文取桌面与桌脚的铰接位置位于木条中心线与桌面圆的交点所在的横截面上,如图 5.1 所示(由于圆桌的对称性,研究其 1/4 即可).

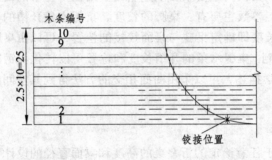

图 5.1　折叠桌展平示意图

基于上述分析,我们对桌腿编号如图 5.1 所示,根据勾股定理可得第 i 根桌面木条的长度为

$$d_i = 2 \times \sqrt{\frac{D^2}{2} - \left[b \times \left(\left| i - \frac{D}{2b} \right| \right) + \frac{b}{2} \right]^2},　(5.1)$$

其中,D 为桌面圆的直径;b 为木条的宽度.

桌腿与桌面之间的铰接缝和木条之间的缝隙相对于桌子的尺寸而言,可以忽略不计.不妨假设桌腿和桌面是无缝连接的,即满足:

$$2l_i + d_i = L,　(5.2)$$

其中,l_i 为第 i 根桌腿木条的长度;d_i 为第 i 根桌面木条的长度;L 是矩形平板的长度.

根据式(5.1)及式(5.2),本问中 $D=50$ cm,$b=2.5$ cm,代入 Matlab 计算得到桌面和桌腿的具体长度值,如表 5.1 所示.

表 5.1　木条长度值

木条编号	1	2	3	4	5	6	7	8	9	10
桌腿木条长度（cm）	52.2	46.8	43.5	41.0	39.1	37.7	36.6	35.8	35.3	35.0
桌面木条长度（cm）	15.6	26.3	33.1	38.0	41.8	44.7	46.8	48.4	49.4	49.9
木条编号	11	12	13	14	15	16	17	18	19	20
桌腿木条长度（cm）	35.0	35.3	35.8	36.6	37.7	39.1	41.0	43.5	46.8	52.2
桌面木条长度（cm）	49.9	49.4	48.4	46.8	44.7	41.8	38.0	33.1	26.3	15.6

5.2 动态模型的建立

折叠桌的动态变化过程是指折叠桌从展平状态通过折叠变形直至成形为桌子整个运动过程中桌脚与桌面的相对位置的变化情况. 具体是: 在外力作用下, 折叠桌桌腿绕与桌面木条的铰链旋转, 各个木条的旋转受到钢筋的约束, 直到钢筋同时滑到各个桌腿木条开槽的底端, 即折叠桌的使用状态.

折叠桌达到预设的从桌脚变形过程的运动特征进行分析, 桌脚与桌面之间依靠铰链铰接, 桌脚只能相对于桌面做绕铰链的旋转运动. 显然, 桌脚运动过程中的形态主要由桌面与桌脚之间的夹角决定. 因此, 本文从描述整体运动状态和每个木条运动状态两个角度分别建立直纹曲面方程模型和木条运动方程模型对折叠桌的动态变化过程进行描述.

为了方便刻画桌脚和桌面的相对位置, 统一位置参数, 我们首先以桌面圆心作为坐标原点 O, 以桌面木板条方向为 x 正方向, 指向桌脚边缘方向为 y 正方向, 沿桌面竖直向上方向为 z 正方向对折叠桌建立三维坐标系并以该坐标系作为本文求解的标准坐标系.

5.2.1 直纹曲面方程模型

由题可知, 桌腿的外形由直纹曲面构成. 直纹面[1]是指已知直线按某种规律运动所生成的曲面, 每条直线叫作这个直纹面的母线. 对于折叠桌而言, 每条桌腿即为直纹面的母线. 由此可建立标准坐标系下的直纹曲面方程模型.

设桌面圆边上的任意一点 M, 其坐标可以表示为 $M = (D/2\cos\alpha, D/2\sin\alpha, 0)$. 取桌腿直纹面上的任一导线

$$L : r = \rho(\alpha), \alpha_0 \leqslant \alpha \leqslant \alpha_1 . \tag{5.3}$$

设 $\tau(\alpha)$ 为经过 $\rho(\alpha)$ 点的母线上的一个不等于零的向量, 则其直纹面的方程可写作

$$f(\alpha, v) = \rho(\alpha) + v\tau(\alpha) , \tag{5.4}$$

其中, $\alpha_0 \leqslant \alpha \leqslant \alpha_1$, $-\infty < v < +\infty$. $\rho(\alpha)$ 是出坐标原点 O 指向点 M 的向量, 即

$$\rho(\alpha) = \left(\frac{D}{2}\cos\alpha, \frac{D}{2}\sin\alpha, 0 \right). \tag{5.5}$$

$\tau(\alpha)$ 是由点 M 指向钢筋轴上的点 N 位置的向量.

因此为了确定不同状态下的直纹曲面方程, 我们先确定钢筋轴的坐标位置, 再计算点 N 的具体坐标.

由于钢筋位置相对于桌腿 1 的位置是不变的, 设桌腿 1 相对于桌面旋转了角度 θ, 由此可以计算钢筋此时所在的空间位置为 $G_i = (x_i, y_i, z_i)$. 根据几何关系计算得到结果如下:

$$\begin{cases} x_i = -\dfrac{h_0}{2}\sin\theta - l_x\cos\theta - \dfrac{d_i}{2}, \\ y_i = Y_i, \\ z_i = -h_0 - l_x\sin\theta + \dfrac{h_0}{2}\cos\theta, \end{cases} \tag{5.6}$$

其中, h_0 为木条的厚度; l_x 表示钢筋固定点与最外缘铰接处的距离, 本问中 $l_x = 0.5l_1$; d_i 表示

第 i 根桌面木条的长度.

因此,可由几何关系得到 $N = \left(-\dfrac{h_0}{2}\sin\theta - l_x\cos\theta - \dfrac{d_i}{2}, \dfrac{D}{2}\sin\alpha, \dfrac{h_0}{2}\cos\theta - h_0 - l_x\sin\theta \right)$,故 $\tau(\alpha)$
的表达式为

$$\tau(\alpha) = N - M = \left(-\frac{h_0}{2}\sin\theta - l_x\cos\theta - \frac{d_i}{2} - \frac{D}{2}\cos\alpha, 0, \frac{h_0}{2}\cos\theta - h_0 - l_x\sin\theta \right). \qquad (5.7)$$

在本问中,$h_0 = 3$ cm,$D = 50$ cm,$b = 2.5$ cm. 联立式(5.3)和(5.5),代入式(5.2)可
得直纹曲面方程模型,即

$$\begin{cases} f(\alpha, v) = \rho(\alpha) + v\tau(\alpha), \\ \rho(\alpha) = (25\cos\alpha, 25\sin\alpha, 0), \\ \tau(\alpha) = \overrightarrow{MN}. \end{cases} \qquad (5.8)$$

运用 Matlab 计算上述直纹曲面方程,可以得到其动态变化过程,如图 5.2(a)(以最终
的桌腿直纹曲面状态为例). 显然,上述的直纹曲面方程给出的范围 B 并没有刻画出桌脚边
缘线的变化,由此我们增加桌腿边缘在变形过程中的范围约束,使得曲面方程更加符合实际.

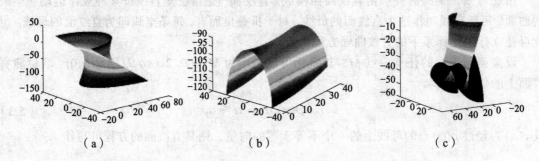

(a)   (b)   (c)

图 5.2 直纹曲面图

由几何关系分析可得桌脚木条边缘上的点满足:

$$z^2 = \left(\frac{L}{2} - \sqrt{\frac{D^2}{4} - y^2} \right) - \left(\sqrt{\frac{D^2}{4} - y^2} - x \right)^2. \qquad (5.9)$$

由此可以得到直纹曲面的约束曲面如图 5.2(b)所示,则实际上的桌腿木条运动的直纹曲面
由上述两图相交而成,如图 5.2(c)所示,整合得到结果,如图 5.3 所示.

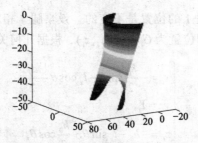

图 5.3 桌腿木条整体直纹曲面图

5.2.2 桌腿木条运动方程模型

由于上述的直纹曲面模型只适合描述折叠桌变形过程的整体变化情况，忽略了木板条的宽度，为更精确地描述每根桌腿木条的运动状态，我们以桌腿木条为研究对象建立其运动方程模型。本文用每个桌腿木条与桌面之间的旋转夹角 θ_i 确定每个运动状态，进而描述折叠桌的整个动态变化过程。

由于桌腿木条只在 xOz 平面产生绕铰链的转动，即桌腿木条 i 的中轴线只在特定平面 Y_i 运动，计算得知其平面方程为：

$$Y_i = 2.5|i-10|+1.25 , \quad (x, z \in \mathrm{R}) . \tag{5.10}$$

为了方便叙述，本文取桌腿木条的中心轴线代表桌腿木条，表征该木条的运动状态。

1）钢筋位置坐标的计算

由于钢筋位置相对于桌腿 1 的位置是不变的，设桌腿 1 相对于桌面旋转了角度 θ_1，由此可以计算钢筋此时所在的空间位置为 $G_i = (x_i, y_i, z_i)$，如图 5.4 所示。

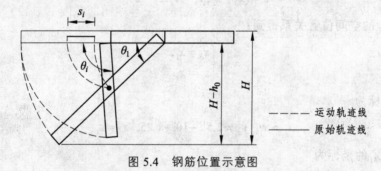

图 5.4 钢筋位置示意图

根据几何关系计算得到结果如下：

$$\begin{cases} x_i = -\dfrac{h_0}{2}\sin\theta - l_x\cos\theta - \dfrac{d_i}{2}, \\ y_i = Y_i, \\ z_i = -h_0 - l_x\sin\theta + \dfrac{h_0}{2}\cos\theta, \end{cases} \tag{5.11}$$

其中，h_0 为木条的厚度；l_x 表示钢筋固定点与最外缘铰接处的距离，此时 $l_x = 0.5l_1$。

2）其他桌脚与桌面夹角 θ_i 的计算

由于钢筋轴相对于桌腿 1 的位置在运动过程中是不变的，除了两侧边缘的桌腿，剩余的桌腿在旋转过程中都受到钢筋轴的约束，也就是木条的空槽相对于钢筋轴产生滑动，其运动过程的状态都与之相关。

以桌面、桌腿铰接处的木条横截面为研究对象，如图 5.5 所示，记平面 Y_i 与第 i 个桌面木条横截面的交线为 L_i，其方向向量为 $\boldsymbol{a}$，即 z 轴正方向；与第 i 个桌腿木条横截面的交线为 L_i'，其方向向量为 $\boldsymbol{b}$，则桌腿木条 i 相对于桌面木条 i 旋转的角度 θ_i 为：

$$\cos\theta_i = \frac{\boldsymbol{a}\cdot\boldsymbol{b}}{|\boldsymbol{a}||\boldsymbol{b}|} , \tag{5.12}$$

其中，a 向量为 $a=(0,0,1)$.

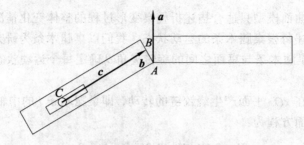

图 5.5　向量坐标示意图

由于 b 未知，下面引入第 i 根桌腿木条的方向向量 c，A_i 点坐标 (x_a, y_a, z_a)，B_i 点坐标 $(x_b,$ $y_b, z_b)$，C_i 点坐标 (x_c, y_c, z_c). 由图 5.5 可知，b, c 向量的具体表达式如下：

$$\begin{aligned} b &= (x_b - x_a, y_b - y_a, z_b - z_a), \\ c &= (x_b - x_c, y_b - y_c, z_b - z_c). \end{aligned} \tag{5.13}$$

根据点 C_i 和 G_1 的空间位置关系得到：

$$\begin{cases} x_c = x_1, \\ z_c = z_1. \end{cases} \tag{5.14}$$

所以点 C_i 的坐标为

$$x_c = x_1, \quad y_c = 2.5|i-10|+1.25, \quad z_c = z_1. \tag{5.15}$$

同样分析可得 A_i 的坐标为

$$x_a = \frac{d_i}{2}, \quad y_a = 2.5|i-10|+1.25, \quad z_a = -3. \tag{5.16}$$

而 B_i 的坐标由以下空间几何关系方程确定：

$$\begin{cases} b \cdot c = 0, \\ |b| = \dfrac{h_0}{2}. \end{cases} \tag{5.17}$$

将式（5.12）代入式（5.17）可以求得 θ_i，则桌腿木条运动方程的模型为：

$$\begin{cases} \cos\theta_i = \dfrac{a \cdot b}{|a||b|}, \ (i=1,2,\cdots,20). \\ b \cdot c = 0, \\ |b| = \dfrac{h_0}{2}. \end{cases} \tag{5.18}$$

由上述方程联立求得的 θ_i 的数值有两个，经检验得知，当 θ_i 为较小值时，点 B 在木条横截面上；当 θ_i 为较大值时，点 B 不在木条横截面上. 因此，我们舍弃较大值而选取较小的 θ_i.

将上述方程运用 Matlab 求解可得 θ_i 的值，并生成动态变化过程，如图 5.6 所示（以 $\theta_1 = 30°, 45°$ 和最终状态 $\theta_1 = 73.3°$ 为例）.

通过上面的求解可以得到折叠桌的整个动态过程，由图 5.6 可以看出折叠桌的变化过程，符合实际中折叠桌在成型过程中的动态变化. 折叠桌由平板的状态逐渐收缩，直到预设的使用角度，即图 5.6（c）所示.

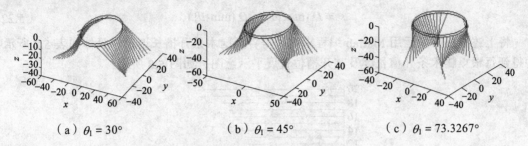

（a）$\theta_1 = 30°$ （b）$\theta_1 = 45°$ （c）$\theta_1 = 73.3267°$

图 5.6　折叠桌动态变化过程图

注：由于木条存在厚度，本模型中桌脚由其中心轴线代替，因此图中的桌角线与桌面并不直接相连，顶部两条线为桌面的上表面和下表面，下同.

5.3　开槽长度模型

由背景知识得知，折叠桌的设计加工参数主要有：桌脚木条和桌面木条的长度、桌腿木条开槽的长度以及开槽的位置.

对于桌脚木条和桌面、桌脚木条的长度，在 5.1.1 中已经具体给出其计算方法和结果，这里不再赘述.

对于桌腿木条开槽的长度，根据 5.1.2 中得到的向量 c 可以得知，向量 c 的起点 C_i 是钢筋在开槽内能滑到的位置. 因此，随着 θ_i 的不断变化，C_i 的位置也在不断变化，其范围就是开槽的长度. 引入 $D(\theta_i)$ 表示第 i 根桌腿木条在旋转角度为 θ_i 时钢筋距离桌腿木条上横截面的距离，即：

$$D(\theta_i) = |c(\theta_i)|. \tag{5.19}$$

因此，可开槽的长度表示为 $D(\theta_i)$ 的最大值和最小值之差，即：

$$s_i = D_{\max} - D_{\min}, \tag{5.20}$$

式中
$$\begin{cases} D_{\max} = \max\{D_i(\theta)\} & (\theta_1 \in Q), \\ D_{\min} = \min\{D_i(\theta)\} & (\theta_1 \in Q). \end{cases} \tag{5.21}$$

以第 i 根桌腿木条为研究对象探讨其在 θ_1 变化时相对应的 $D(\theta_i)$ 的变化，将其方程代入 Matlab 求解得到图 5.7 所示的结果（以 $i=11$ 时为例）.

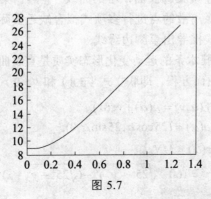

图 5.7

由此可知，在可行域内 $D(\theta_i)$ 随着 θ_i 的增加而单调递增. 因此木条的开槽长度 s_i 为 θ_1 达到最大值与最小值取得的 $D(\theta_i)$ 值之差，即桌腿木条开槽长度模型为：

$$s_i = D_i(\max\{\theta\}) - D_i(\min\{\theta\}).\qquad（5.22）$$

将上述方程模型运用 Matlab 编程求解可得各桌腿木条开槽长度值，具体如表 5.2 所示，并得到每根桌腿木条开槽长度及其开槽位置展平示意图，如图 5.8 所示.

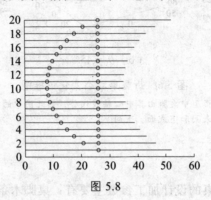

图 5.8

表 5.2　各桌腿木条开槽长度值

桌腿木条编号	1、20	2、19	3、18	4、17	5、16	6、15	7、14	8、13	9、12	10、11
开槽起点位置	26.1	20.7	17.4	14.9	13.0	11.6	10.5	9.7	9.2	8.9
开槽终点位置	26.1	26.2	25.9	26.0	26.1	26.4	26.6	26.9	27.0	27.0
开槽长度（cm）	0.0	5.5	8.5	11.1	13.1	14.8	16.1	17.2	17.8	18.1

其中，开槽的起点和端点分别指折叠桌展平和折叠时，钢筋所在的位置；以铰接位置为起算点.

5.4　边缘曲线

桌脚边缘为一个由离散的桌脚边缘组成的点集，因此桌脚边缘线可以抽象成由这些离散的点连成的三维曲线. 三维曲线的表达式一般可由两个曲面方程或曲线方程相交得到或通过多项式三维曲线拟合得到.

本文将桌脚边缘线视为连接桌脚底面中心的曲线. 显然，桌腿木条是按照一定规律运动的，若直接提取桌脚木条边缘离散的点进行多项式拟合缺乏实际意义，并不可取；因此本文采用两个曲面方程相交的方式推导出桌脚边缘线.

由 5.2.1 中分析可知，桌腿木条的运动变化形态实质是直纹曲面和其约束曲面的变化过程. 故联立直纹曲面方程和约束曲面方程，即联立式（5.8）和（5.9）可得边缘曲线的方程组如下：

$$\begin{cases} f(\alpha,v) = \rho(\alpha) + v\tau(\alpha), \\ \rho(\alpha) = (25\cos\alpha, 25\sin\alpha, 0), \\ \tau(\alpha) = \overrightarrow{MN}, \\ z^2 = (60 - \sqrt{25^2 - y^2})^2 - (\sqrt{25^2 - y^2} - x)^2. \end{cases}\qquad（5.23）$$

为了对上述模型的正确性进行检验，我们将桌腿木条运动模型中的计算得到的木条底面中心的空间坐标代入该边缘曲线方程组中，方程组成立，吻合图如图 5.9 所示.

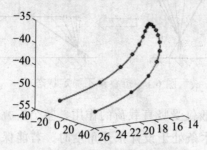

图 5.9　桌脚边缘曲线吻合图

从图 5.9 中可以看出，木条底面中心的空间坐标完全落在该曲线上，即通过曲面相交得到的边缘曲线与事实完全吻合.

6　问题二模型的建立与求解

本问题要求对于任意给定的折叠桌高度和圆形桌面直径的设计要求，讨论长方形平板材料和折叠桌的最优设计加工参数. 本文将其视为一个优化问题，首先根据折叠桌的最优设计要求对该问题的目标函数、约束条件和决策变量进行分析，并在此基础上建立了双目标非线性规划模型. 其次，在减少模型的决策变量和目标的基础上，对模型设计定步长搜索算法，以对给定桌高 70 cm、桌面直径 80 cm 情形的最优加工参数进行求解.

6.1　最佳设计参数模型

折叠桌的设计加工参数包含平板的长度、宽度、厚度、木条的宽度、开槽长度和位置以及钢筋的固定位置. 长方形平板的宽度（桌面圆的直径）和桌子高度是由客户给定的，是设计的基础参数，由此构建最优设计参数模型.

产品设计的基本要求是稳固性好、加工方便和用材最少. 因此，本文首先对设计要求进行定义的解释和分析.

6.1.1　稳固性要求

折叠桌的稳固性是指其在遭受一定外力的情况下能满足稳固结构的基本要求，即在一定受力范围内，要求折叠桌能保持其结构形态和功能不变. 因此，本文对这两种要求分别进行力学分析和推理演绎.

1）保持形态不变

折叠桌保持形态不变指的是折叠桌在使用状态下，折叠桌所承受的力无法使得折叠桌发生复原变形的可能，即若折叠桌的设计使用状态不能满足其保持形态的要求，则在承载力 F 作用下折叠桌桌腿会沿着外侧逐渐张开复原，破坏保持平衡的结构，如图 6.1 所示.

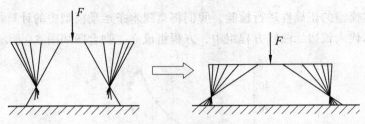

图 6.1 折叠桌不稳定状态

折叠桌在使用过程中一般仅受竖直载荷的作用，整个折叠桌的承载能力主要由接触地面的四根木条决定．当边缘木条处于设计张开角度时，若能保证受力平衡即可确定结构的形态不发生变化．由此，当折叠桌受到处于竖直荷载时，本文取边缘木条，单独对其受力分析如下（见图 6.2）：

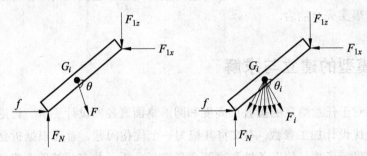

图 6.2 边缘木条受力图

其中，F_i 表示第 i 根桌腿木条作用在钢筋上的力．

若要保证折叠桌能够保持形态不变，则应保证其能在地面绝对光滑时也能保证平衡，即 $f=0$．

由力矩平衡方程，对 G_i 点求矩可得：

$$\sum_{i=1}^{n} M_{G_i} = F_N(1-\lambda)l_1\cos\theta + F_{1z}\lambda l_1\cos\theta - F_{1x}\sin\theta = 0 .\qquad（6.1）$$

由于 F_N 与 F_{1z} 方向确定，此时方程（6.1）若需成立，F_{1x} 的方向必须指向 x 轴的正方向，如图 6.2 所示．此时，由 x 轴方向受力平衡方程

$$\sum_{i=1}^{n} F_i = F\cos\theta - F_{1x} = 0 \qquad（6.2）$$

可知，$\theta \in [0, 90]$，即力 F 在 x 轴上的分量指向其负方向．

由此，我们对力 F 进行分解，如图 5.11 所示，每个分力的大小为 F_i．此时，满足形态不变的约束条件为

$$\sum_{i=1}^{n} \frac{1}{2} F_i \cos(\pi - \theta_i) > 0 .\qquad（6.3）$$

在最佳设计参数下，当折叠桌桌腿木条与桌面达到预设角度时，钢筋正好运动到各个滑槽底部．此时，每根开槽木条均为二力杆件，其受力大小应当基本相等．在计算时，因角

度不同而使得受力大小的微小差异可忽略不计，即各个受力大小相等. 则约束条件可化简为：

$$\sum_{i=1}^{n} \cos(\pi - \theta_i) > 0 . \qquad (6.4)$$

2）结构功能不变

折叠桌的结构功能不变指的是折叠桌在使用状态时，在一定荷载下，折叠桌不会发生侧翻而失去其结构功能. 由力学知识可知，折叠桌发生侧翻的基本条件为折叠桌的重心在水平面上的投影在支撑面之外. 由此可知，在折叠桌长度和宽度的方向上的桌面边缘处最容易发生侧翻. 对于特定的竖直荷载力 F，当作用在 $x=0$ 的 yOz 平面与桌面边缘的交点时由于刚好在支撑面内而不发生侧翻，因此，当竖直荷载力 F 作用在位于 $y=0$ 的 xOz 平面与桌面边缘的交点时最容易发生侧翻.

根据国家相关标准[2]，测试折叠桌稳定性的标准荷载应为 200 N. 在此荷载下，折叠桌发生侧翻的临界状态与受力分析如图 6.3 所示.

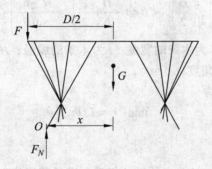

图 6.3 折叠桌受力分析图

其中，折叠桌的重力为 $G = \rho V g$，以普通木材为例取木材的密度 $\rho = 2.7 \times 10^{-3}$ kg/cm³.

对折叠桌依然利用力矩平衡方程，对 O 点求矩有方程：

$$M_0 = G \cdot x - F \cdot \frac{D}{2} = 0 . \qquad (6.5)$$

因此，当满足 $x > \dfrac{FD}{2\rho V g}$ 时，该结构将在任意位置的竖直荷载作用下将不可能发生侧翻而失去结构功能.

由 O 点距离重心点的水平距离 x，如图 6.3 所示，可得：

$$x = l_1 \cos\theta + \sqrt{\left(\frac{D}{2}\right)^2 - \left(b \times \left|i - \frac{D}{b} - \frac{1}{2}\right|\right)^2} . \qquad (6.6)$$

则约束条件转化为：

$$l_1 \cos\theta + \sqrt{\left(\frac{D}{2}\right)^2 - \left(b \times \left|i - \frac{D}{b} - \frac{1}{2}\right|\right)^2} > \frac{FD}{2\rho V g} . \qquad (6.7)$$

6.1.2 加工方便要求

加工方便是指对木条的加工量最少. 对于折叠桌而言, 加工量包括木条的切割和桌腿木条的开槽. 在客户确定的桌面直径的情况下, 木条的切割总量是相等的. 其加工量的主要差别在于桌腿木条的开槽部分, 开槽的总长度越少, 加工总量也越少, 则加工越方便. 因此, 本文的加工总量用开槽的总长度来衡量, 所以加工的方便要求为:

$$\min \sum_{i \in N} s_i = 2 \sum_{i \in N} [D_i(\max\{\theta\}) - D_i(\min\{\theta\})] ,$$ （6.8）

其中, $D_i(\theta_i)$ 表示第 i 根桌腿木条在旋转角度为 θ_i 时钢筋距离桌腿木条上横截面的距离. $D_i(\theta_i)$ 的计算方法详见 5.3 中式 （5.19）、（5.20）.

6.1.3 用材最少要求

用材最少的要求即为使用的长方形木板的体积最小. 对于客户已给定的桌面直径参数, 长方形平板的宽度已经确定, 由此可得长方形木板长度为:

$$L = \left(\sqrt{\left(\frac{D}{2}\right)^2 - \left(b \times \left|i - \frac{D}{b} - \frac{1}{2}\right|\right)^2} + \frac{H - h_0}{\sin\theta} \right) \times 2 ,$$ （6.9）

其中, D 为桌面圆的直径; b 为木条的宽度; i 为木条的编号; H 为桌子的高度; h_0 为木条的厚度; $\sin\theta$ 为折叠桌的预设角度.

因此, 用材最少的模型为:

$$\min \quad V = LDh_0 .$$ （6.10）

6.1.4 其他约束的分析

在上述参数设计要求下, 折叠桌的设计仍需要满足其能加工成型的要求, 即开槽的位置和长度不能超出桌腿木条的边界范围.

在实际加工过程中, 开槽的终点位置不应当超出桌腿的长度, 因此折叠桌成型约束条件为:

$$s_i'' < l_i ,$$ （6.11）

其中, s_i'' 为开槽的终点位置; l_i 为第 i 根桌腿的长度.

下面给出桌腿加工各个参数的具体表达式.

桌腿木条的根数: 桌腿木条的根数 n 是由桌面圆的直径与木条的宽度的比值确定的, 即

$$n = \frac{D}{b} .$$ （6.12）

显然, 上述得到的桌腿木条根数 n 并不能满足任何情况下都为整数的情况. 本文的解决方法是, 在给定木条的宽度 b 的具体数值时, 求得最小根数 n' 使得:

$$n'b = D' \geqslant D ,$$ （6.13）

即最终得到的桌面圆形的直径为 D'.

各桌腿木条长度: 各个桌腿木条长度的求解方法已经在 5.1 给出, 即第 i 根桌腿木条的长度 l_i 为:

$$l_i = \frac{L}{2} - \sqrt{\frac{D^2}{4}\left(bi - \frac{D+b}{2}\right)^2} ,$$ （6.14）

其中，D 为桌面圆的直径；L 为长方形平板的长度；b 为木条的宽度，$i=1,2,\cdots,n'$.

钢筋位置：引入 λ 表示钢筋固定点在最外侧桌腿上的比例位置，即钢筋点到木条顶端横截面的距离与木条长度的比值为 λ. 通过几何分析可知钢筋位置 A_i 为：

$$A_i = \left(\lambda\sqrt{l_i^2 - (h-h_0)^2}, bi - \frac{D+b}{2}, -\lambda(h-h_0) \right), \tag{6.15}$$

其中，h 为客户要求的桌面的高度.

桌腿木条顶端位置：由几何关系可知 B_i 为：

$$B_i = \left(\sqrt{\frac{D^2}{4} - \left(bi - \frac{D+b}{2}\right)^2}, bi - \frac{D+b}{2}, -h_0 \right), \tag{6.16}$$

开槽终点位置：由上述分析可以得到开槽终点 s_i'' 为：

$$s_i'' = \left| \overline{A_i B_i} \right|. \tag{6.17}$$

开槽起点位置：开槽起点即初始状态下钢筋所在的木条的位置，s_i' 为：

$$s_i' = \frac{l_1}{2} - \sqrt{\frac{D^2}{4} - \left(bi - \frac{D+b}{2}\right)^2}. \tag{6.18}$$

开槽长度：由上述分析可得，开槽长度为：

$$s_i = s_i'' - s_i'. \tag{6.19}$$

综合上述分析得到，该问题转化为一个以产品稳固性要求为约束，以加工方便和用材最少为目标函数，钢筋位置、平板长度、平板厚度和单个木条宽度为决策变量的双目标非线性规划模型：

$$\min \quad 2\sum_{i=1}^{n} s_i,$$

$$\min \quad V = LDh_0,$$

$$\text{s.t.} \begin{cases} s_i = s_i'' - s_i', \\ s_i' = \frac{l_1}{2} - \sqrt{\frac{D^2}{4} - \left(bi - \frac{D+b}{2}\right)^2}, \\ s_i'' = \left| \overline{A_i B_i} \right|, \\ A_i = \left(\lambda\sqrt{l_i^2 - (h-h_0)^2}, bi - \frac{D+b}{2}, -\lambda(h-h_0) \right), \\ B_i = \left(\sqrt{\frac{D^2}{4} - \left(bi - \frac{D+b}{2}\right)^2}, bi - \frac{D+b}{2}, -h_0 \right), \\ L = \left(\sqrt{\left(\frac{D}{2}\right)^2 - \left(b \times \left|i - \frac{D}{b} - \frac{1}{2}\right|\right)^2} + \frac{h-h_0}{\sin\theta} \right) \times 2, \\ l_i = \frac{L}{2} - \sqrt{\frac{D^2}{4} - \left(bi - \frac{D+b}{2}\right)^2}, \\ s_i < l_i. \end{cases} \tag{6.20}$$

6.2 最优设计参数模型的求解

由于上述建立的是以产品稳固性要求为约束，以加工方便和用材最少为目标函数，钢筋位置、平板长度、平板厚度和单个木条宽度为决策变量的双目标非线性规划模型，模型过于复杂，无法运用常规算法进行直接求解，所以我们对模型做进一步的分析和简化.

1）决策变量的简化

在上述模型中，对于设计的折叠桌使用的木条的厚度和宽度都是未知的，增加了模型的变量，也增加了模型的求解难度. 分析可知，木条的宽度直接影响桌面圆形的精度，在不要求桌面圆达到多高的精度时，我们不予以考虑. 根据现实中木条横截面也不可能为任意值，由此我们以问题一中所给的木条的宽度 $b=2.5$ cm 和厚度 $h_0=3$ cm 为木条的规格参数.

2）目标函数的转化

上述最优参数设计模型中，存在加工量最少和使用材料最少两个目标函数. 实质上，加工方便和用材最少的本质目标均是为了得到成本最低的设计加工方案. 加工方便可以用加工成本费用来体现，加工量越少，费用也越低. 由此引入加工单位长度开槽成本因子 μ_1，进而得到加工成本费用 Q_1 为：

$$Q_1 = \mu_1 \sum_{i \in N^*} s_i , \qquad (6.21)$$

式中，N^* 为木条 i 的集合.

同样，用料最少即是用材费用最少，引入单位体积材料成本因子 μ_2，则材料成本费用 Q_2 为：

$$Q_2 = \mu_2 V . \qquad (6.22)$$

对于用料最少和加工量所产生的费用，我们认为这两个目标同等重要. 因此，μ_1 和 μ_2 的权重为 1：1.

因此，我们将原有的双目标转化为单目标的规划模型，即成本总费用 Q 最低模型：

$$\min Q = Q_1 + Q_2 = \mu_1 \sum_{i \in N^*} s_i + \mu_2 V , \qquad (6.23)$$

其中，μ_1 和 μ_2 均为常数.

3）连续变量离散化求解

对于长方形平板的长度 L 而言，本文不考虑加工仪器的精度对长度的影响. 从实际出发，对于折叠桌子而言，精度达到 1 mm 已经满足其使用性能要求. 因此在模型的求解上可以采用搜索算法以 1 mm 为步长对木板的长度 L 和钢筋开槽位置进行定步长搜索求解. 具体算法步骤如下：

Step1：根据稳定性要求来计算最大木板长度 L_w，令木板长度初始值 $2h$（$L=2h$）；

Step2：令 $\lambda=0$，使得钢筋点距离最外侧桌腿木条表面处为 λl；

Step3：代入公式（6.14）计算第 i 根桌腿长度 l_i；

Step4：代入公式（6.15），（6.16）计算每一根桌腿木条开槽起点 A_i 和对应的开槽终点 A_i；

Step5：判断开槽位置是否合理同时满足 $\left| \overline{A_i B_i} \right| < l_i$（开槽长度不超过桌腿木条的长度），$\left| \overline{A_i B_i} \right| - l_i + a l_i \geqslant 0$（开槽的长度不能为负值），$\forall i \in N, i \leqslant D/2.5, \forall \left| \overline{A_i B_i} \right| \in R$（槽长不为虚数），（6.5）式和（6.8）式（稳定性约束），若满足则进入 Step6，若不满足则进入 Step7；

Step6：若目标函数 $W = \dfrac{\sum\limits_{i=1}^{[D/2.5]}\left|\overrightarrow{A_iB_i}\right|}{\max\limits\sum\limits_{i=1}^{[D/2.5]}\left|\overrightarrow{A_iB_i}\right|} + \dfrac{L}{L_{\max}}$ 小于 $W_{\min}$ ，则令 $W_{\min} = W$ ，并计算 n 为 jn ，

L 为 jL；

Step7：令 $n = n + 0.001$，若 $n = 1$，令 $L = L + 0.1$，$n = 0$；

Step8：若 $L > L_w$ ，结束程序，输出 jn 和 jL，否则进入 Step3.

由上述模型和算法代入 Matlab 求解可得，在桌高 70 cm、桌面直径 80 cm 的情形的最优加工参数如表 6.1 和 6.2 所示.

表 6.1　木条规格的参数

木条规格	厚度	宽度	长度	根数	
数值（cm）	3	2.5	165.8	32	0.479

表 6.2　折叠桌木条加工参数　　　　　　　　　　单位：cm

木条编号	1	2	3	4	5	6	7	8
桌面长度	19.8	33.8	42.9	49.9	55.6	60.4	64.4	67.8
桌脚长度	73.0	66.0	61.4	57.9	55.1	52.7	50.7	49.0
开槽起点	35.2	28.2	23.6	20.1	17.3	14.9	12.9	11.2
开槽终点	35.2	32.2	28.3	25.4	23.2	21.5	20.2	19.2
开槽长度	0.0	4.0	4.7	5.3	6.0	6.6	7.3	7.9
木条编号	9	10	11	12	13	14	15	16
桌面长度	70.7	73.1	75.1	76.8	78.1	79.0	79.6	80.0
桌脚长度	47.6	46.3	45.3	44.5	43.9	43.4	43.1	42.9
开槽起点	9.8	8.5	7.5	6.7	6.1	5.6	5.3	5.1
开槽终点	18.3	17.7	17.3	16.9	16.7	16.5	16.4	16.3
开槽长度	8.6	9.2	9.7	10.2	10.6	10.9	11.1	11.2

6.4　算法精度的检验

对于定步长搜索算法而言，其误差来源主要是取决策变量 λ 的步长为 0.01 和木板长度 L 时步长为 0.1 cm. 因此，对该算法精度的检验可通过减小步长来观察最优解的变化幅度来判断步长是否合理.

在此，取决策变量 λ 和 L 的步长均为原来的 $\dfrac{1}{10}$，则算法精度提高 100 倍. 定义相对优化量 q 为目标函数的变化量与计算量的总量的比值：

$$q = \frac{\left|f'(\lambda, L) - f(\lambda, L)\right|}{100}.$$

利用 Matlab 对 $f'(\lambda, L)$ 的值进行计算，可得 $q = 2.6 \times 10^{-5}$. 由于板材长度的精度控制本身就已在 0.1 cm 级，因此相对优化量 q 的值可以忽略不计.

7 问题三模型的建立与求解

本问题要求给出对于任意设定的折叠桌高度、桌面边缘线的形状大小和桌脚边缘线的大致形状的折叠桌所需平板材料的尺寸和切实可行的最优设计加工参数，即建立折叠桌通用的最优加工参数设计模型. 本文首先对给定的任意形状进行分析，采用木板中心线与桌面边缘相交的方法确定桌面的加工参数；其次对于任意设定的折叠桌高度，利用第二问中的力学分析和约束要求，确定钢筋的位置、木条开槽的长度及位置之间的关系；再次，根据桌脚边缘线的大致形状采取计算机读图的方法将其转化为近似的曲线方程确定桌脚边缘曲线的具体参数；最后，给出折叠桌通用的最佳参数设计模型，并根据要求给出我们的设计方案的具体参数（见图 7.1）.

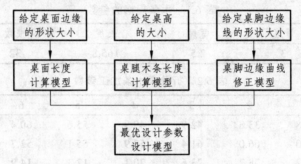

图 7.1　模型建立过程示意图

7.1　桌面加工参数计算模型

对于折叠桌设计而言，需要明确桌面的形状大小和桌面木条的方位. 当问题要求是客户任意给定的形状大小时，为了满足顾客对于桌面摆放方位的需求，我们给定带有木条方向足够大的平板，由客户来给定任意桌面边缘线的形状大小以及明确桌面木条的方向，给定后的平板示意如图 7.2 所示.

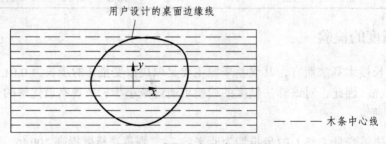

图 7.2　桌面木条分布示意图

一旦客户给定桌面边缘的形状大小和木条的方位时，我们便可确定折叠桌桌面木条的数量 n 和每根木条的宽度 b，计算方法如下：

1）平板宽度的确定

在客户给定桌面边缘参数的平板上，建立平面坐标系 xOy，记客户给定的桌面边缘曲线方程 C，其方程为：

$$C: y = f(x). \tag{7.1}$$

222

桌面边缘线上的任意两点 x_i, x_j，其纵坐标分别为 $f(x_i), f(x_j)$，由此可得折叠桌所需要的平板最小宽度 D' 为：

$$D' = \max(f(x_i) - f(x_j)),\qquad(7.2)$$

其中，x_i, x_j 为曲线 C 上的点.

由上述分析可得到客户任意给定的桌面所需要的平板最小宽度，但其最小宽度值是任意的. 在折叠桌设计上，桌面平板是由多根木条拼接组成的，桌面所达到的宽度是离散的. 因此，我们需要在客户给定边缘参数的基础上进行确定桌面的实际宽度，其原则是尽可能使得实际的桌面宽度满足客户的原要求.

实际桌面宽度为：

$$D = b\left[\frac{\max(f(x_i) - f(x_j))}{b}\right],\qquad(7.3)$$

其中，x_i, x_j 为曲线 C 上的点，b 为木条的宽度.

2）每根木条桌面端切割位置的确定

上述已给出桌面的宽度，而桌面边缘形状是由桌腿木条和桌面木条的铰接处的木条横截面决定的，即桌面木条的端点决定了桌面的形状大小. 根据客户给定的桌面边缘形状，我们来确定木条的铰接位置，即在平板上木条的分割位置.

记 $\min f(x_i)$ 所在的木条编号为 0，沿图 7.1 中的坐标系 y 方向向上依此编号为 $0, 1, \cdots, n$. 将坐标原点 O 平移至桌面边缘曲线的满足 $\min f(x_i)$ 的 x_i 上，根据由 5.1 中确定木条长度的方法可得到第 k 根木条所在的中心线方程为：

$$y = \left(\frac{1}{2} + k\right)b.\qquad(7.4)$$

由此木条的切割位置交点为：

$$\begin{cases} y = \left(\frac{1}{2} + k\right)b, \\ y = f(x), \\ k \in \left[0, \dfrac{D}{b}\right], k = 1, 2, \cdots. \end{cases}\qquad(7.5)$$

由上述方程组可知，对于每一条经过闭合曲线所围成的区域的直线都存在两个解，记第 k 根中心线与曲线 C 的两个交点的横坐标分别为 x_{k1} 和 x_{k2}，则桌面第 k 根木条的长度为：

$$d_k = |x_{k1} - x_{k2}|.\qquad(7.6)$$

由此可得每根桌面木条的长度尺寸.

7.2 桌腿木条加工参数计算模型

根据折叠桌设计的基本要求，为了保证折叠桌在使用时的稳固性，必须对桌腿长度、开槽长度及开槽位置进行约束. 同时，为了降低折叠桌的制造成本，需考虑折叠桌的加工量和用材量以便对桌腿的加工参数进行优化.

其稳固性要求、加工方便要求、开槽长度和位置在 6.1.1、6.1.2 和 6.1.4 中已经详细给出，这里不再赘述. 而对于材料最少的要求，在已经确定桌面木条长度的情况下，只与桌腿的长度有关. 在未确定桌脚边缘线对桌腿长度的影响前，我们依然以材料最少为要求，计算满足开槽长度的最短木条长度 l_i，即开槽终点 s_i：

$$l_i = s_i , \tag{7.7}$$

其中，s_i 的表达式见式（6.18）. 因此，用料最少模型为：

$$\min \quad V = bh_0 \left(\sum_{k=1}^{n} l_k^l + \sum_{k=1}^{n} d_k + \sum_{k=1}^{n} l_k^r \right), \tag{7.8}$$

其中，b 为木条的宽度；h_0 为木条的厚度；l_k^l 为桌腿左部分的第 k 根木条长度；l_k^r 为桌腿右部分的第 k 根木条长度；d_k 为第 k 根桌面木条的长度.

此时，桌腿长度的计算、开槽长度及开槽位置的计算转化为一个设计满足稳固性好、加工方便和用材最少的最优设计参数的问题，这与问题二相同，这里我们仍然先建立一个与问题二中相同的，以成型要求、稳固性要求为约束条件，以加工方便和用材最少为目标函数和以钢筋位置、平板长度、平板厚度和单个木条宽度为决策变量的双目标非线性规划模型如下：

$$\min \quad 2 \sum_{i=1}^{n} s_i,$$

$$\min \quad V = bh_0 \left(\sum_{k=1}^{n} l_k^l + \sum_{k=1}^{n} d_k + \sum_{k=1}^{n} l_k^r \right),$$

$$\text{s.t.} \begin{cases} s_i = \left| \overrightarrow{A_i B_i} \right|, \\ A_i = \left(\lambda \sqrt{l_i^2 - (h - h_0)^2}, bi - \dfrac{D+b}{2}, -\lambda(h - h_0) \right), \\ B_i = \left(f\left(bi - \dfrac{D+b}{2} \right), bi - \dfrac{D+b}{2}, -h_0 \right), \\ \dfrac{L}{2} = \left(f\left(b \times \left| i - \dfrac{D}{b} - \dfrac{1}{2} \right| \right) + \dfrac{h - h_0}{\sin \theta} \right), \\ l_i = \dfrac{L}{2} - f\left(bi - \dfrac{D+b}{2} \right), \\ s_i < l_i. \end{cases} \tag{7.9}$$

7.3 基于桌腿边缘线的桌腿长度修正约束

根据问题一中对桌腿边缘线的数学描述可知，桌腿边缘线是一条三维曲线，可用两个曲面相交来描述. 由于其中之一为根据桌腿最优设计加工参数所确定的直纹曲面方程，因此用户仅能通过对另一个曲面进行要求从而达到设计边缘线的效果，即用户所给出的桌脚边缘线是一条二维曲线的大致形状，这条曲线位于 yOz 平面的投影内.

从折叠桌稳定性要求进行分析，可以依据客户给出的桌腿边缘线进行任意加工的区域应在 yOz 投影面内，由两条边缘桌腿、水平面与稳定状态下钢筋的位置围成的矩形区域如图 7.3 所示.

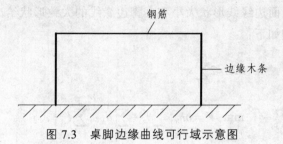

图 7.3　桌脚边缘曲线可行域示意图

由此，我们可以请客户手绘设计边缘线的大致形状，之后再读图以得到边缘的表达式，也可以请客户给出边缘的函数表达后再进行设计.

对于采用手绘进行设计的，我们采用计算机读图读取矩形范围内每一个像素点的颜色并将其转化为灰度矩阵，记录灰度不为 0 的数据坐标并对其采用多项式拟合即可得到二维的边缘线方程.

由于在优化设计时，钢筋的位置是可以变化的，因此，客户给出的函数表达式或根据拟合得到的表达式有可能超出矩形界限，我们需要对坐标比例进行一定的变化. 由于客户仅仅是对桌脚边缘线的大致形状有所要求，而对所给出的曲线仅进行坐标比例的变化不会改变边缘线的整体形状，因此这样的变形和设计是满足要求的.

建立图 7.3 所示的直角坐标系，设该曲线的表达式为：

$$z = g(y), \ y \in (a_1, a_2), \tag{7.10}$$

记该曲线上点 i 的纵坐标为 $g(y_i)$，j 的纵坐标为 $g(y_j)$，则该曲线在定义域内的纵坐标的极差为 $\max(g(y_i) - g(y_j))$.

因此，将位于长为 $a_2 - a_1$，宽为 $\max(g(y_i) - g(y_j))$ 的矩形内的曲线方程 $g(y)$ 转化长为 D，宽为 $(1 - \lambda)(H - h_0)$，在标准坐标系下矩形内的曲线方程 $g'(y)$ 的变换公式为：

（1）高度伸缩：

$$z = g(y) \rightarrow \frac{\max \left| g(y_i) - g(y_j) \right|}{(1 - \lambda)(H - h_0)} \cdot z = g(y). \tag{7.11}$$

（2）平移变换和长度收缩：

$$z = g(y) \rightarrow z = g\left[\left(\frac{y}{D} + \frac{1}{2} \right)(a_2 - a_1) + a_1 \right]. \tag{7.12}$$

综上所述，其变换方程为：

$$\frac{\max \left| g(y_i) - g(y_j) \right|}{(1 - y)(H - h_0)} \cdot z = g\left(\frac{y + D/2}{D} \cdot (a_2 - a_1) + a_1 \right). \tag{7.13}$$

由于该变换存在模型二中的决策变量 λ 且因为影响了桌腿长度从而影响了目标函数中用材最少的计算，因此，该方程应作为约束变量加入前述模型. 综上所述，能根据客户任意设定的折叠桌高度、桌面边缘线形状大小和桌脚边缘线的大致形状给出最优设计加工参数的双目标非线性规划模型如下：

$$\min \ 2\sum_{i=1}^{n} s_i,$$

$$\min \ V = bh_0\left(\sum_{k=1}^{n} l_k^l + \sum_{k=1}^{n} d_k + \sum_{k=1}^{n} l_k^r\right),$$

$$\text{s.t.}\begin{cases} s_i = \left|\overline{A_i B_i}\right|, \\ A_i = \left(\lambda\sqrt{l_i^2 - (h-h_0)^2}, bi - \dfrac{D+b}{2}, -\lambda(h-h_0)\right), \\ B_i = \left(f\left(bi - \dfrac{D+b}{2}\right), bi - \dfrac{D+b}{2}, -h_0\right), \\ \dfrac{L}{2} = \left(f\left(b \times \left|i - \dfrac{D}{b} - \dfrac{1}{2}\right|\right) + \dfrac{h-h_0}{\sin\theta}\right), \\ l_i = \dfrac{L}{2} - f\left(bi - \dfrac{D+b}{2}\right), \\ s_i < l_i, \\ D = b\left[\dfrac{\max(f(x_i) - f(x_j))}{b}\right], \\ y = \left(\dfrac{1}{2} + k\right)b, \\ y = f(x), \\ k \in \left[0, \dfrac{D}{b}\right], k = 1, 2, \cdots. \end{cases} \tag{7.14}$$

7.4 模型的求解

在上述建立的能满足客户任意设定的折叠桌参数的最优设计加工参数模型，本文对 6.2.3 中算法采取变步长改进，进行求解，分别给出了复杂形状和非对称形状的设计方案的加工参数.

本文选取设计方案一：

客户要求参数：

（1）折叠桌高度：53 cm；

（2）桌面边缘形状：矩形，长 50 cm，宽 40 cm；

（3）桌脚边缘线形状：正弦形状.

通过编程求解得到折叠桌加工参数，如表 7.1 ~ 7.3 所示.

表 7.1 折叠桌加工参数

木条规格	厚度	宽度	根数	左	右
数值（cm）	3	2.5	26	0.51	0.52

表 7.2　折叠桌桌腿左部分加工参数　　　　　　　　　　　　　　　单位：cm

木条编号	1	2	3	4	5	6	7	8	9	10	11	12	13
桌脚长度	59.5	53.9	49.9	46.4	43.3	40.7	38.5	36.8	35.6	34.8	34.5	34.7	35.4
开槽起点	30.3	28.3	26.3	24.3	22.3	20.3	18.3	16.3	14.3	12.3	10.3	8.3	6.3
开槽终点	30.3	29.6	28.9	28.3	27.9	27.6	27.5	27.5	27.7	28.0	28.4	29.0	29.6
开槽长度	0	1.2	2.5	4.0	5.6	7.3	9.1	11.2	13.3	15.6	18.0	20.6	23.3

木条编号	14	15	16	17	18	19	20	21	22	23	24	25	26
桌脚长度	36.7	38.5	40.9	40.4	40.0	40.1	40.8	42.2	44.2	46.9	50.5	54.8	60.1
开槽起点	4.3	2.3	0.3	2.9	6.0	9.1	12.2	15.4	18.5	21.6	24.7	27.9	30.3
开槽终点	30.5	31.4	32.4	31.1	29.8	28.7	28.0	27.6	27.5	27.8	28.4	29.4	30.3
开槽长度	26.1	29.0	32.0	28.3	23.8	19.6	15.7	12.2	9.0	6.2	3.7	1.5	0.0

表 7.3　折叠桌桌腿右部分加工参数　　　　　　　　　　　　　　　单位：cm

木条编号	1	2	3	4	5	6	7	8	9	10	11	12	13
桌脚长度	59.1	53.5	49.4	46.0	43.5	41.6	40.4	39.9	39.9	40.5	39.7	37.6	36.1
开槽起点	30.8	27.6	24.5	21.4	18.3	15.1	12.0	8.9	5.8	2.6	2.1	4.1	6.1
开槽终点	30.8	29.5	28.6	28.0	27.8	27.9	28.3	29.1	30.1	31.5	31.7	30.8	30.0
开槽长度	0	1.9	4.1	6.6	9.5	12.7	16.3	20.2	24.4	28.9	29.7	26.7	23.9

木条编号	14	15	16	17	18	19	20	21	22	23	24	25	26
桌脚长度	35.1	34.7	34.7	35.2	36.2	37.7	39.6	42.0	44.9	48.2	51.9	56.1	60.5
开槽起点	8.1	10.1	12.1	14.1	16.1	18.1	20.1	22.1	24.1	26.1	28.1	30.1	30.8
开槽终点	29.3	28.7	28.3	28.0	27.8	27.8	27.9	28.1	28.5	29.0	29.7	30.5	30.8
开槽长度	21.2	18.6	16.2	13.9	11.7	9.7	7.8	6.0	4.4	3.0	1.6	0.4	0.0

将上述参数代入 Matlab 可绘制出变化过程图，如图 7.4 所示.

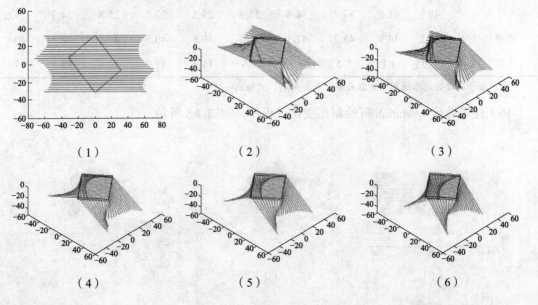

（1）　　　　　　　　　（2）　　　　　　　　　（3）

（4）　　　　　　　　　（5）　　　　　　　　　（6）

227

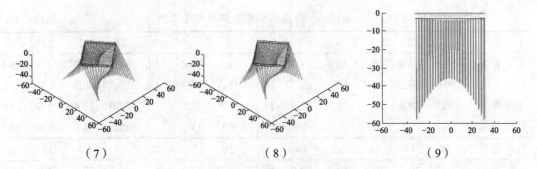

（7） （8） （9）

图 7.4 方案一动态过程变化图

注：图（8）和图（9）为同一个图，只是观察角度不同，为了反映桌脚边缘曲线的形状（下同）.

设计方案二：

客户要求参数：

（1）折叠桌高度：83 cm；

（2）桌面边缘形状：椭圆形，长轴 100 cm，短轴 80 cm；

（3）桌脚边缘线形状：三角形.

通过编程求解得到折叠桌加工参数，如表 7.4 和表 7.5 所示.

表 7.4 折叠桌加工参数

木条规格	厚度	宽度	根数	左 λ	右 λ
数值（cm）	3	2.5	40	0.52	0.52

表 7.5 木条长度 单位：cm

桌腿木条编号	1	2	3	4	5	6	7	8	9	10
桌面长度	17.8	30.4	38.7	45.2	50.6	55.1	59.0	62.4	65.5	68.1
桌脚长度	92.6	92.8	88.6	85.6	83.4	81.6	80.1	78.9	77.8	76.9
开槽起点	48.2	41.8	37.7	34.4	31.8	29.5	27.5	25.8	24.3	23.0
开槽终点	48.2	44.9	43.2	42.1	41.3	40.8	40.5	40.2	40.1	40.0
开槽长度	0.0	3.1	5.5	7.6	9.6	11.3	12.9	14.4	15.8	17.0

注：由于椭圆的对称性可得左右两部分是相同的，只给出一边.

将上述参数代入 Matlab 可绘制出变化过程图，如图 7.5 所示.

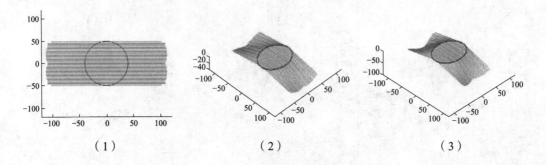

（1） （2） （3）

228

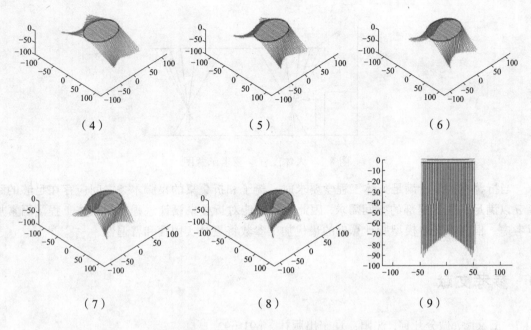

（4）　　　　　　　　　　　（5）　　　　　　　　　　　（6）

（7）　　　　　　　　　　　（8）　　　　　　　　　　　（9）

图 7.5　方案一动态过程变化图

8　模型的评价与改进

8.1　模型的评价

对于问题一，主要建立了直纹曲面方程模型和桌腿木条运动方程模型，以便分别从整体和单个木条两个角度对折叠桌折叠的动态变化过程进行描述，这样的模型使得整个过程的描述更加合理客观. 同时，从两个曲面相交得到曲线方程的角度刻画了桌脚边缘线方程，使得桌脚边缘的离散点能够与之完全吻合.

对于问题二，本文从保持形态不变和结构功能不损失两个角度对折叠桌的稳固性进行了定义，并通过力学分析和推理演绎给出了不同条件下折叠桌保持稳定的范围. 为设计最优加工参数，建立了双目标非线性规划模型，并通过考虑其本质因素——成本，将其转化为单目标非线性规划后运用定步长搜索算法对模型进行求解. 求解后利用不同精度的步长对模型进行重复求解证明了求解结果的可靠性，充分体现了本文在算法设计上的严密性.

对于问题三，本文根据客户设定的参数逐步建立了确定所需平板材料和形状尺寸的最优设计加工参数. 模型的建立充分考虑了计算的智能化和适用范围的广阔性，具有普遍意义. 最后，给出了两种不同形状的创意平板折叠桌设计方案，证明了模型和算法的有效性.

8.2　模型的改进

本文模型中的主要遗憾在于未考虑人体工程学对折叠桌设计的要求，这也是模型改进的最大方向. 人体工程学对折叠桌的设计要求如图 8.1 所示.

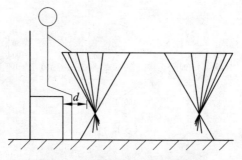

图 8.1　人体工程学要求示意图

　　当折叠桌的设计满足人体工程学要求时，椅子和折叠桌的桌脚木条之间应存在足够的距离 d 以满足人放置腿部的空间需求. 因此，如果能对折叠桌设计过程中的人体工程学因素加以考虑，根据本文中模型所计算出的最优加工参数将更具实用性和普遍性.

9　参考文献

[1]　王家彦. 微分几何. 沈阳：辽宁出版社，p91-p92.

[2]　国家标准网，http://cx.spsp.gov.cn/index.aspx?Token=$Token$&First=First,2014.9.13.

对太阳影子定位的研究

摘　要：

本文通过机理分析、非线性规划、坐标变换和视频数据分析等方法，建立了直杆太阳影子长度模型和直杆定位与日期确定模型，以便对太阳影子的定位进行研究.

对于问题一，首先建立以直杆底为原点、正北方向为 y 轴、正东方向为 x 轴、地平面为 xy 平面、垂直地面向上为 z 轴的标准坐标系，用坐标描述影子顶点的位置. 接着，结合现有文献，得出影子顶点坐标关于直杆所在位置经度、纬度、日期、时间和直杆高度这五个原始参数的表达式，并利用勾股定理得到影子长度与影子顶点坐标的关系，建立直杆太阳影子长度模型. 最后，利用 Matlab 编程得到影长关于各个参数的变化规律：影长关于日期的变化规律为：在一年 365 天中，影长先变小后变大，冬季影长最长，夏季最短，夏至日左右影长全年最短，其余变化规律和太阳影长变化曲线见 5.3 节内容.

对于问题二，已知影子顶点坐标求直杆地点问题可看作问题一模型的原始参数反推问题. 首先考虑到附件 2 未指明坐标轴方向，本文对直杆重新建立纵轴与标准坐标系纵轴呈一坐标旋转角的定位坐标系. 接着，在最小二乘法的思想下，本文以直杆所在位置经度、纬度、直杆高度和坐标旋转角作为决策的参数，以直杆可能所在地的横纵坐标与所给影子顶点横纵坐标之差的平方和最小为目标函数，以影子顶点坐标的机理表达式和太阳高度角的可能取值为约束条件，建立基于非线性规划的直杆定位模型. 最后，设计二次搜索算法，编写 Matlab 程序对附件 1 数据进行求解. 结果显示：直杆所有可能的地点在中国海南岛西部附近，具体结果见文中图 6.4，表 6.2.

对于问题三，可看作多增加了一个反求参数即日期参数的问题二. 首先，以直杆所在位置经度、纬度、直杆高度、坐标旋转角和日期作为决策的参数，目标函数与约束条件与问题二相同，建立直杆日期确定模型. 接着，设计了基于模拟退火的二次搜索算法，编写 Matlab 程序对附件 2、3 的数据进行求解. 结果显示：附件 2 直杆所有可能的地点在新疆和田地区墨玉县，附件 3 直杆所有可能的地点在俄罗斯雅库茨克附近，所有可能的日期及其余具体结果见文中图 7.4～图 7.5，表 7.3～表 7.4.

对于问题四，可看作影子顶点坐标需从视频中获取的问题二. 本文首先对视频文件进行数字化处理，得到视频图像中直杆影子的顶点. 接着，基于透视投影原理对视频图像建立图像坐标系，并将图像坐标系以坐标转换参数转换为世界直角坐标系，得到直角坐标系下的影子顶点坐标. 然后，本文以直杆所在位置经度、纬度、直杆高度、坐标旋转角和坐标转换参数作为决策的参数，目标函数与约束条件与问题二相同，建立直杆定位模型. 最后采用基于模拟退火的二次搜索算法，编写 Matlab 程序求解得到，所有可能的地点在天津市蓟县附近，具体结果见文中图 8.5，表 8.2.

拍摄日期未知时，此问题可看作影子顶点坐标需从视频中获取的问题三. 本文增加日期参数到问题四模型中，建立直杆日期确定模型，通过 Matlab 编程求解得到，结果见文中表 8.3.

关键词：机理分析；最小二乘思想；非线性规划；二次搜索算法；模拟退火

1 问题重述

如何确定视频的拍摄地点和拍摄日期是视频数据分析的重要方面，太阳影子定位技术就是通过分析视频中物体的太阳影子变化，确定视频拍摄的地点和日期的一种方法.

（1）题目要求我们建立影子长度变化的数学模型，分析影子长度关于各个影响影子长度参数的变化规律，并应用建立的模型对给定的经纬度、时间、杆高画出太阳影子长度的变化曲线.

（2）根据某固定直杆在水平地面上的太阳影子顶点坐标数据，建立数学模型以确定直杆所处的地点. 即已知影子顶点坐标求直杆所在位置经度和纬度反推可能的地点.

（3）根据某固定直杆在水平地面上的太阳影子顶点坐标数据，建立数学模型以确定直杆所处的地点和日期. 即已知影子顶点坐标求直杆所在位置经度和纬度反推可能的地点和日期.

（4）附件 4 为一根直杆在太阳下的影子变化的视频，并且已通过某种方式估计出直杆的高度为 2 m. 读取视频中杆影子的信息，建立确定视频拍摄地点的数学模型.

若拍摄日期未知，问能否根据视频确定出拍摄地点与日期？

2. 基本假设

（1）假设忽略大气折射的影响.
（2）假设地球为标准球体.
（3）假设太阳光线为平行光.
（4）假设地球自转为匀角速度.
（5）假设摄像机的中心线与图片背景的地平线垂直，即摄像机的摆放与地平线平行.

3 问题分析

3.1 问题一的分析

问题一要求建立影子长度变化的数学模型，分析影子长度关于各个参数的变化规律，并利用该模型画出 2015 年 10 月 22 日北京时间 9:00-15:00 天安门广场（北纬 39 度 54 分 26 秒，东经 116 度 23 分 29 秒）3 m 高的直杆的太阳影子长度的变化曲线. 首先，我们可以以直杆底为原点建立标准坐标系，刻画出影子顶点的坐标，从而写出影子长度的正确表达式. 为了得到影子顶点坐标的表达式，就需要知道太阳方位角、太阳高度角和直杆高度三个参数. 而方位角、高度角显然与观测者位置（经度、纬度）、日期和时间有关. 这一方面已有大量的研究结果可借用. 经对文献的初步分析，可知方位角、高度角和直杆所在位置. 因此，我们可以建立影长关于直杆所在位置经度、纬度、日期、时间和直杆高度的表达式.

3.2 问题二的分析

问题二要求根据某固定直杆在水平地面上的太阳影子顶点坐标数据，建立数学模型确定直杆所处的地点，并将模型应用于附件 1 的影子顶点坐标数据，给出若干个可能的地点. 首先，分析问题可知，问题一是已知直杆所在位置经度、纬度、日期、时间和直杆高度，求影子顶点坐标；问题二则是已知影子顶点坐标求直杆所在位置的经度和纬度. 因此，问题二就转化为一个参数反推的问题.

进一步分析数据可以发现，附件 2 已经给出日期和时间投影点坐标，但未指明 x 轴 y 轴方向，所以我们可以认为其直角坐标系与我们所建标准坐标系间有一旋转角. 因此，为解决问题二可以以直杆所在位置经度、纬度、直杆高度和旋转角作为决策的参数.

接着，我们可以通过经纬度、直杆高度和旋转角的理论坐标关系，并以理论坐标与所给坐标的差距尽量小为目标函数，寻找最佳匹配参数. 从而，问题二就转化为一个优化问题.

基于最小二乘法的思想，我们可令该优化模型的目标函数为：直杆可能所在地的横纵坐标与所给影子顶点横纵坐标之差的平方和最小，约束条件即为有关太阳照射的各项机理约束（见图 3.1）.

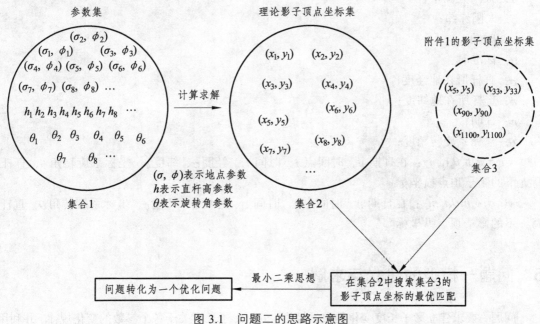

图 3.1 问题二的思路示意图

3.3 问题三的分析

问题三要求根据某固定直杆在水平地面上的太阳影子顶点坐标数据，建立数学模型以确定直杆所处的地点和日期，并将模型分别应用于附件 2 和附件 3 的影子顶点坐标数据，给出若干个可能的地点与日期. 首先，分析问题可知，问题三就是在问题二的基础上多反求了日期参数. 因此问题三的模型可与问题二的优化模型相同，但其决策参数为经纬度、日期、直杆高度、坐标旋转角.

3.4 问题四的分析

问题四要求根据一根直杆在太阳下影子变化的视频和直杆高度，建立数学模型以确定拍摄地点，若日期未知，则要同时确定地点和日期. 首先，为了便于对视频图像进行分析，应对其进行数字化处理. 接着, 分析问题可知, 问题四可看作影子顶点坐标从视频中获取的问题二. 因此, 我们需对视频图像建立图像坐标系, 并期望将图像坐标系以某一坐标转换参数转换为世界直角坐标系, 从而得到直角坐标系下的影子顶点坐标. 此时, 该问题就转化为已知附件 1 数据的问题二, 但要在问题二的基础上多反求了坐标转换参数. 因此, 问题四的模型可与问题二的优化模型相同, 但其决策参数为经纬度、直杆高度、坐标旋转角和坐标转换参数.

若日期未定, 则问题就转化为问题三, 其模型的决策参数在问题四模型的决策参数上再加上日期参数.

4 符号说明

α: 太阳高度角;

A: 太阳方位角;

δ: 太阳赤纬;

ω: 时角;

t_s: 标准时;

σ: 直杆所在地经度;

ϕ: 直杆所在地纬度;

n: 日期;

θ: 坐标系旋转角度;

$x(i,\sigma,\phi,h,\theta,t_s,n)$: 在日期 n、时间点 i、时间 t_s、经度 σ、纬度 ϕ、坐标系旋转角 θ、直杆高 h 下的影子顶点横坐标;

$y(i,\sigma,\phi,h,\theta,t_s,n)$: 在日期 n、时间点 i、时间 t_s、经度 σ、纬度 ϕ、坐标系旋转角 θ、直杆高 h 下的影子顶点纵坐标.

5 问题一模型的建立与求解

问题一要求建立影子长度变化的数学模型, 分析影子长度关于各个参数的变化规律, 并利用该模型画出 2015 年 10 月 22 日北京时间 9:00-15:00 天安门广场 (北纬 39 度 54 分 26 秒, 东经 116 度 23 分 29 秒) 3 m 高的直杆的太阳影子长度的变化曲线. 为了解决此问题, 本文首先对直杆建立标准坐标系, 其目的是刻画影子顶点的坐标. 接着结合文献给出的有关太阳照射的计算公式, 得出影子顶点坐标的表达式. 最后, 由影子顶点坐标的表达式和勾股定理, 建立影子长度模型, 并求解该模型得到影子长度关于各个影响影子长度参数的变化规律以及影子长度的变化曲线.

5.1 建模准备

5.1.1 有关太阳照射的基本概念与计算公式

根据文献[1], 与本文有关的太阳照射的基本概念如下:

赤纬角 δ: 赤纬角也称为太阳赤纬, 即太阳直射纬度, 其计算公式近似为

$$\delta = 23.45\sin\left(\frac{2\pi(284+n)}{365}\right)\ (°)\ ,\tag{5.1}$$

其中，n 为日期序号. 例如，1 月 1 日为 $n=1$，3 月 22 日为 $n=81$.

标准时 t_s 与地方时 t_{s1}：钟表所指的时间也称为平太阳时（简称为平时），我国采用东经 120 度经圈上的平太阳时作为全国的标准时间，即"北京时间"，地方时即各地的时间. 本文考察的时间为标准时 t_s，例如，当考察我国成都地区时，本文考察成都的时间为"北京时间 t_s"而不是成都当地时间 t_{s1}. 但与太阳照射有关的角度的求解与地方时有关，因此需对标准时和地方时作换算处理：

$$t_{s1} = t_s + \frac{\sigma - \sigma_1}{15} \times 1.\tag{5.2}$$

上式中，σ_1 为标准时区所在地的经度（例如"北京时间"所在的东经 120 度），σ 为各地的经度，因为 1 个小时跨经度 15 度，所以有 $\frac{\sigma - \sigma_1}{15} \times 1$.

太阳时角 ω（见图 5.1）：时角是以正午 12 点为 0 度开始算，每一小时为 15°，上午为负下午为正，即 10 点和 14 点分别为 $-30°$ 和 $30°$. 因此，时角的计算公式为：

$$\omega = 15(t_{s1} - 12)\ (°),\tag{5.3}$$

其中，t_{s1} 为地方时.

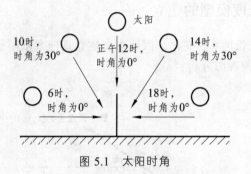

图 5.1　太阳时角

结合式（5.2）、式（5.3），得出太阳时角与太阳时的关系：

$$\omega = 15\left(t_s + \frac{\sigma - \sigma_1}{15} \times 1 - 12\right)\ (°)\tag{5.4}$$

太阳高度角 α：

$$\sin\alpha = \sin\phi \cdot \sin\delta + \cos\phi \cdot \cos\delta \cdot \cos\omega ,\tag{5.5}$$

其中 α 为太阳高度角，ω 为时角，δ 为当时的太阳赤纬，ϕ 为直杆所在位置的纬度.

太阳方位角 A：太阳方位角是太阳在方位上的角度，它通常被定义为从北方沿着地平线顺时针量度的角.

$$\sin A = \frac{-\sin\omega \cdot \cos\delta}{\cos\alpha}.\tag{5.6}$$

太阳高度角和太阳方位角的示意图如图 5.2 所示：

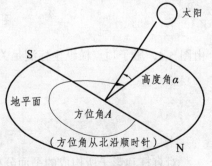

图 5.2　太阳高度角和方位角

5.1.2 标准坐标系的建立

为便于模型的建立，本文对直杆处进行坐标系的建立. 即以直杆底为原点，正北方向为 y 轴，正东方向为 x 轴，地平面为 xy 平面，垂直地面向上为 z 轴，建立标准坐标系如图 5.3 所示.

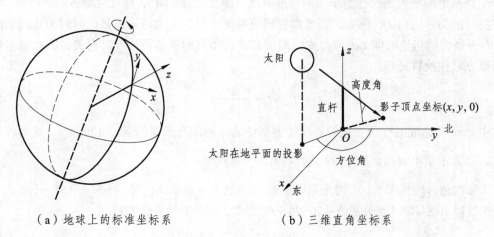

（a）地球上的标准坐标系 　　　　　（b）三维直角坐标系

图 5.3　标准坐标系的建立

5.2　直杆太阳影子长度模型的建立

问题一要求讨论影子长度 l 的变化，因此本文建立直杆太阳影子模型.

对图 5.3（b），取其俯视图分析：

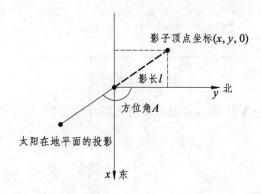

图 5.4　图 5.3（b）的俯视图

由图 5.4，影子顶点横纵坐标满足关系如下：

$$
\begin{cases}
\tan(A - \pi) = \dfrac{x}{y}, \\
l = \sqrt{x^2 + y^2}.
\end{cases}
\tag{5.7}
$$

对直杆和影子所构成的平面分析（见图 5.5）：

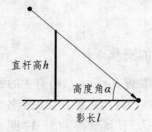

图 5.5 直杆高与影长关系

由图 5.5，直杆高与影长满足关系如下：

$$\tan\alpha = \frac{h}{l}. \tag{5.8}$$

联立式（5.7）和式（5.8），得出影子顶点横纵坐标的表达式如下：

$$\begin{cases} x = \sqrt{\dfrac{h^2 \tan^2(A-\pi)}{\tan^2\alpha(1+\tan^2(A-\pi))}}, \\[4mm] y = \sqrt{\dfrac{h^2}{\tan^2\alpha(1+\tan^2(A-\pi))}}. \end{cases} \tag{5.9}$$

根据式（5.5），式（5.6），上式中，α, A 的计算式如下：

$$\begin{cases} \alpha = \arcsin(\sin\phi\cdot\sin\delta + \cos\phi\cdot\cos\delta\cdot\cos\omega), \\[3mm] A = \arcsin\left(\dfrac{-\sin\omega\cdot\cos\delta}{\cos\alpha}\right). \end{cases} \tag{5.10}$$

根据式（5.1）～（5.4），上式中 ω, δ 的计算式如下：

$$\begin{cases} \omega = 15\left(t_s + \dfrac{\sigma - \sigma_1}{15}\times 1 - 12\right), \\[3mm] \delta = 23.45\sin\left(\dfrac{2\pi(284+n)}{365}\right). \end{cases} \tag{5.11}$$

因此，x, y 只与地方经度 σ、地方纬度 ϕ、直杆高 h、标准时 t_s 和日期 n 这五个原始参数有关，故结合式（5.7）～（5.11），最终得到直杆太阳影子长度模型如下：

$$\begin{cases} x(i,\sigma,\phi,h,\theta,t_s,n) = \sqrt{\dfrac{h^2\tan^2(A-\pi)}{\tan^2\alpha(1+\tan^2(A-\pi))}}, \\[4mm] y(i,\sigma,\phi,h,\theta,t_s,n) = \sqrt{\dfrac{h^2}{\tan^2\alpha(1+\tan^2(A-\pi))}}, \\[4mm] l(i,\sigma,\phi,h,\theta,t_s,n) = \sqrt{x^2+y^2}, \end{cases} \tag{5.12}$$

其中 $x(i,\sigma,\phi,h,\theta,t_s,n)$，$y(i,\sigma,\phi,h,\theta,t_s,n)$，$l(i,\sigma,\phi,h,\theta,t_s,n)$ 与地方经度 σ、地方纬度 ϕ、直杆高 h、标准时 t_s 和日期 n 具有确定函数关系.

5.3 模型的求解

5.3.1 影子长度关于各个参数的变化规律

根据模型（5.9），得知与影子长度 $l(\sigma,\phi,h,t_s,n)$ 有关的原始参数为：地方经度 σ、地方纬度 ϕ、直杆高 h、标准时 t_s 和日期 n. 为得出影子长度关于各个参数的变化规律，本文考察 2015 年 10 月 22 日北京时间 9:00-15:00 天安门广场（北纬 39 度 54 分 26 秒，东经 116 度 23 分 29 秒）3 m 高的直杆，令一个参数变化，控制其余四个参数不变（在控制时间不变时，定时间为中午 12 时），通过 Matlab 作图（代码见附录），观察影子长度 l 的变化，如图 5.6 ~ 5.10 所示.

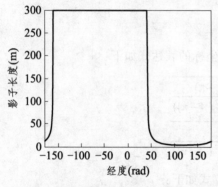

图 5.6 影子长度关于经度的变化规律

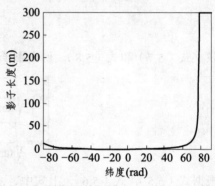

图 5.7 影子长度关于纬度的变化规律

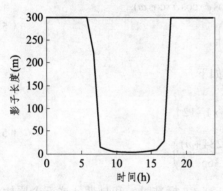

图 5.8 影子长度关于时间的变化规律

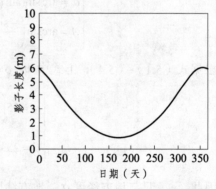

图 5.9 影子长度关于日期的变化规律

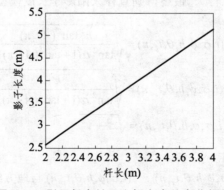

图 5.10 影子长度关于直杆高度的变化规律

注：上图中，影长 300 m 以上近似当作影长无限长.

分析图 5.6：东经 48 度左右到西经 60 度左右，影长先变小后变大，其余影长无限长．即此时地球，西经 60 度左右到东经 48 度左右为夜半球，影长无限长，其余为昼半球，影长在"高度角最低的点"最小．对于昼半球其余地点，与"高度角最低的点"的经度差越大，影长越长．

分析图 5.7：南纬 0 度到北纬 75 度左右，影长先变小后变大，北纬 75 度以上影长无限长．影长在"高度角最低的点"最小，距离"高度角最低的点"的经度越大，影长越长．

分析图 5.8：影长在 18 时左右到 6 时左右无限长，此时该地处于黑夜，其余时间影长先变小后变大，其中 12 时左右影长最小．

分析图 5.9：在一年 365 天中，影长先变小后变大．即冬季影长较长，夏季较短，夏至日左右影长最短．

分析图 5.10：影长与直杆高度呈线性正相关，直杆高度越大，影长越长．

5.3.2 影子长度的变化曲线

基于模型（5.12），本文编写 Matlab 程序（代码见附录），得出 2015 年 10 月 22 日北京时间 9:00-15:00 天安门广场（北纬 39 度 54 分 26 秒，东经 116 度 23 分 29 秒）3 m 高的直杆的太阳影子长度的变化曲线，如图 5.11 所示：

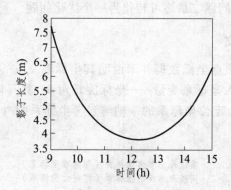

图 5.11 影子长度的变化曲线

由图 5.11，在 9:00-15:00 该段时间内，9:00 的影长最长，为 7.7394 m，12:18 的影长最短，为 3.8411 m，15:00 的影长为 6.3315 m．由于天安门广场的经度在"北京时间"中央子午线东经 120 度的左侧，因此图 5.11 关于"北京时间"正午 12 时不对称，且影长最低点在 12 时右侧，故我们得到的结果合理．

6 问题二模型的建立与求解

问题二要求根据某固定直杆在水平地面上的太阳影子顶点坐标数据，建立数学模型确定直杆所处的地点，并将模型应用于附件 1 的影子顶点坐标数据，给出若干个可能的地点．对于该问题，本文首先建立在标准坐标系上作旋转的定位坐标系．接着，本文将问题二转化为一个非线性优化问题，以直杆可能所在地的横纵坐标与所给影子顶点横纵坐标之差的平方和最小为目标函数，以直杆可能所在地的横纵坐标的计算表达式为机理约束条件，建立直杆定位模型. 最后, 设计搜索算法进行模型求解.

6.1 建模准备

6.1.1 数据分析

问题二给出附件 1 的数据 (见附录). 经分析, 附件 1 已给出测量日期为 2015 年 4 月 18 日, 即日期 $n = 108$, 需计算的时间段为北京时间 14:42-15:42, 且无异常和缺失数据.

6.1.2 模型的认识

问题一中, 对于影子顶点坐标 $(x, y, 0)$, 未知量 x, y 以及影子长度 l 与原始参数地方经度 σ、地方纬度 ϕ、直杆高 h、太阳时 t_s 和日期 n 构成函数关系.

而在问题二中, 已知影子顶点坐标 x, y, 日期 n 和时间 t_s, 要求的未知量为地方经度 σ、地方纬度 ϕ 和直杆高度 h, 因此问题二就转化为对问题一模型中参数 σ, ϕ 和 h 的反推.

在模型求解中, 我们期望, 在求得的直杆所在可能地点上的横纵坐标与附件 1 所给影子顶点的坐标之间的误差最小, 即根据最小二乘法的思想[2], 通过最小化误差的平方和寻找数据的最佳函数匹配. 综上, 问题二最终可转化为一个优化问题.

6.1.3 定位坐标系的建立

由于附件已给的影子顶点坐标数据并未说明其坐标轴 x, y 的方向, 因此本文建立定位坐标系 (见图 6.1), 并引入坐标系变量——坐标旋转角 θ. 其具体意义为: 以 5.1.2 的标准坐标系为参考坐标系, θ 为定位坐标系的 y 轴与参考坐标系的 y 轴 (即正北方向) 之间的夹角.

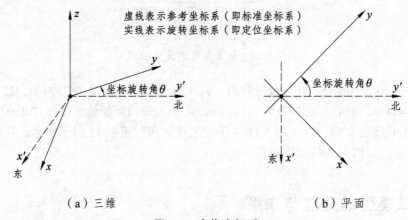

（a）三维 （b）平面

图 6.1 定位坐标系

6.2 基于非线性优化的直杆定位模型的建立

6.2.1 决策变量的确定

根据问题一的分析求解, 为确定直杆所在地点的经纬度, 本文首先确定决策变量为太阳

240

影子顶点坐标 $x(i,\sigma,\phi,h,\theta,t_s,n)$、$y(i,\sigma,\phi,h,\theta,t_s,n)$，其中 i 表示时间点的序号，$i=1,2,3,\cdots,I$. 例如，若对照附件 1 中数据，$i=1$ 表示北京时间 14:42. 同时，定位坐标系中的坐标旋转角 θ 未定，因此 θ 也为一个变量，且 x,y 与 θ 有关.

由于问题二所给数据中 t_s, n 已经确定，因此 x,y 只与 i,σ,ϕ,h,θ 五个变量有关.

6.2.2　目标函数的确定

基于最小二乘法的思想[2]，本模型的目标为：直杆可能所在地的横纵坐标与所给影子顶点横纵坐标之差的平方和最小. 分别以 x_i, y_i 表示所给太阳影子顶点坐标的横纵坐标数据（ $i=1,2,3,\cdots,I$ ），故目标函数为：

$$\min_{i,\sigma,\phi,h,\theta} S = \sum_{i=1}^{I}((x(i,\sigma,\phi,h,\theta,t_s,n)-x_i)^2+(y(i,\sigma,\phi,h,\theta,t_s,n)-y_i)^2) , \tag{6.1}$$

式（6.1）中，S 表示坐标的误差平方和.

6.2.3　约束条件的确定

1）机理约束

由于定位坐标系和标准坐标系中，影子与 y 轴夹角大小不同，如图 6.2 所示.

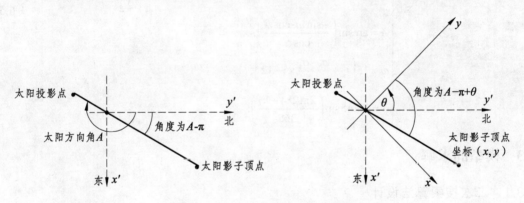

图 6.2　两坐标系中的太阳方位角

故修改式（5.7）为

$$\tan(A-\pi+\theta)=\frac{x}{y}. \tag{6.2}$$

因此修改问题一模型（5.12）中坐标 x,y 的计算式：

$$\begin{cases} x(i,\sigma,\phi,h,\theta,t_s,n) = \sqrt{\dfrac{h^2\tan^2(A-\pi+\theta)}{\tan^2\alpha(1+\tan^2(A-\pi+\theta))}}, \\[4mm] y(i,\sigma,\phi,h,\theta,t_s,n) = \sqrt{\dfrac{h^2}{\tan^2\alpha(1+\tan^2(A-\pi+\theta))}}, \end{cases} \tag{6.3}$$

241

式（6.3）中，A, α 由式（5.10）、（5.11）计算.

式（6.2）~（6.3）即为模型的机理约束.

2）太阳高度角约束

对于夜半球，讨论太阳高度角没有意义，因此本文对太阳高度角 α 的取值进行约束：

$$\alpha \in \left[0, \frac{\pi}{2}\right]. \tag{6.4}$$

6.2.4 模型的最终建立

综上所述，本文建立直杆定位模型如下：

$$\min_{\sigma, \phi, h, \theta} S = \sum_{i=1}^{l}((x(i, \sigma, \phi, h, \theta, t_s, n) - x_i)^2 + (y(i, \sigma, \phi, h, \theta, t_s, n) - y_i)^2),$$

$$\text{s.t.} \begin{cases} x(i, \sigma, \phi, h, \theta, t_s, n) = \sqrt{\dfrac{h^2 \tan^2(A - \pi + \theta)}{\tan^2 \alpha (1 + \tan^2(A - \pi + \theta))}}, \\[3mm] y(i, \sigma, \phi, h, \theta, t_s, n) = \sqrt{\dfrac{h^2}{\tan^2 \alpha (1 + \tan^2(A - \pi + \theta))}}, \\[3mm] \alpha = \arcsin(\sin\phi \cdot \sin\delta + \cos\phi \cdot \cos\delta \cdot \cos\omega), \alpha \in \left[0, \dfrac{\pi}{2}\right], \\[3mm] A = \arcsin\left(\dfrac{-\sin\omega \cdot \cos\delta}{\cos\alpha}\right), \\[3mm] \omega = 15\left(t_s + \dfrac{\sigma - \sigma_1}{15} \times 1 - 12\right), \\[3mm] \delta = 23.45\sin\left(\dfrac{2\pi(284 + n)}{365}\right). \end{cases} \tag{6.5}$$

6.3 模型的求解

6.3.1 二次搜索算法设计

对于以上非线性规划模型，模型过于复杂，无法运用常规算法直接求解，所以我们采用连续变量离散化的思想，设计了基于连续变量离散化的二次搜索算法.

1）连续变量离散化

模型的未知变量包括杆高 h，坐标系旋转角度 θ，经度 σ，纬度 ϕ（$i = 1, 2, 3, \cdots, 25$，由附件可知），需要对其进行全局搜索以寻找目标函数最小值. 由于这些变量均为连续变量，无法进行搜索，因此先将其离散化，进行定步长搜索求解.

2）二次搜索算法

由于搜索空间较大，需使用二次搜索算法对模型进行求解，即先使用较大步长进行全局搜索，找到近似最优解，在找到的近似最优解附近使用较小步长进行局部搜索以寻找目标函数最优值. 具体算法步骤如下（见图 6.3）：

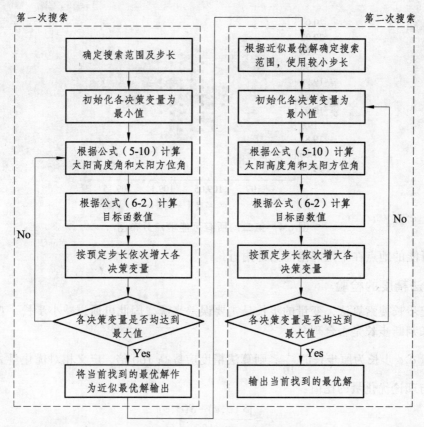

图 6.3　二次搜索算法

6.3.2　求解结果

基于以上模型和算法，对于附件 1 中的数据，本文编写 Matlab 程序（代码见附录）搜索得到全局最优的结果，如表 6.1 所示.

表 6.1　第二问全局最优结果

最优目标 S_{min}	最优坐标旋转角 θ	最优经度 σ（东经）	最优纬度 ϕ（北纬）	最优杆高 h
0.00211	282.4682°	109.0682°	19.9389°	2 m

而在实际中，由于存在模型和数据的不可避免的误差，因此使得目标函数的精度满足一定范围的点都是可以接受的. 故本文定义目标函数的精度为每次计算得到的目标函数 S 与最优目标 S_{min} 之差，且令 $|S - S_{min}| = 1 \times 10^{-4}$，即本文求得的在该精度范围内的地点都作为固定直杆的全局近似最优地点，即问题所求的所有可能的地点.

最终得到所有可能的地点的经纬度如表 6.2，图 6.4 所示.

表 6.2　第二问所有可能地点的经纬度（取 6 个点，其余见附录）

经度（东经）/（°）	纬度（北纬）/（°）	经度（东经）/（°）	纬度（北纬）/（°）
109.08	19.905	109.08	19.939
109.06	19.916	109.09	19.939
109.07	19.916	109.05	19.95

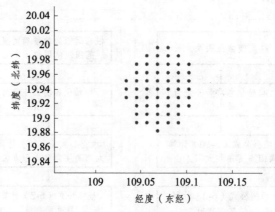

图 6.4　第二问所有可能地点分布图

所有可能的地点在中国海南岛西部附近.

6.3.3　算法精度的检验

对于定步长搜索算法，变量的步长是主要误差来源，因此可通过减小步长，观察最优解变化幅度来判断步长是否合理.

取变量 δ, ϕ 步长为原步长的 $\frac{1}{10}$，则算法精度应提高 100 倍，定义相对优化量 q 为目标函数优化量与理论优化量的比值：

$$q = \frac{\left| S'(\sigma, \phi) - S(\sigma, \phi) \right|}{100}. \tag{6.6}$$

通过 Matlab 编程计算可得 $q = 0.29 \times 10^{-3}$，由于弧度范围在 0.1 数量级，因此 q 可以忽略不计，所以目前搜索算法中设置的步长可认为是合理的.

6.3.4　结果分析

分析第二问的求解结果可知，本文求解所得的最优目标函数值极小，且得到的所有可能的地点目标函数值与最优值相对差很小，故本文求解结果较好，可以认为本文模型是合理可靠的.

7　问题三模型的建立与求解

问题三要求根据某固定直杆在水平地面上的太阳影子顶点坐标数据，建立数学模型以确定直杆所处的地点和日期，并将模型分别应用于附件 2 和附件 3 的影子顶点坐标数据，给出若干个可能的地点与日期. 对于该问题，本文同样基于最小二乘法的思想，将问题二转化为一个非线性优化问题，并沿用问题二的直杆定位模型. 由于问题三中直杆可能所在地的横纵坐标与日期有关，因此本文对直杆定位模型进行修改，建立直杆定位与日期确定模型. 最后，本文设计搜索算法进行模型求解.

7.1　模型的认识

问题三同样为对问题一模型中参数的反推，即对地方经度 σ、地方纬度 ϕ、直杆高度 h 和日期 n 的反推，此时已知量为影子顶点坐标 x, y 和时间 t_s.

7.2　基于非线性规划的直杆日期确定模型的建立

7.2.1　决策变量的确定

同问题二，本文首先确定决策变量为太阳影子顶点坐标 $x(i,\sigma,\phi,h,\theta,t_s,n)$，$y(i,\sigma,\phi,h,\theta,t_s,n)$，由于问题三所给数据中 t_s 已经确定，因此 x,y 与 i,σ,ϕ,h,θ,n 六个变量有关.

7.2.2　目标函数和约束条件的确定

对比模型（6.5），问题三模型的目标函数和约束条件与问题二相同，因此，问题三的模型为：

$$\min_{\sigma,\phi,h,\theta,n} S = \sum_{i=1}^{l}((x(i,\sigma,\phi,h,\theta,t_s,n)-x_i)^2 + (y(i,\sigma,\phi,h,\theta,t_s,n)-y_i)^2),$$

$$\text{s.t.}\begin{cases} x(i,\sigma,\phi,h,\theta,t_s,n) = \sqrt{\dfrac{h^2\tan^2(A-\pi+\theta)}{\tan^2\alpha(1+\tan^2(A-\pi+\theta))}}, \\[4mm] y(i,\sigma,\phi,h,\theta,t_s,n) = \sqrt{\dfrac{h^2}{\tan^2\alpha(1+\tan^2(A-\pi+\theta))}}, \\[4mm] \alpha = \arcsin(\sin\phi\cdot\sin\delta + \cos\phi\cdot\cos\delta\cdot\cos\omega), \alpha\in\left[0,\dfrac{\pi}{2}\right], \\[4mm] A = \arcsin\left(\dfrac{-\sin\omega\cdot\cos\delta}{\cos\alpha}\right), \\[4mm] \omega = 15\left(t_s + \dfrac{\sigma-\sigma_1}{15}\times 1 - 12\right), \\[4mm] \delta = 23.45\sin\left(\dfrac{2\pi(284+n)}{365}\right), \end{cases}\quad(7.2)$$

7.3　模型的求解

7.3.1　基于模拟退火的二次搜索算法设计

相较于第二问的非线性规划模型，该模型增加了一个决策变量日期 n，若仍使用前文所述的二次搜索算法，会造成步长过大、求解速度慢等问题，这不仅使计算时间长，而且所得最优解与实际值差别较大，因此我们在搜索算法中嵌套启发式算法，设计了基于模拟退火的二次搜索算法.

1）连续变量离散化

同模型二.

2）二次搜索算法

由于搜索空间较大，故使用二次搜索算法对模型进行求解，即先使用较大步长进行全局搜索，找到近似最优解，将找到的近似最优解作为退火算法初始值，设计退火算法求解最优值.

3）模拟退火算法

模拟退火算法与金属退火的原理近似，将搜索空间内每一点作为一个分子；分子的能量，就是该点的目标函数值，即表示与最优解的接近程度，通过降温过程完成解的迭代，使分子向最优解运动，最终得到最优解. 算法以搜索空间内一点作为起始点，每一步先选择一个"邻居"，然后再计算从现有位置到达"邻居"的概率，根据概率决定是否采用新解.

模拟退火算法具有渐近收敛性，已在理论上被证明是一种以概率 1 收敛于全局最优解的全局优化算法，模拟退火算法具有并行性.

（1）初始化.

使用大步长搜索生成一个近似最优解作为当前解输入迭代过程，并定义一个足够大的数值作为初始温度.

（2）迭代过程.

迭代过程分为新解的产生和接受新解两部分：由一个产生函数从当前解产生一个位于解空间的新解；计算与新解所对应的目标函数差.判断新解是否被接受，判断的依据是一个接受准则，本文使用 Metropolis 准则：若 $\Delta t' < 0$，则接受 S' 作为新的当前解 S，否则以概率 $\exp(-\Delta t'/T)$ 接受 S' 作为新的当前解 S.

当新解被确定接受时，用新解代替当前解，此时，当前解实现了一次迭代；而当新解被判定为舍弃时，则在原当前解的基础上继续下一轮迭代.重复以上迭代过程直到温度 T 降至某最低值时，完成给定数量迭代后无法接受新解，停止迭代，接受当前寻找的最优解为最终解.

（3）退火方案.

在某个温度状态 T 下，当一定数量的迭代操作完成后，降低温度 T，在新的温度状态下执行下一个批次的迭代操作.

综上，基于模拟退火的二次搜索算法的具体算法步骤如图 7.1 所示.

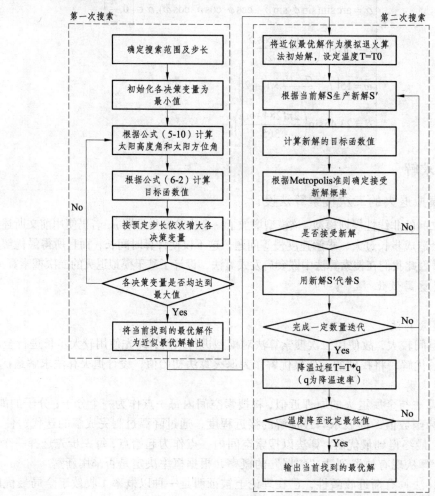

图 7.1　基于模拟退火的二次搜索算法

7.3.2 求解结果

基于以上模型和算法，本文分别代入附件 2 和附件 3 的数据，编写 Matlab 程序（代码见附录）进行求解，分别得到模拟退火算法的优化过程，如图 7.2 和图 7.3 所示.

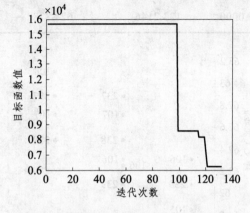

图 7.2 对附件 2 数据的算法优化过程图

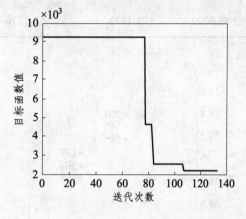

图 7.3 对附件 3 数据的算法优化过程图

基于以上模型和算法，根据附件 2 和附件 3 中的数据，本文搜索得到全局最优的结果，如表 7.1 和 7.2 所示.

表 7.1 附件 2 全局最优结果

最优目标 $S_{\min}$	最优日期 n	最优坐标旋转角 θ	最优经度 σ（东经）	最优纬度 ϕ（北纬）	最优杆高 h
6.4426×10^{-5}	140	5.92°	80.1511°	39.2820°	2 m

表 7.2 附件 3 全局最优结果

最优目标 $S_{\min}$	最优日期 n	最优坐标旋转角 θ	最优经度 σ（东经）	最优纬度 ϕ（北纬）	最优杆高 h
0.0022	238	4.81°	123.1573°	62.4868°	2.5 m

附件 2 的全局最优结果：日期为 5 月 20 日，地点在新疆和田地区墨玉县附近；附件 3 的全局最优结果：日期为 8 月 26 日，地点在俄罗斯雅库茨克附近.

与 6.3.2 节的处理方法相同，本文对附件 2 和 3 的数据求解时，分别取目标函数的精度 $|S-S_{\min}|=3\times10^{-5}$，$|S-S_{\min}|=5\times10^{-4}$，求得的该精度范围内的地点和日期均作为固定直杆的全局近似最优地点和日期，即问题所求的所有可能的地点和日期，如表 7.3、7.4 和图 7.4、7.5 所示.

表 7.3 对附件 2 数据的求解结果（取 4 个点，其余见附录）

日期	经度（东经）/(°)	纬度（北纬）/(°)	日期	经度（东经）/(°)	纬度（北纬）/(°)
137.0000	80.2657	38.5371	204.0000	80.1511	39.3966
138.0000	80.2084	38.8236	205.0000	80.1511	39.1674

表 7.4 对附件 3 数据的求解结果（取 4 个点，其余见附录）

日期	经度（东经）/(°)	纬度（北纬）/(°)	日期	经度（东经）/(°)	纬度（北纬）/(°)
105.0000	123.1000	61.8565	237.0000	123.1573	62.8878
106.0000	123.1573	62.2576	237.0000	123.2146	62.8878

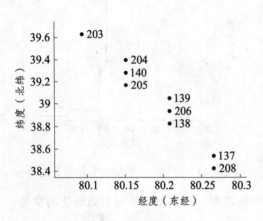

图 7.4 问题三附件 2 所有可能地点及日期

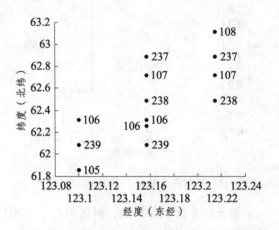

图 7.5 问题三附件 3 所有可能地点及日期

7.3.3 结果分析

分析第三问的求解结果可知，本文求解所得的最优目标函数值极小，且得到的所有可能的地点目标函数值与最优值相差很小，故本文求解结果较好，可以认为本文模型是合理可靠的.

8 问题四模型的建立与求解

问题四要求建立确定视频拍摄地点的数学模型，并应用该模型给出若干个可能的拍摄地点. 对于该问题，本文首先对视频图像进行数字化处理，其目的是为下一步的建模提供数据. 接着，建立摄像机的图像坐标系并将其转化为世界直角坐标系，其目的是得到与附件 1, 2, 3 中数据同一形式的影子顶点坐标，从而沿用问题二、三的模型. 最后，修改决策参数，建立直杆定位模型与直杆日期确定模型，并沿用问题三的算法进行模型求解.

8.1 视频图像的数字化处理与视频数据采集

8.1.1 获取视频帧

本文使用 Matlab 中的 VideoReader 函数读取附件 4 中的视频，以 3000 帧截一次图，视频帧率为 25 帧/s，即对视频每 2 min 截一次图，最终得到 21 张图像.

8.1.2　基于 Floodfill 算法的影子轨迹检测

问题四与问题二、问题三相同，同样需要求得直杆所在地点，因此本文需对图像进行影子轨迹的检测.

1）Floodfill 算法的思想

Floodfill 算法是常用的填充算法，用于寻找图像中的连通块（即本题中的影子），算法基于遍历实现. 首先将所有点看作无色点，选取一个点作为起点，从该点开始将属性相同的连通像素点填充颜色，直到封闭区域内的所有像素点都被填充颜色为止，即找到了与初始点属性相同的一个连通块.

2）影子检测步骤

本文采用的 Floodfill 算法是四连通的，基于广度优先搜索实现. 具体算法步骤如下：

Step1：读入图像并将其二值化.

Step2：把所有点标记为未访问，将初始点标记并加入队列.

Step3：当队列中仍有点时，取出队列前端一个点作为当前点，否则转 Step5.

Step4：在当前点上下左右寻找属性相同且未涂色的点，将其加入队列并标记，寻找结束后，转 Step3.

Step5：选取当前连通块最右点作为影子顶点.

二值化过程中，杆和阴影所在像素点被设定为同一值，为避免对杆所在像素点进行遍历，应限制点不小于一定值.

基于以上算法，本文得到了 21 张图像中影子的顶点.

8.2　摄像机的图像坐标系

8.2.1　灭点与地平线

在透视投影图像中[7]，无穷远点在图像上的投影点叫灭点. 任何一组平行线投影到图像上会相交于一个灭点，将所有灭点相连会得到一条线，这条线即为地平线[5]. 灭点和地平线示意图如图 8.1 所示.

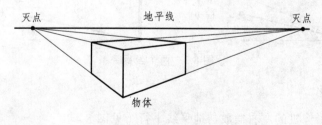

图 8.1　灭点和地平线

8.2.2　图像坐标系的建立

为了研究影子顶点的坐标，本文首先应在照相机视角下建立图像坐标系，如图 8.2 所示.

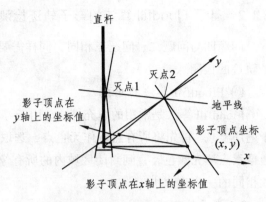

（a）对实际图像建坐标系　　　　　　　　（b）对抽象图像建坐标系

图 8.2　图像坐标系的建立

建立图像坐标系的步骤如下：

Step1：寻找灭点：取直杆底座的两条边为第 1 组平行线，找到第 1 个灭点；再取广场路上的两条路的边缘线为第 2 组平行线，找到第 2 个灭点.

Step2：寻找地平线：连接两个灭点，便得到附件 4 中视频图像背景的地平线.

Step3：建系：以直杆底为原点，作地平线的平行线，令该直线为 x 轴. 连接原点与灭点 2，由于该线段与地平线垂直，即与 x 轴垂直，因此令该线段所在直线为 y 轴.

Step4：得到坐标点：由于灭点为无穷远点，因此可得到影子顶点在横纵坐标轴上的投影坐标，如图 8.2（b）所示.

8.3　图像坐标系与世界直角坐标系的转化

由于问题四需在一直角坐标系下得到影子顶点的坐标，从而得到与附件 1, 2, 3 中的数据同一形式的影子顶点坐标，从而沿用问题二、三的模型. 因此，本文分别对图像坐标系的 x' 轴和 y' 轴作对直角坐标系的转化（见图 8.3）.

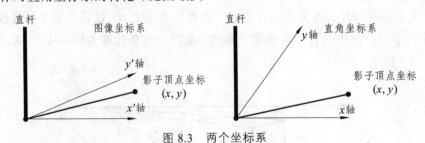

图 8.3　两个坐标系

8.3.1　x 轴的转化

根据假设 5，摄像机的左右摆放与地平线平行（见图 8.4）.

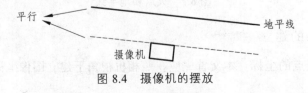

图 8.4　摄像机的摆放

如图 8.4 所示，图像坐标系中的 x' 轴与直角坐标系中的 x 轴平行，因此对于影子横坐标有：

$$x = x' \tag{8.1}$$

8.3.2　y 轴上的转化

不同于 x 轴，图像坐标系中的 y' 轴与实际坐标系中 y 轴之间的关系较复杂，但两轴之间一定存在某一确定的夹角（见图 8.3）. 因此，影子在世界直角坐标系上的纵坐标值 y 与其在图像坐标系上的纵坐标值 y' 之间有某一确定比例关系：

$$y = ky' \tag{8.2}$$

式（8.2）中，k 为坐标转换参数，其为某一确定常数.

8.4　基于视频处理技术的直杆定位模型

8.4.1　模型的认识

在得到视频图像中的影子顶点的横纵坐标（在世界直角坐标系下）后，问题四就与问题二相同，即已知太阳影子顶点坐标，求直杆可能所在地点，故本文可沿用问题二的模型，但需修改问题二模型的决策变量.

问题四中日期 n、时间 t_s、直杆高 h 为已知参数，未知参数有：

（1）直杆所在地经度 σ、纬度 ϕ.

（2）坐标旋转角 θ：8.2.2 节中，本文提取出视频图像背景的地平线，且 x 轴与地平线平行. 但是，地平线的方向仍然是未定的，故本文仍需采用 6.1.3 节中引入坐标旋转角 θ 的方法.

（3）坐标转换参数 k：与问题二、三不同的是，问题四的 8.3.2 节中，本文引入新的变量——坐标转换参数 k，其值未知但唯一.

8.4.2　模型的建立

1）决策变量的确定

同问题二，决策变量为 $x(i, \sigma, \phi, h, \theta, t_s, n, k)$，$y(i, \sigma, \phi, h, \theta, t_s, n, k)$，其中关于各参数是否已知的分析见 8.4.1.

2）目标函数的确定

同问题二，问题四的目标函数为直杆可能所在地的横纵坐标与经视频分析后的影子顶点横纵坐标之差的平方和最小. 故目标函数为：

$$\min_{\sigma, \phi, \theta, k} S = \sum_{i=1}^{l} ((x(i, \sigma, \phi, h, \theta, t_s, n, k) - x_i)^2 + (y(i, \sigma, \phi, h, \theta, t_s, n, k) - y_i)^2). \tag{8.3}$$

3）约束条件的确定

同问题二，约束条件见式（6.2）~（6.4）.

综上，基于视频处理技术的直杆定位模型如下：

$$\min_{\sigma, \phi, \theta, k} S = \sum_{i=1}^{l} ((x(i, \sigma, \phi, h, \theta, t_s, n, k) - x_i)^2 + (y(i, \sigma, \phi, h, \theta, t_s, n, k) - y_i)^2),$$

$$\text{s.t.}\begin{cases} x(i,\sigma,\phi,h,\theta,t_s,n,k)=\sqrt{\dfrac{h^2\tan^2(A-\pi+\theta)}{\tan^2\alpha(1+\tan^2(A-\pi+\theta))}}\,, \\[3mm] y(i,\sigma,\phi,h,\theta,t_s,n,k)=\sqrt{\dfrac{h^2}{\tan^2\alpha(1+\tan^2(A-\pi+\theta))}}\,, \\[3mm] \alpha=\arcsin(\sin\phi\cdot\sin\delta+\cos\phi\cdot\cos\delta\cdot\cos\omega),\alpha\in\left[0,\dfrac{\pi}{2}\right], \\[3mm] A=\arcsin\left(\dfrac{-\sin\omega\cdot\cos\delta}{\cos\alpha}\right), \\[3mm] \omega=15\left(t_s+\dfrac{\sigma-\sigma_1}{15}\times 1-12\right), \\[3mm] \delta=23.45\sin\left(\dfrac{2\pi(284+n)}{365}\right). \end{cases} \tag{8.4}$$

8.4.3 模型的求解

1）算法设计

为提高计算速度，本文沿用问题三中基于模拟退火的二次搜索算法进行模型求解.

2）求解结果

基于以上模型和算法，本文编写 Matlab 程序（代码见附录）搜索得到全局最优的结果，如表 8.1 所示.

表 8.1　第四问全局最优

最优目标 $S_{\min}$	最优坐标旋转角 θ	最优经度 σ（东经）	最优纬度 ϕ（北纬）	最优坐标转换参数 k
0.0151	95.11°	117.4563°	40.0956°	0.7894

问题四求得的最优地点在天津市蓟县附近.

为得到所有可能的地点，问题四取目标函数精度 $|S-S_{\min}|=1\times10^{-4}$，得到所有可能的地点，如表 8.2 所示.

表 8.2　第四问所有可能地点的经纬度（取 6 个点，其余见附录）

经度（东经）/(°)	纬度（北纬）/(°)	经度（东经）/(°)	纬度（北纬）/(°)
117.4563	40.0268	117.4563	40.0383
117.4678	40.0268	117.4678	40.0383
117.4449	40.0383	117.4793	40.0383

模拟退火的优化过程图与问题四所有可能的地点的分布如图 8.5 和图 8.6 所示.

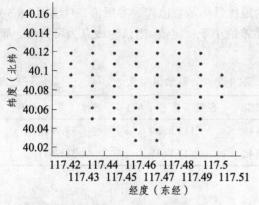

图 8.5　问题四所有可能的地点

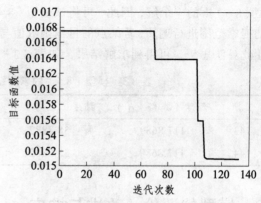

图 8.6　模拟退火算法优化过程

3）结果分析

分析第四问的求解结果可知，本文求解所得的最优目标函数值极小，且得到的所有可能的地点目标函数值与最优值相对差很小，故本文求解结果较好，可以认为本文模型是合理可靠的.

8.5　基于视频处理技术的直杆日期确定模型

8.5.1　模型的建立

在拍摄日期未知时，该问题就需多确定一个日期参数，则在得到视频图像中的影子顶点的横纵坐标（在世界直角坐标系下）后，问题四就与问题三相同. 因此，修改模型（8.4）便可得到本模型：

$$\min_{\sigma,\phi,\theta,k,n} S = \sum_{i=1}^{l}((x(i,\sigma,\phi,h,\theta,t_s,n,k)-x_i)^2+(y(i,\sigma,\phi,h,\theta,t_s,n,k)-y_i)^2),$$

$$\text{s.t.} \begin{cases} x(i,\sigma,\phi,h,\theta,t_s,n,k)=\sqrt{\dfrac{h^2\tan^2(A-\pi+\theta)}{\tan^2\alpha(1+\tan^2(A-\pi+\theta))}}, \\[3mm] y(i,\sigma,\phi,h,\theta,t_s,n,k)=\sqrt{\dfrac{h^2}{\tan^2\alpha(1+\tan^2(A-\pi+\theta))}}, \\[3mm] \alpha=\arcsin(\sin\phi\cdot\sin\delta+\cos\phi\cdot\cos\delta\cdot\cos\omega),\alpha\in\left[0,\dfrac{\pi}{2}\right], \\[3mm] A=\arcsin\left(\dfrac{-\sin\omega\cdot\cos\delta}{\cos\alpha}\right), \\[3mm] \omega=15\left(t_s+\dfrac{\sigma-\sigma_1}{15}\times1-12\right), \\[3mm] \delta=23.45\sin\left(\dfrac{2\pi(284+n)}{365}\right). \end{cases} \tag{8.5}$$

8.5.2　模型的求解

模型（8.5）相较于模型（8.4）多了一个日期参数，由于模型（8.4）的最优解一定是模

253

型（8.5）下的一个解，因此，可将该模型（8.4）的最优目标函数值作为参照值，对模型（8.5）的搜索范围进行遍历，若某点的目标函数值与参照差值小于一定值，则认为该点为可行解. 基于此算法思想，可得到求解结果，如表 8.3 所示.

表 8.3 模型（8.5）的求解结果（取 4 个点，其余见附录）

日期	经度（东经）/(°)	纬度（北纬）/(°)	日期	经度（东经）/(°)	纬度（北纬）/(°)
143	117.8689	38.3882	145	117.8689	38.9611
144	117.8689	38.3882	146	117.8689	38.9611

9 模型的评价、改进与推广

9.1 模型的评价

本文的亮点之一是建立的非线性规划模型，将寻找可能点问题通过目标函数的设计转化为优化问题，便于模型求解. 本文的另一个亮点是在问题二和问题三的计算中设计二次搜索算法，并嵌套退火算法，算法简洁易于理解，且在能接受的时间内提高了搜索速度和精度.

但由于本文在计算中大量使用三角函数及反三角函数，导致计算误差较大，因此在可能点的寻找过程中允许一定的精度误差，导致算出来的点较实际情况为多. 另外，由于题中给出的数据量较少，使本文所建立的优化模型的精度都受到一定的影响.

9.2 模型的改进

由于实际摄像中相机可能是倾斜的，这样将会使图像坐标系与现实直角坐标系的转化存在一定的误差，故可以利用文献[5]给出的思路进行坐标系变换. 其步骤如下所示：

Step1：同一个影子轨迹里不同两点确定的直线与对应时刻另一个影子轨迹中两个点确定的直线为灭点，计算灭点.

Step2：由多个灭点拟合地平线.

Step3：在图像中沿着有垂直关系的物体画出两条直线，计算出两条直线分别与地平线的交点坐标，这两个坐标为两个互相垂直的灭点 v_x, v_y 的坐标.

Step4：Step3 中计算的 v_x, v_y 为一对正交灭点，u_0, v_0 为相机主点，即图像中心点坐标，由

$$f = \sqrt{\frac{v_0 v_{x3} v_{y2} + u_0 v_{x1} v_{y3} + v_0 v_{x2} v_{y3} + u_0 v_{x3} v_{y1} - v_{x1} v_{y1} - v_{x2} v_{y2}}{v_{x3} v_{y3}} - u_0^2 - v_0^2}$$

得到焦距 f，其中，根据 $\omega = \begin{bmatrix} 1 & 0 & -u_0 \\ 0 & 1 & -v_0 \\ -u_0 & -v_0 & u_0^2 + v_0^2 + f^2 \end{bmatrix}$ 计算出 ω.

Step5：在地平线上找到另一对满足 $V_x^{\mathrm{T}} \omega v_y = 0$ 限制的点 $v_p, v_{vertical}$.

Step6：从图像坐标系到经过度量纠正的世界坐标系的转换[5].

Step7：根据公式 $M = Hm$ 还原经过过度量纠正的世界坐标，其中 M 是经过度量纠正的世界坐标中的点，m 是图像坐标中的点.

9.3　模型的推广

本文建立的直杆定位模型是本文的一个创新点，通过直杆影长数据进行了较为精确的定位，同时可增大计算中使用的数据量，提高定位精度，得到更为准确的位置．该模型对于实际生活中各类定位问题的解决具有很强的借鉴意义，可运用到勘探、航海等方面的定位中．

10　参考文献

[1]　中国大学生在线_数学建模. 2012 高教社杯全国大学生数学建模竞赛试题_cumcm2012B，附件 6_可参考的相关概念. http://special.univs.cn/service/jianmo/sxjmtmhb/2013/0426/935359.shtml

[2]　百度百科，最小二乘法. http://baike.baidu.com/link?url=QUmazeA7mCvywj0YWr-nGuoKRizyk5EWu0WQdT6 yyKncqK0Wyb27rP4Ji3ERIlB61OcZ5vfiP70YGp8ws57Ec_

[3]　司守奎，孙玺菁. 数学建模算法与应用. 北京：国防工业出版社，2014，2.

[4]　姜启源，谢金星，叶俊. 数学模型，4 版. 北京：高等教育出版社，2011，1.

[5]　操晓春，曲彦龄，孙济洲，等. 基于视频中太阳影子轨迹的经纬度估计方法. 天津市北洋有限责任专利代理事务所，2009-2-4.

[6]　武琳. 基于太阳阴影轨迹的经纬度估计技术研究. 天津大学，2010-12.

系泊系统设计问题

摘 要：

本文通过受力分析、最小二乘法、非线性规划、变步长搜索算法等方法，建立了系泊系统状态模型、多目标非线性规划模型以对系泊系统的设计问题进行研究.

针对问题一，首先建立以锚为原点、风向为 x 轴、竖直方向为 z 轴、海床所在平面为 $O\text{-}xy$ 平面、风向所在铅锤面为 $O\text{-}xz$ 平面的标准坐标系，以便刻画浮标的游动区域. 其次，为描述系泊系统的状态，通过对该系统的各组成部分进行隔离受力分析，确定了浮标所受的杆拉力与风速、吃水深度的表达式，以及钢杆、钢桶、锚链倾角的递推关系，并结合海水深度的几何约束，建立了系泊系统状态模型. 再次，基于锚链着地现象的考虑，对着地处的锚链进行受力分析，得到了着地锚链的倾角关系，并结合未着地的倾角关系以及海水深度的几何约束，建立了系泊系统状态的修正模型. 最后，本文针对复杂多元非线性方程组的求解问题，设计了基于最小二乘法的搜索算法，求解出海面风速分别为 12 m/s 和 24 m/s 时，钢桶和各节钢管的倾斜角度、锚链形状、浮标吃水深度与游动区域，如图 5.8 和表 5.2 所示.

针对问题二，首先利用问题一建立了系泊系统状态模型和基于最小二乘法的搜索算法，并对海面风速为 36 m/s 时，钢桶与各节钢管的倾斜角度、锚链形状、浮标吃水深度和游动区域进行了求解，见 6.3.3 节内容，表 6.1. 其次，针对题目所给出的系泊系统设计要求，将浮标吃水深度、浮标的游动区域、钢桶的倾角作为优化目标，以各个构件在竖直方向投影的几何约束作为约束条件，以重物球的配重作为决策变量，建立了多目标非线性规划模型. 再次，采用熵权法对各优化目标分配权重，从而将多目标规划问题转化为单目标规划问题. 最后，利用循环搜索算法对模型进行求解，得到了满足设计要求的配重范围为 $2200 \leqslant m_q \leqslant 4100\,\text{kg}$、最佳配重为 2894 kg.

针对问题三，首先基于海水流速与近海风速夹角的考虑，建立了以锚为原点、海水流速方向为 x 轴、竖直方向为 z 轴、海床所在平面为 $O\text{-}xy$ 平面、水流速度所在法平面为 $O\text{-}xz$ 平面的标准坐标系，以便描述浮标的游动区域. 其次，根据海水流速与海水深度的关系，结合"海水流力"近似公式，得到了水流力与海水深度的关系. 接着，对系泊系统进行受力分析，确定了各参数间的关系，建立了系泊系统的三维状态模型. 再次，结合问题二对优化目标的分析，以锚链型号、锚链长度、重物球配重作为决策变量，建立了多目标非线性规划模型. 最后，考虑到模型的复杂程度，通过变步长搜索算法对模型进行求解，结果如表 7.2 所示.

本文的特色在于将机理分析与多目标规划相结合，运用熵权法将多目标问题转化为单目标问题，使得求解结果更加客观. 此外，对于解空间较复杂的模型，设计了变步长搜索算法，在保证求解精度的同时，极大地简化了运算的时间及复杂程度，为日后系泊系统设计的发展提供了参考依据.

关键字： 系泊系统设计；机理分析；最小二乘法；变步长搜索算法

1 问题重述

近浅海观测网的传输节点由浮标系统、系泊系统和水声通讯系统组成(见题中图1). 某型传输节点的浮标系统可简化为底面直径 2 m、高 2 m 的圆柱体,浮标质量为 1000 kg. 系泊系统由钢管、钢桶、重物球、电焊锚链和特制的抗拖移锚组成. 锚的质量为 600 kg,锚链选用无档普通链环,近浅海观测网的常用型号及其参数在附表中列出. 钢管共 4 节,每节长度 1 m,直径为 50 mm,每节钢管的质量为 10 kg. 要求锚链末端与锚的链接处的切线方向与海床的夹角不超过 16°,否则锚会被拖行,致使节点移位丢失. 水声通讯系统安装在一个长 1 m、外径 30 cm 的密封圆柱形钢桶内,设备和钢桶总质量为 100 kg. 钢桶上接第 4 节钢管,下接电焊锚链. 钢桶竖直时,水声通讯设备的工作效果最佳. 若钢桶倾斜,会影响设备的工作效果. 钢桶的倾斜角度(钢桶与竖直线的夹角)超过 5° 时,设备的工作效果较差. 为了控制钢桶的倾斜角度,钢桶与电焊锚链链接处可悬挂重物球. 系泊系统的设计问题就是确定锚链的型号、长度和重物球的质量,使得浮标的吃水深度和游动区域及钢桶的倾斜角度尽可能小.

问题一:某型传输节点选用 II 型电焊锚链 22.05 m,选用的重物球的质量为 1200 kg. 现将该型传输节点布放在水深 18 m、海床平坦、海水密度为 $1.025 \times 10^3 \text{ kg/m}^3$ 的海域. 若海水静止,分别计算海面风速为 12 m/s 和 24 m/s 时钢桶和各节钢管的倾斜角度、锚链形状、浮标的吃水深度和游动区域.

问题二:在问题一的假设下,计算海面风速为 36 m/s 时钢桶和各节钢管的倾斜角度、锚链形状和浮标的游动区域. 请调节重物球的质量,使得钢桶的倾斜角度不超过 5°,锚链在锚点与海床的夹角不超过 16°.

问题三:由于潮汐等因素的影响,布放海域的实测水深介于 (16 ~ 20) m. 布放点的海水速度最大可达到 1.5 m/s、风速最大可达到 36 m/s. 请给出考虑风力、水流力和水深情况下的系泊系统设计,分析不同情况下钢桶、钢管的倾斜角度、锚链形状、浮标的吃水深度和游动区域.

2 问题假设

(1)假设浮标在水面上不存在偏斜.
(2)假设各构件均为刚体,不发生变形.
(3)假设问题三中海水流速随深度呈抛物分布.
(4)假设海水流速方向水平.

3 符号说明

类型	符号	含义
上标	a	在 xOy 平面
	b	在 xOz 平面
	c	在 yOz 平面
下标	i	构件编号
	i,j	构件 i 对构件 j 的作用量
变量	F	构件相互作用力
	G	构件重力
	T	构件所受浮力
	f	构件所受水流力
	θ	构件倾角
	β	作用力与竖直方向夹角

4 问题分析

4.1 问题一的分析

问题一要求建立系泊系统内钢桶和各节钢管倾斜角度、锚链形状和浮标吃水深度变化的数学模型,因此需要对不同结构分别进行受力分析,以便找到题目要求的各个参数的递推关系,进而构建本问题的非线性方程组.

其次,为了分析各个参数与风速的关系,需要根据"近海风荷载"的近似公式,对浮标进行进一步受力分析.

此外,为了求解出海面风速为 12 m/s 和 24 m/s 时钢桶和各节钢管的倾斜角度、锚链形状、浮标的吃水深度和游动区域,需要求解之前构建的非线性方程,进而确定各个参数. 考虑到解空间不大,本文采用基于最小二乘法的搜索算法进行求解.

4.2 问题二的分析

当海面风速为 36 m/s 时,为了计算钢桶和各节钢管的倾斜角度、锚链形状和浮标的游动区域,只要将海面风速代入模型一进行求解即可.

为了满足钢桶的倾斜角度不超过 5°,锚链在锚点与海床的夹角不超过 16° 的要求,需要建立以重物配重为决策变量,海水深度为几何约束条件的多目标非线性规划模型. 由于数据规模不大，本文采用循环搜索算法对模型进行求解.

4.3 问题三的分析

为了分析在海水深度、海水速度、风速变化情况下钢桶、钢管的倾斜角度、锚链形状、浮标的吃水深度和游动区域，需要依据问题二的思路建立多目标非线性规划模型，决策变量为锚链型号、锚链长度以及重物配重.

5 问题一模型的建立与求解

5.1 模型准备

对于本问，可通过引入决策变量——浮标吃水深度 h，以海面风速和海水深度 H 作为已知条件，借助物理学与力学原理进行机理分析得到了系统的内在关系，进而求得系泊系统的各状态参数.

首先，本文以锚和锚链的交点为原点，建立空间直角坐标系来讨论系统内部的受力情况，示意图如图 5.1 所示.

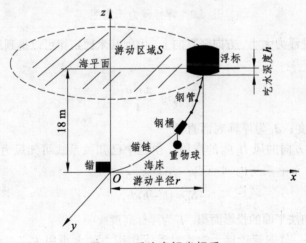

图 5.1　系统空间坐标系

接着，为了方便表述，我们用 $P_1 \sim P_N$ 来依次表示系统内部从上到下的 N 种构件，由题中锚链长度除以单个链环的长度可以得到锚链共有 210 个链环，由此得到 N 的数值：

$$N = 1 + 4 + 1 + 210 + 1 = 217.$$

各编号代表的具体构件如表 5.1 所示.

表 5.1　各构件编号

编号 P_i	$i=1$	$2 \leqslant i \leqslant 5$	$i=6$	$7 \leqslant i \leqslant 216$	$i=217$
构件类型	浮标	钢管	钢桶	锚链	锚

5.2 模型建立

5.2.1 系泊系统受力分析

本文假设风向平行于海平面,当风速度不变时,海风方向的变化会使浮标在圆形区域内运动,并且各方向平衡时系统状态相同.因此,本文在平面内对系统进行受力分析.

1)浮标的受力

如图 5.2 所示,浮标受到速度为 v 的海风作用在海面上达到平衡,设其吃水深度为 h,此时浮标一共受到 4 个力的作用.

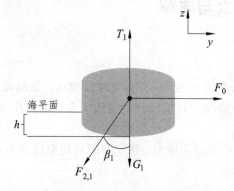

图 5.2　浮标受力示意图

其中,T_1 表示浮标所受浮力大小,方向竖直向上.由阿基米德定律可以得到浮力 T_1 与吃水深度 h 的关系为:

$$T_1 = \rho g \cdot \frac{\pi d_1^2 h}{4},\qquad (5.1)$$

式中,ρ 为海水的密度;d_1 为浮标底面直径.

浮标还受到水平方向的风力 F_0 的作用,由题中已知关系式可知风力和风速有如下关系:

$$\begin{cases} F_0 = 0.625 \times S_1 v^2, \\ S_1 = (l_1 - h)d_2, \end{cases}\qquad (5.2)$$

其中,S_1 为浮标在风向法平面的投影面积,l_1 为浮标高度.

浮标下表面与第一节钢管铰接,钢管对浮标作用力的大小用 $F_{2,1}$ 表示,其与竖直方向的夹角为 β_1.此外,物体还受到竖直向下的重力 G_1.

物体受力平衡,根据牛顿第一定律,浮标在 x, y 方向的合力为零,即:

$$\begin{cases} F_0 - F_{2,1}\sin\beta_1 = 0, \\ T_1 - F_{2,1}\cos\beta_1 - G_1 = 0. \end{cases}\qquad (5.3)$$

对方程组进行求解并分离变量得到了钢管对浮标作用力大小 $F_{2,1}$ 和夹角 β_1 的表达式:

$$\begin{cases} F_{2,1} = \sqrt{\dfrac{25(l_1 - h)^2 d_1^2 v^4 + 4(\rho g \pi d_1^2 h - 4G_1)^2}{8}}, \\[4mm] \beta_1 = \arctan\dfrac{5(l_1 - h)d_1 v^2}{8G_1 + 2g\rho\pi d_1^2 h}. \end{cases}\qquad (5.4)$$

2）钢管的受力

钢管 P_i（$2 \leqslant i \leqslant 5$）受力如图 5.3 所示. 首先, 对于底面直径为 d_i、轴向高度为 l_i 的圆柱形钢管的浮力, 由阿基米德定律有:

$$T_i = \rho g \cdot \frac{\pi d_i^4 l_i}{4}. \tag{5.5}$$

其次, 物体静止不发生移动时由牛顿第一定律有:

$$\begin{cases} F_{i-1,i} \cdot \sin \beta_{i-1} - F_{i+1,i} \cdot \sin \beta_i = 0 \\ T_i + F_{i-1,i} \cdot \cos \beta_{i-1} - G_i - F_{i+1,i} \cdot \cos \beta_i = 0 \end{cases} \tag{5.6}$$

求解方程组分离变量得到钢管上下端点作用力的递推关系式:

$$\begin{cases} \beta_1 = \arctan \dfrac{F_{i-1,i} \cdot \sin \beta_{i-1}}{T_i + F_{i-1,i} \cdot \cos \beta_{i-1} - G_i} \\ F_{i+1,i} = \dfrac{F_{i+1,i} \cdot \sin \beta_i}{\sin \left(\arctan \dfrac{F_{i-1,i} \cdot \sin \beta_{i-1}}{T_i + F_{i-1,i} \cdot \cos \beta_{i-1} - G_i} \right)} \end{cases} \tag{5.7}$$

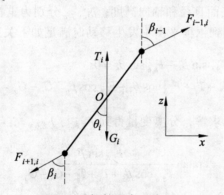

图 5.3 钢管受力示意图

接着, 物体不发生转动, 由力矩平衡定理对钢管下端点取矩有:

$$F_{i-1,i} \sin \beta_{i-1} l_i \cos \theta_i - F_{i-1,i} \cos \beta_{i-1} l_i \sin \theta_i + (G_i - T_i) \cdot \frac{l_i}{2} \sin \theta_i = 0. \tag{5.8}$$

对上式进行分离变量得到钢管倾斜角 θ_i 关于上端点作用力的递推关系式:

$$\theta_i = \arctan \frac{F_{i-1,i} \sin \beta_{i-1}}{0.5(T_i - G_i) + F_{i-1,i} \cos \beta_{i-1}}. \tag{5.9}$$

3）钢桶的受力

如图 5.4 所示, 钢桶静止时共受到 6 个外力作用, 其倾斜角度（与竖直方向夹角）为 θ_6, 其上端与钢管 P_5 铰接, 钢管对钢桶作用力大小为 $F_{5,6}$, 倾角为 β_5; 下端与锚链链环 P_8 铰接并悬挂一重物球, 链环对钢管作用力大小为 $F_{8,6}$, 倾角为 β_6。

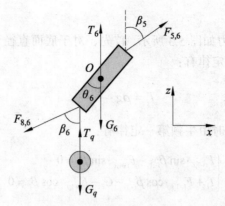

图 5.4　钢桶受力示意图

首先，同样由阿基米德定律得到钢桶浮力 T_6 与重物球浮力 T_q 表达式如下：

$$\begin{cases} T_6 = \rho g \cdot \dfrac{\pi d_6^2 l_6}{4}, \\ T_q = \rho g \cdot m_q \rho_q. \end{cases} \tag{5.10}$$

式中，d_6，l_6 分别为钢桶的底面直径和轴向高度；m_q，ρ_q 分别为重物球的质量和密度.

接着由牛顿第一定律得到钢桶平衡不发生移动时满足如下关系：

$$\begin{cases} F_{5,6} \sin \beta_5 - F_{8,6} \sin \beta_6 = 0, \\ T_6 + T_q + F_{5,6} \cos \beta_5 - F_{8,6} \cos \beta_6 - G_6 - G_q = 0. \end{cases} \tag{5.11}$$

同样的，对方程组进行求解，分离变量得到 $F_{5,6}$ 与 $F_{8,6}$，β_5 与 β_6 的关系式如下：

$$\begin{cases} \beta_6 = \arctan \dfrac{F_{5,6} \sin \beta_5}{F_{5,6} \cos \beta_5 + T_6 + T_q - G_6 - G_q}, \\ F_{8,6} = \dfrac{F_{5,6} \sin \beta_5}{\sin\left(\arctan \dfrac{F_{5,6} \sin \beta_5}{F_{5,6} \cos \beta_5 + T_6 + T_q - G_6 - G_q} \right)}. \end{cases} \tag{5.12}$$

此外，物体平衡不发生转动还需满足合力矩为零的条件，本文统一选取构件下端中心点取矩，这里对钢桶下端点取矩满足如下关系：

$$(T_6 - G_6) \cdot l_6 \sin \theta_6 + F_{5,6} \cdot l_6 \cos \beta_5 \sin \theta_6 - F_{5,6} \cdot l_6 \sin \beta_5 \cos \theta_6 = 0. \tag{5.13}$$

对上式分离变量得到钢桶倾斜角 θ_6 关于 $F_{5,6}$，β_5 的表达式为：

$$\theta_6 = \arctan \dfrac{F_{5,6} \cdot \sin \beta_5}{0.5(T_6 - G_6) + F_{5,6} \cdot \cos \beta_5}. \tag{5.14}$$

4）锚链的受力

锚链各节链环的受力情况与各节钢管受力情况相似，因此上文中的钢管递推关系式同样

262

适用于锚链链环. 但对于链环浮力的计算，题中只给出了各节链环的质量，体积是未知的，本文参考题目背景中"采用无档普通链环"并查阅资料[1]得一般链环密度 ρ_m，这样链环 P_i（$7 \leqslant i \leqslant 216$）浮力的计算公式为：

$$T_i = \rho g \cdot \rho_m m_i ,\qquad (5.15)$$

式中，m_i 为链环质量. 进而得到各节链环作用力与倾角递推关系如下：

$$\begin{cases} \beta_i = \arctan \dfrac{F_{i-1,i} \cdot \sin \beta_{i-1}}{T_i + F_{i-1,i} \cdot \cos \beta_{i-1} - G_i}, \\[3mm] F_{i+1,i} = \dfrac{F_{i+1,i} \cdot \sin \beta_i}{\sin \left(\arctan \dfrac{F_{i-1,i} \cdot \sin \beta_{i-1}}{T_i + F_{i-1,i} \cdot \cos \beta_{i-1} - G_i} \right)}, \\[5mm] \theta_i = \arctan \dfrac{F_{i-1,i} \sin \beta_{i-1}}{0.5(T_i - G_i) + F_{i-1,i} \cos \beta_{i-1}}, \\[3mm] T_i = \rho g \cdot \rho_m m_i . \end{cases} \qquad (5.16)$$

至此，本文通过受力分析得到了系泊系统中各构件作用力与倾角的递推关系.

5.2.2 系泊系统几何约束分析

根据以上受力分析，系泊系统状态由决策变量浮标吃水深度 h 确定，可通过海床深度约束对其进行求解.

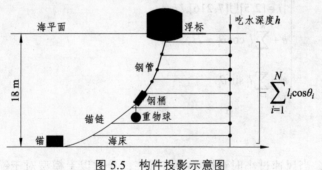

图 5.5 构件投影示意图

如图 5.5 所示，系统稳定时在海水中各构件在竖直方向上的投影总长度应该等于海床深度，即

$$h + \sum_{i=1}^{N} l_i \cos \theta_i = H . \qquad (5.17)$$

由各构件在水平方向上的投影长度进一步得到浮标游动圆半径 r：

$$r = \sum_{i=1}^{N} l_i \sin \theta_i . \qquad (5.18)$$

综合以上分析得到系泊系统的状态模型总的表述为：

$$
\left\{
\begin{aligned}
&F_{21}=\sqrt{\dfrac{25(l_1-h)^2 d_1^2 v^4+4(\rho g\pi d_1^2 h-4G_1)^2}{8}},\\[2mm]
&\beta_1=\arctan\dfrac{5(l_1-h)d_1 v^2}{8G_1+2g\rho\pi d_1^2 h},
\end{aligned}
\right.
$$

$$
\left\{
\begin{aligned}
&\beta_6=\arctan\dfrac{F_{5,6}\sin\beta_5}{F_{5,6}\cos\beta_5+T_6+T_q-G_6-G_q},\\[2mm]
&F_{8,6}=\dfrac{F_{5,6}\sin\beta_5}{\sin\left(\arctan\dfrac{F_{5,6}\sin\beta_5}{F_{5,6}\cos\beta_5+T_6+T_q-G_6-G_q}\right)},\\[2mm]
&\theta_6=\arctan\dfrac{F_{5,6}\sin\beta_5}{0.5(T_6-G_6)+F_{5,6}\cos\beta_5},
\end{aligned}
\right.
\tag{5.19}
$$

$$
\left\{
\begin{aligned}
&\beta_i=\arctan\dfrac{F_{i-1,i}\sin\beta_{i-1}}{T_i+F_{i-1,i}\cos\beta_{i-1}-G_i},\\[2mm]
&F_{i+1,i}=\dfrac{F_{i+1,i}\sin\beta_i}{\sin\left(\arctan\dfrac{F_{i-1,i}\sin\beta_{i-1}}{T_i+F_{i-1,i}\cos\beta_{i-1}-G_i}\right)},\\[2mm]
&\theta_i=\arctan\dfrac{F_{i-1,i}\sin\beta_{i-1}}{0.5(T_i-G_i)+F_{i-1,i}\cos\beta_{i-1}},\\[2mm]
&i\in[2,5]\bigcup[7,216],i\in z,\\[2mm]
&h+\sum_{i=1}^{N}l_i\cos\theta_i=H,\\[2mm]
&r=\sum_{i=1}^{N}l_i\sin\theta_i.
\end{aligned}
\right.
$$

5.3 模型修正

在实际情况中，当风速过小时锚链会提前沉底，导致以上模型对于锚链链环作用力与倾角的递推关系不再适用，因此本文针对这一情况对模型进行修正. 示意图如图 5.6 所示.

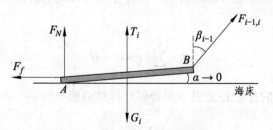

图 5.6 完全沉底链环受力图

由图 5.6 可知，锚链第一个完全沉底的链环共受到 5 个外力作用，分别为重力 G_i，浮力 T_i，摩擦力 F_f，海床提供的支撑力 F_N 以及上一个链环的拉力 $F_{i-1,i}$. 在链环处于将要被提起处于临界状态时，其与海床的夹角 $\alpha \to 0^+$，对 A 点取矩有：

$$M_A = (T_i - G_i)\frac{l_i}{2}\cos\alpha + F_{i-1,i}\cos\beta_{i-1}l_i\cos\alpha - F_{i-1,i}\sin\beta_{i-1}l_i\sin\alpha. \qquad (5.20)$$

由于链环不发生转动，故合力矩为零，且 $\alpha \to 0^+$，则 $\sin\alpha \to 0$，$\cos\alpha \to 1$. 故有：

$$F_{i-1,i}\cos\beta_{i-1} = 0.5(G_i - T_i). \qquad (5.21)$$

进而得到链环 P_i 完全沉底时，上一个链环对其作用力满足如下关系：

$$F_{i-1,i}\cos\beta_{i-1} \leqslant 0.5(G_i - T_i). \qquad (5.22)$$

此时，若将 P_i 以上构件看作一个整体，对该整体的浮力和重力作差，则满足：

$$\sum_{j=1}^{i-1} T_j - G_j = F_{i-1,i}\cos\beta_{i-1}. \qquad (5.23)$$

联立上式得到竖直方向受力的约束条件：

$$\sum_{j=1}^{i-1} T_j - G_j \leqslant 0.5(G_i - T_i). \qquad (5.24)$$

综上所述，对模型做出如下修正：

（1）增加海水中构建竖直方向受力的约束：

$$\sum_{j=1}^{i-1} T_j - G_j \leqslant 0.5(G_i - T_i).$$

（2）更改锚链递推关系式适用的范围：$7 \leqslant i \leqslant j$，$j$ 表示第一个脱离海床链环的编号.

（3）更改浮标游动半径的表达式：

$$r = \sum_{i=1}^{j} l_i\sin\theta_i + \sum_{i=j+1}^{216} l_i.$$

至此，针对链环沉底情况对模型修正完毕.

5.4 模型求解

对于系泊系统状态模型的求解，难以直接通过大量状态方程得到定解，所以联立非线性方程组求定解的方法不适用. 因此本文采用一种基于最小二乘思想的循环搜索算法对模型进行求解.

5.4.1 基于最小二乘思想的循环搜索算法

描述系泊系统状态模型中的未知变量包括吃水深度 h、钢桶、各节钢管以及锚链刚体的倾斜角度 θ_i，由模型可确定各个倾斜角度 θ_i 与钢桶吃水深度 h 的递推关系，故倾斜角度可由钢桶的倾斜角度确定，因此，在风速 v 确定的情况下，系泊系统的状态可由吃水深度 h 一个变量确定. 因此将吃水深度 h 作为连续变量，将其离散化进行定步长搜索可对模型进行求解，具体算法步骤如图 5.7 所示.

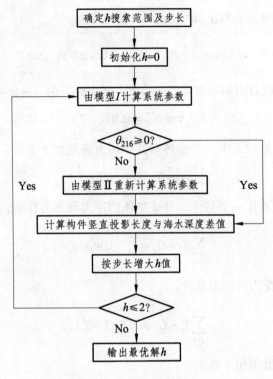

图 5.7　搜索算法流程图

图 5.7 中，模型 I 为未修正模型，模型 II 为针对锚链提前触底修正后的模型.

5.4.2　算法精度检验

对于定步长的循环搜索算法，误差的主要来源为变量的步长，因此可以通过减小步长，根据最优解变化幅度来判断步长是否合理.

取变量 h 步长为原步长的 $\dfrac{1}{50}$，则算法精度应提高 50 倍，定义相对优化量 q 为目标函数优化量与理论优化量的比值：

$$q = \frac{S'(h) - S(h)}{50}$$

通过 Matlab 编程计算可得 $q = 0.38 \times 10^{-3}$，由于长度范围在 0.1 数量级，因此 q 可以忽略不计，故目前搜索算法中设置的步长可认为是合理的.

5.4.3　结果分析

本文假设锚链和重物球材料为普通铸铁，其密度为 7.8×10^3 kg/m³，由此参数求解. 当海面风速为 12 m/s 时，本文通过 Matlab 编程对模型进行求解，结果表明，此时锚链出现提前触底的情况，此时各构件倾角与浮标吃水深度如表 5.2 所示.

表 5.2　求解结果

钢桶倾角	1.2089°	钢管 3 倾角	1.1799°
钢管 1 倾角	1.1641°	钢管 4 倾角	1.1880°
钢管 2 倾角	1.1720°	浮标吃水深度	0.6818 m

由于锚链提前沉底,本文假设沉底锚链完全拉直,得到浮标游动半径为 14.7232 m,进而得到游动区域面积为 681 m²,在 xOy 平面表达式为 $x^2 + y^2 \leqslant 681$,单位为 m. 此时锚链从 152 个链环开始触底,沉底链环个数为 59 个,锚链形状及各构件在 xOz 坐标平面中形状如图 5.8 所示.

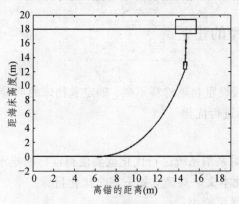

图 5.8　锚链形状示意图

当海面风速为 24 m/s 时,求解结果表明,此时锚链完全脱离海床没有提前触底. 求解得到系统各参数,如表 5.3 所示.

表 5.3　求解结果

钢桶倾角	4.5837°	钢管 3 倾角	4.4871°
钢管 1 倾角	4.4294°	钢管 4 倾角	4.4516°
钢管 2 倾角	4.458°	浮标吃水深度	0.6959 m

浮标游动半径 17.8224 m,得到其游动区域面积为 997.89 m²,在 xOy 平面表达式为 $x^2 + y^2 \leqslant 997.89$,单位为 m. 此时,锚链在锚点与海床夹角为 5.7059°,求解得到锚链形状如图 5.9 所示.

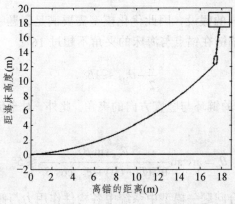

图 5.9　锚链形状示意图

6 问题二模型的建立与求解

6.1 模型准备

本问首先要根据问题一中模型计算海面风速为 36 m/s 时系统的各状态参数. 接着，题目要求通过调节重物球的质量使钢桶倾角和锚链在锚点与海床的夹角小于给定阈值，由此可以通过问题一模型计算得到重物球的质量范围. 但结合题目背景考虑，本文建立优化模型，在满足约束范围内搜索重物球的最优质量使得系统达到最优状态.

6.2 系泊系统优化模型的建立

1）决策变量的确定

根据题目要求，本文假设重物球材料不变，确定重物球的质量 m_q 为模型的决策变量，通过调节 m_q 的大小来对目标进行优化.

2）目标函数分析

由题目背景可知，要对系泊系统进行优化就要使得浮标的吃水深度和游动区域以及钢桶的倾斜角度尽可能小. 据此本文一共确立如下三个优化目标.

（1）钢桶的倾斜角度尽可能小：

$$\min \quad \theta_6 = \arctan \frac{F_{5,6} \sin \beta_5}{0.5(T_6 - G_6) + F_{5,6} \cos \beta_5}.$$

（2）浮标的吃水深度尽可能小：

$$\min \quad h = H - \sum_{i=1}^{N} l_i \cos \theta_i.$$

（3）浮标在海面上的游动区域为圆形，目标可以转化为浮标的游动半径尽可能小：

$$\min \quad r = \sum_{i=1}^{N} l_i \sin \theta_i.$$

3）约束条件分析

问题二同样满足问题一的假设，因此优化模型需要满足问题一模型的约束条件. 此外根据题目要求，还需要满足锚链在锚点与海床的夹角不超过 16°：

$$\frac{\pi}{2} - \theta_{216} \leqslant 16°. \tag{6.1}$$

式中，θ_{216} 为与锚点相连接的链环与竖直方向的夹角. 此外，对于优化目标，钢桶的倾角 θ_6 还需满足约束：

$$\theta_6 = \arctan \frac{F_{5,6} \sin \beta_5}{0.5(T_6 - G_6) + F_{5,6} \cos \beta_5} \leqslant 5°. \tag{6.2}$$

综合以上分析，并结合问题一模型中系统中各构件作用力与倾角的递推关系得到系泊系统的优化模型为：

$$\min \quad h = H - \sum_{i=1}^{N} l_i \cos\theta_i,$$

$$\min \quad \theta_6 = \arctan\frac{F_{5,6}\sin\beta_5}{0.5(T_6 - G_6) + F_{5,6}\cos\beta_5},$$

$$\min \quad r = \sum_{i=1}^{N} l_i \sin\theta_i,$$

$$\text{s.t.}\begin{cases}
\begin{cases}
F_{21} = \sqrt{\dfrac{25(l_1-h)^2 d_1 v^4 + 4(\rho g\pi d_1^2 h - 4G_1)^2}{8}}, \\[4mm]
\beta_1 = \arctan\dfrac{5(l_1-h)d_1 v^2}{8G_1 + 2g\rho\pi d_1^2 h},
\end{cases} \\[18mm]
\begin{cases}
\beta_6 = \arctan\dfrac{F_{5,6}\sin\beta_5}{F_{5,6}\cos\beta_5 + T_6 + T_q - G_6 - G_q}, \\[4mm]
F_{8,6} = \dfrac{F_{5,6}\sin\beta_5}{\sin\left(\arctan\dfrac{F_{5,6}\sin\beta_5}{F_{5,6}\cos\beta_5 + T_6 + T_q - G_6 - G_q}\right)}, \\[6mm]
\theta_6 = \arctan\dfrac{F_{5,6}\sin\beta_5}{0.5(T_6 - G_6) + F_{5,6}\cos\beta_5},
\end{cases} \\[20mm]
\begin{cases}
\beta_i = \arctan\dfrac{F_{i-1,i}\sin\beta_{i-1}}{T_i + F_{i-1,i}\cos\beta_{i-1} - G_i}, \\[4mm]
F_{i+1,i} = \dfrac{F_{i+1,i}\sin\beta_i}{\sin\left(\arctan\dfrac{F_{i-1,i}\sin\beta_{i-1}}{T_i + F_{i-1,i}\cos\beta_{i-1} - G_i}\right)}, \\[6mm]
\theta_i = \arctan\dfrac{F_{i-1,i}\sin\beta_{i-1}}{0.5(T_i - G_i) + F_{i-1,i}\cos\beta_{i-1}},
\end{cases} \\[16mm]
i \in [2,5]\bigcup[7,216], i \in z, \\[2mm]
h + \sum_{i=1}^{N} l_i \cos\theta_i = H, \\[4mm]
r = \sum_{i=1}^{N} l_i \sin\theta_i.
\end{cases} \qquad (6.3)$$

6.3 模型求解

6.3.1 多目标转化单目标求解

对于三个目标的权重值的确定，基于赋权的可靠性考虑，本文在此选择了主观性相对较小，能够充分利用数据特征的熵权法. 熵权法可以根据各个目标的变异度，利用信息熵计算出各个目标的客观权重值. 信息熵越小，变异程度越大，重要程度越大. 其计算结果为 $A = 11.46, B = 1.5, C = 0.05$.

接着,我们对以上三个目标分别赋以权重 A, B, C,将多目标优化转化为单目标优化问题,用 U 表示总的优化目标:

$$\min \quad U = A\theta_6 + Bh + Cr.$$

6.3.2　风速为 36 m/s 时系统参数求解

通过 Matlab 编程代入风速对问题一模型进行求解,结果表明,此时锚链全部浮于水中,此时各构件倾角与浮标吃水深度如表 6.1 所示.

表 6.1　求解结果

钢桶倾角	9.4767°	钢管 3 倾角	9.2935°
钢管 1 倾角	9.1822°	钢管 4 倾角	9.3502°
钢管 2 倾角	9.2375°	浮标吃水深度	0.7187 m

得到浮标游动半径为 18.8906 m,进而得到游动区域面积为 1121.092 m²,其在 xOy 平面表达式为 $x^2 + y^2 \leqslant 1121.092$. 此时,锚链在锚点与海床的夹角大小为 21.397° > 16°,表明锚点被拖动. 锚链在 xOz 坐标平面中形状如图 6.1 所示.

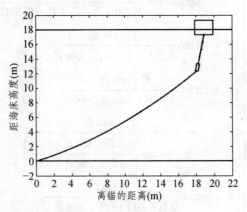

图 6.1　锚链形状示意图

6.3.3　系泊系统优化模型的求解

1)循环搜索算法求解

Step 1:根据系泊系统的设计要求,求解重物球的质量范围为 $m_{q \min} \sim m_{q \max}$,令重物的初始质量值为质量范围下限 $m_{q \min}$;

Step 2:将重物球质量 m_q 代入模型一,按照模型一的求解算法求解出并记录此时的吃水深度 h、钢桶倾斜角度 θ_6、锚链在锚点与海床夹角 $90° - \theta_{216}$,浮标游动半径 r,并求解出此时的目标函数值 u;

Step 3:判断此时的系统状态是否满足 $90° - \theta_{216} \leqslant 16°$, $\theta_6 \leqslant 5°$ 的约束条件,若满足,则进入 Step 4,否则进入 Step 5;

Step 4:若 $u \leqslant \min u$,则令 $\min u = u$,并记录 h, θ_6, r,否则 $\min u$ 保持不变.

Step 5:令 $m_q = m_q + 0.5$.

Step 6：若 $m_q \leqslant m_{q\max}$，返回 Step 2，否则结束程序，输出 h, θ_6, r.

2）结果分析

根据以上算法，本文通过 Matlab 编程求解，得到满足题目要求时重物球的质量范围，并在此范围求得重物球的最佳质量，使得系统达到最优状态，结果如表 6.2 所示.

表 6.2　具体结果

重物球质量范围	重物球最佳质量	浮标吃水深度	浮标游动半径	钢桶倾角
2200≤m_q≤4100 kg	2894 kg	1.16 m	18.2831 m	2.9954°

3）灵敏度分析

为进一步研究重物球质量变化对每个优化目标的相关性及相关程度，我们对模型进行灵敏度分析，结果如图 6.2 所示.

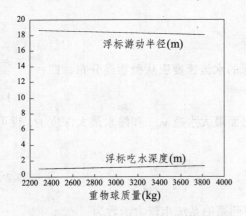

图 6.2　重物质量对浮标游动及吃水影响

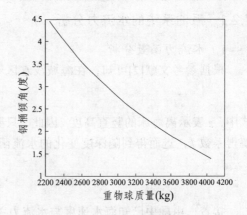

图 6.3　重物质量对钢桶倾角影响

如图 6.2 所示，随着重物球质量的增加，浮标游动半径减小，吃水深度增加，但变化范围很小，表明重物球质量对两者关系的影响较小；由图 6.3 叮知，钢桶倾角随重物球质量的增加而减小，且相对幅度较大，即重物质量的变化对钢桶倾角具有较大影响.

7　问题三模型的建立与求解

7.1　模型准备

与问题一不同，问题三中增加了海水流动这一因素，当海水流动方向与风速方向不在同一平面时，需要在三维空间中对系统各个构件进行研究. 但如果直接在空间坐标系中对构件进行受力分析，过程繁琐且不方便表述，因此我们将各个构件及其受力投影到 xOy, xOz, yOz 三个平面内，如图 7.1 所示，进而在每个平面内对构件进行受力分析.

此外，为方便表述，本问在问题一中符号系统的基础上增加上标 a, b, c 来分别构件或力在 xOy, xOz, yOz 平面内的投影.

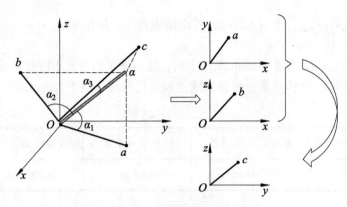

图 7.1　构件投影示意图

7.2　模型建立

7.2.1　系泊系统的水流力分析

1）水流力函数分析

根据参考文献[2]可知，在海域浅水区不同水深的水流速度服从抛物线分布，即：

$$v = kz^2 , \tag{7.1}$$

式中，z 表示离海床的竖直高度. 因此，只要给定海面最大水速 v_{max} 和海水最大深度 H，就可解得系数 k，进而得到随深度变化的水流函数：

$$v = \frac{v_{max}}{H^2} z^2 . \tag{7.2}$$

接着，由题中已知海水速度与水流力关系式得到系泊系统水流力函数为：

$$F = \frac{374 S v_{max}^2}{H^4} z^4 . \tag{7.3}$$

2）构件水流力计算

由于水流沿 x 轴方向，故构件在 yOz 平面的投影即为在水流法方向的面投影. 如图 7.2 所示，在构件投影中取面积微元 $\mathrm{d}s$，当浮标底面半径为 D 时，根据式（7.3）得到对应水流力为：

$$\mathrm{d}F = \frac{374 v_{max}^2}{H^4} z^4 \cdot D\mathrm{d}z .$$

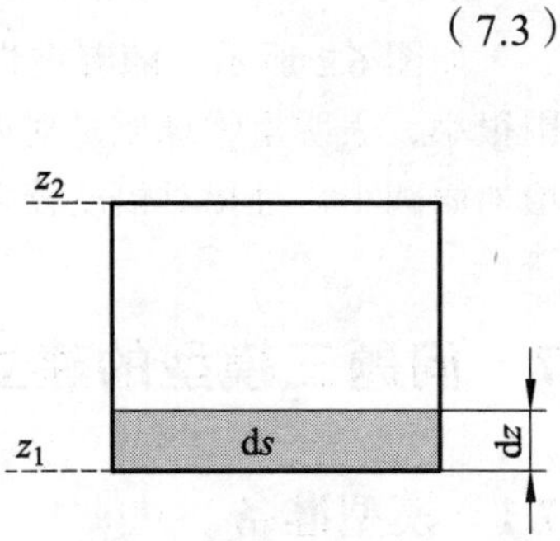

图 7.2　投影面微元示意图

对上式积分即可得到浮标受到的水流力大小：

$$f = \int_{z_1}^{z_2} \frac{374 D v_{max}^2 z^4}{H^4} \mathrm{d}z . \tag{7.4}$$

7.2.2　系统构件受力分析

为方便分析，本文以锚点为原点、海水流动方向作为 x 轴正方向在系泊系统中建立空间

272

直角坐标系. 只要确定构件在两个平面内的投影状态就可确定构件的空间状态，因此本文下面只在两个投影面对构建进行受力分析.

1）浮标的受力分析

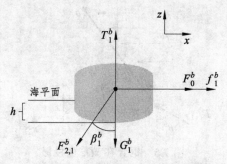

图 7.3　浮标在 xOz 面投影

浮标在 xOz 面投影的受力情况如图 7.3 所示，f 表示海水流动力，由牛顿第一定律并结合式子（5.3）可得：

$$\begin{cases} F_0^b - F_{2,1}^b \sin\beta_1^b + f_1^b = 0, \\ T_1^b - F_{2,1}^b \cos\beta_1^b - G_1^b = 0. \end{cases} \quad (7.5)$$

对方程组求解并分离变量得：

$$\begin{cases} \beta_1^b = \arctan\dfrac{F_0^b + f_1^b}{T_1^b - G_1^b}, \\ F_{2,1}^b = \dfrac{f_1^b + F_0^b}{\sin\beta_1^b}, \end{cases} \quad (7.6)$$

式中上标 b 表示在 xOz 平面内.

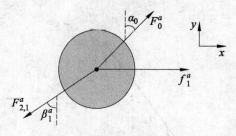

图 7.4　浮标在 xOy 面投影

浮标在 xOy 面上投影面的受力情况如图 7.4 所示，α_0 为风速与海水流动方向夹角的余角，同样由牛顿第一定律得到平衡方程，求解分离变量得到：

$$\begin{cases} \beta_1^a = \arctan\dfrac{F_0^a \cos\alpha_0}{f_1^a + F_0^a \sin\alpha_0}, \\ F_{2,1}^a = \dfrac{F_0^a \cos\alpha_0}{\sin\beta_1^a}. \end{cases} \quad (7.7)$$

同样，式中上标 a 表示在 xOy 平面.

2）钢管的受力分析

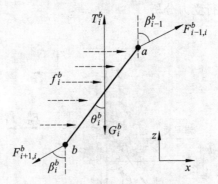

图 7.5　钢管在 xOz 面投影

钢管在 yOz 平面投影的受力情况如图 7.5 所示，f_i^b 为等效海水流动力，根据牛顿第一定律得到物体受力平衡方程组，对方程组求解分离变量得：

$$\begin{cases} \beta_i^b = \arctan \dfrac{F_{i-1,i}^b \sin \beta_{i-1}^b + f_i^b}{F_{i-1,i}^b \cos \beta_{i-1}^b + T_i^b - G_i^b}, \\ F_{i+1,i}^b = \dfrac{F_{i-1,i}^b \sin \beta_{i-1}^b + f_i^b}{\sin \beta_i^b}. \end{cases} \tag{7.8}$$

接着对钢管 b 点取矩，平衡不发生转动时其合力矩必为零：

$$(T_i^b - G_i^b)\sin \theta_i^b + 2F_{i-1,i}^b \cos \beta_{i-1}^b l \sin \theta_i^b - 2F_{i-1,i}^b \sin \beta_{i-1}^b \cos \theta_i^b - f_i^b \cos \theta_i^b = 0. \tag{7.9}$$

对式（7.9）进行分离变量得到钢管与 z 轴的夹角：

$$\theta_i^b = \arctan \frac{F_{i-1,i}^b \sin \beta_{i-1}^b + 0.5 f_i^b}{0.5(T_i^b - G_i^b) + F_{i-1,i}^b \cos \beta_{i-1}^b}. \tag{7.10}$$

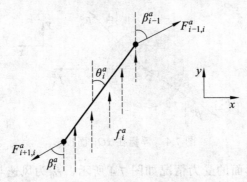

图 7.6　钢管在 xOy 面投影

钢管在 xOy 平面内投影的受力情况如图 7.6 所示，由水流方向为 x 轴正方向，故由投影定理水流力在 xOy 平面与 yOz 平面投影的大小相等：

$$f_i^a = f_i^b. \tag{7.11}$$

同样由钢管静止不发生转动时满足合力为零且合力矩为零得到平衡方程，对方程求解并分离变量得：

$$\begin{cases} \beta_i^a = \arctan \dfrac{F_{i-1,i}^a \sin \beta_{i-1}^a}{f_i^a + F_{i-1,i}^a \cos \beta_{i-1}^a}, \\[3mm] F_{2,1}^a = \dfrac{F_{i-1,i}^a \sin \beta_{i-1}^a}{\sin \beta_i^1}, \\[3mm] \theta_i^a = \dfrac{F_{i-1,i}^a \sin \beta_{i-1}^a}{0.5 f_i^a + F_{i-1,i}^a \cos \beta_{i-1}^a}, \\[3mm] 2 \leqslant i \leqslant 5, i \in z. \end{cases} \tag{7.12}$$

3）钢桶的受力分析

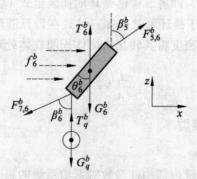

图 7.7　钢桶在 xOz 面投影

钢桶及重物球在 xOz 平面投影的受力情况如图 7.7 所示，由于钢桶静止不发生转动，故在 x, z 方向合力为零且合力矩为零（对钢桶下端点取矩），得到平衡方程组：

$$\begin{cases} F_{5,6}^b \cos \beta_5^b + T_6^b + T_q^b - G_6^b - G_q^b - F_{7,6}^b \cos \beta_6^b = 0, \\[2mm] F_{5,6}^b \sin \beta_5^b + f_6^b - F_{7,6}^b \sin \beta_6^b = 0, \\[2mm] 2F_{5,6}^b \cos \beta_5^b \sin \theta_6^b + (T_6^b - G_6^b) \sin \theta_6^b - F_{5,6}^b \sin \beta_5^b \cos \theta_6^b - f_5^b \cos \theta_6^b = 0. \end{cases} \tag{7.13}$$

对方程组（7.9）求解并分离变量得：

$$\begin{cases} \beta_6^b = \arctan \dfrac{F_{5,6}^b \sin \beta_5^b + f_6^b}{F_{5,6}^b \cos \beta_5^b + T_6^b + T_q^b - G_6^b - G_q^b}, \\[3mm] F_{7,6}^b = \dfrac{F_{5,6}^b \sin \beta_5^b + f_6^b}{\sin \beta_6^b}, \\[3mm] \theta_6^b = \arctan \dfrac{F_{5,6}^b \sin \beta_5^b + 0.5 f_5^b}{0.5(T_6^b - G_6^b) + F_{5,6}^b \cos \beta_5^b}. \end{cases} \tag{7.14}$$

在 xOy 平面内，钢桶投影的受力情况如图 7.8 所示，对于海水流动力，由式（7.8）可得：

$$f_6^a = f_6^b. \tag{7.15}$$

同样由钢管静止不发生转动时满足合力为零且合力矩为零得到平衡方程，对方程求解并分离变量得：

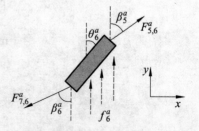

图 7.8　钢桶在 xOy 面投影

275

$$
\begin{cases}
\beta_6^a = \arctan \dfrac{F_{5,6}^a \sin \beta_5^a}{f_6^a + F_{5,6}^a \cos \beta_5^a}, \\[3mm]
F_{2,1}^a = \dfrac{F_{5,6}^a \sin \beta_5^a}{\sin \beta_6^1}, \\[3mm]
\theta_6^a = \dfrac{F_{5,6}^a \sin \beta_5^a}{0.5 f_6^a + F_{5,6}^a \cos \beta_5^a}.
\end{cases}
\tag{7.16}
$$

4）锚链的受力分析

锚链受力情况与钢管类似，即各节锚链链环同样满足式（7.8），式（7.10），式（7.12），这里不再重复分析. 此外，由于链环形状未知，导致在计算链环水流力时无法直接得到投影面积，因此本文根据其质量与密度将其转化为同体积圆柱体处理，满足：

$$
\frac{\pi d_i^2 l_i}{4} = \rho_i m_i.
$$

7.2.3 系泊系统设计优化模型

（1）决策变量的确定.

综合考虑环境因素以及系统内部构件参数对系泊系统的影响并结合题目背景，本文选取如下三个决策变量以及四个环境变量对系泊系统进行研究.

$$
\begin{cases}
\text{环境变量} \begin{cases} \text{海水深度 } H \\ \text{海水速度 } v \\ \text{海面风速 } v_f \\ \text{风速与水流方向夹角 } \alpha_0 \end{cases} \\[10mm]
\text{决策变量} \begin{cases} \text{重物球质量 } m_q \\ \text{锚链链环数量 } n \\ \text{锚链链环长度 } L \end{cases}
\end{cases}
$$

（2）目标函数及约束分析.

与问题二相同，选取浮标吃水深度，浮标游动半径以及钢桶倾斜角作为优化目标建立多目标优化模型. 同样本问模型需要满足问题二中的约束条件，这里不再赘述.

综合以上分析，并结合式（6.1），式（6.2），式（6.3）得到系泊系统设计优化模型为：

$$
\min \quad h = H - \sum_{i=1}^{N} l_i \cos \alpha_i^b \cos \theta_i^b,
$$

$$
\min \quad \theta_6 = \arccos(\cos \theta_6^b \cdot \cos \beta_6^b),
$$

$$
\min \quad r = \sum_{i=1}^{N} l_i \cos \alpha_i^a.
$$

276

$$\begin{cases}
\beta_1^a = \arctan \dfrac{F_0^a \cos \alpha_0}{f_1^a + F_0^a \sin \alpha_0}, \\[4mm]
F_{2,1}^a = \dfrac{F_0^a \cos \alpha_0}{\sin \beta_1^a}, \\[4mm]
\beta_1^b = \arctan \dfrac{F_0^b + f_1^b}{T_1^b - G_1^b}, \\[4mm]
F_{2,1}^b = \dfrac{f_1^b + F_0^b}{\sin \beta_1^b},
\end{cases}$$

$$\begin{cases}
\beta_i^b = \arctan \dfrac{F_{i-1,i}^b \sin \beta_{i-1}^b + f_i^b}{F_{i-1,i}^b \cos \beta_{i-1}^b + T_i^b - G_i^b}, \\[4mm]
F_{i+1,i}^b = \dfrac{F_{i-1,i}^b \sin \beta_{i-1}^b + f_i^b}{\sin \beta_i^b}, \\[4mm]
\theta_i^b = \arctan \dfrac{F_{i-1,i}^b \sin \beta_{i-1}^b + 0.5 f_i^b}{0.5(T_i^b - G_i^b) + F_{i-1,i}^b \cos \beta_{i-1}^b}, \\[4mm]
\beta_i^a = \arctan \dfrac{F_{i-1,i}^a \sin \beta_{i-1}^a}{f_i^a + F_{i-1,i}^a \cos \beta_{i-1}^a}, \\[4mm]
F_{2,1}^a = \dfrac{F_{i-1,i}^a \sin \beta_{i-1}^a}{\sin \beta_i^a}, \\[4mm]
\theta_i^a = \dfrac{F_{i-1,i}^a \sin \beta_{i-1}^a}{0.5 f_i^a + F_{i-1,i}^a \cos \beta_{i-1}^a}, \\[4mm]
i \in [2,5] \bigcup [7,N], i \in z,
\end{cases} \qquad (7.17)$$

$$\begin{cases}
\beta_6^b = \dfrac{F_{5,6}^b \sin \beta_5^b + f_6^b}{F_{5,6}^b \cos \beta_5^b + T_6^b + T_q^b - G_6^b - G_q^b}, \\[4mm]
F_{7,6}^b = \dfrac{F_{5,6}^b \sin \beta_5^b + f_6^b}{\sin \beta_5^b}, \\[4mm]
\theta_6^b = \arctan \dfrac{F_{5,6}^b \sin \beta_5^b + 0.5 f_5^b}{0.5(T_6^b - G_6^b) + F_{5,6}^b \cos \beta_5^b}, \\[4mm]
\beta_6^a = \arctan \dfrac{F_{5,6}^a \sin \beta_5^a}{f_6^a + F_{5,6}^a \cos \beta_5^a}, \\[4mm]
F_{2,1}^a = \dfrac{F_{5,6}^a \sin \beta_5^a}{\sin \beta_6^a}, \\[4mm]
\theta_6^a = \dfrac{F_{5,6}^a \sin \beta_5^a}{0.5 f_6^a + F_{5,6}^a \cos \beta_5^a}, \\[4mm]
f = \displaystyle\int_{z_1}^{z_2} \dfrac{374 D v_{\max}}{H^4} z^4 \mathrm{d}z.
\end{cases}$$

7.3 模型求解

由于决策变量增加直接导致问题三模型的解空间过大，因此为了保证求解的时效性与准确性，本文采用变步长搜索算法对模型进行求解.

7.3.1 变步长搜索算法

1）连续变量的离散化

模型的决策变量有重物球的配重 m_q，链环的个数 n，链环长度 $L = \{L_1, L_2, L_3, L_4, L_5\}$，因此，需要对其进行全局搜索以寻找目标函数的最小值. 由于重物球的配重 m_q 为连续变量，需要先将其离散化，再进行定步长搜索.

2）变步长搜索算法

由于解空间较大，因此需要使用变步长搜索算法对模型进行求解，即先使用较大步长进行全局搜索，得到近似最优解，在找到的近似最优解附近使用较小步长进行局部搜索寻找目标函数的最优解.

7.3.2 结果分析

基于以上模型和算法，本文首先将风速和水速定为最大值，且两者方向相同，在此条件下分别计算海水深度为 16 m、20 m 时系泊系统最优状态，得到对应参数如表 7.1 所示.

表 7.1　求解结果

海水深度	重物配重 m_q	链环个数	链环长度	钢桶倾角	浮标吃水深度	浮标游动半径
16 m	3000 kg	140	180 mm（型号 V）	4.593°	1.59 m	18.61 m
20 m	2950 kg	180	180 mm（型号 V）	4.959°	1.37 m	11.41 m

为了进一步研究系统在不同情况下的参数变化，在海床深度为 16 m 时本文对各环境变量做适当的改变，求解得到此时系泊系统参数的变化情况，具体结果如表 7.2 所示.

表 7.2　不同情况下系泊系统参数变化

水流速度(m/s)	风速(m/s)	钢桶倾角(°)	浮标吃水深度(m)	浮标游动半径(m)
1.5	24	4.259	1.3	18.795
1	36	3.615	1.295	18.0
1.5	12	3.57	1.295	17.977
0.5	36	2.543	1.288	16.053

锚链在各个情况下形状的变化情况如图 7.9～7.12 所示.

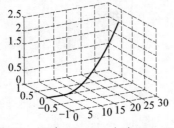

图 7.9　风速 24 m/s，水速 1.5 m/s

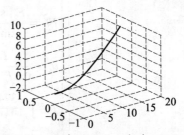

图 7.10　风速 36 m/s，水速 1 m/s

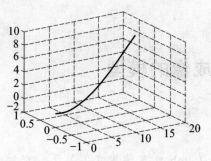
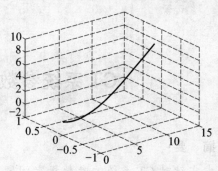

图 7.11　风速 12 m/s，水速 1.5 m/s　　　　图 7.12　风速 36 m/s，水速 0.5 m/s

8　模型评价及推广

8.1　模型的评价

本文的亮点之一是建立了非线性规划模型，将系泊系统的实际问题通过目标函数的设计转化为优化问题；本文的另一个亮点在于对多元非线性方程组的求解设计的基于最小二乘法的搜索算法以及在保证求解精度条件下，当模型解空间较大时设计的变步长搜索算法，且在能够接受的时间内提高了搜索精度.

但是由于在实际情况下，系泊系统的结构存在变形，将其作为刚体进行计算会带来计算误差.

8.2　模型的改进

在实际海洋环境下，由于海浪的作用力，会导致浮标的上下震动，这样会使浮标的稳态描述需要由一个竖直确定的振动方程确定，由于时间的限制以及模型的复杂程度，本文对该情况尚未考虑.

8.3　模型的推广

本文建立的系泊设计模型具有一定的推广价值，在已知实际海洋环境的条件下，可以通过本文建立的模型，为系泊系统的参数设计提供理论依据，它可以在航运、近浅海勘探等方面得到应用.

9　参考文献

[1]　郝春玲. 流速分布及锚链自身刚度对弹性单锚链系统变形和受力的影响. 国家海洋局第二海洋研究所，2006-09-15.

[2]　郝春玲，滕斌. 不均匀可拉伸单锚链系统的静力分析. 大连理工大学，2003-08-30.

[3]　[国家标准]-GBT549-1996.

CT 系统参数标定及成像的模型

摘　要：

本文针对 CT 系统的参数标定问题，基于 Beer-Lambert 定律建立了关于标定参数的非线性方程组模型，基于像素块分析建立了线性重建模型和滤波反投影重建模型. 以最小二乘优化技术求出了最贴合模型的参数，运用 R-L 滤波器对原始数据进行了滤波处理，并在对 CT 系统的参数进行精度和稳定性分析后给出了更合理的标定模板.

问题一要求使用既有的标定模板，借助探测器的接收信息等数据来计算 CT 系统旋转中心的坐标、探测器单元之间的距离以及 X 射线旋转的 180 个角度. 本文首先通过对扫描情况进行几何建模，以待求解参数为基础还原出了每条射线所在的直线方程，然后将直线方程与原模板方程组联立求解，得到了探测器的接收信息模型，并据此进一步得到了关于所求参数的超定方程组. 由于超定方程组给出的等式约束过多，无法断言可行解是否存在，因此在方程组中引入误差项，使用最小二乘优化技术将方程组的约束软化. 最终求得在误差值 $K = 0.0080$ 时，以正方形托盘左下角为原点，旋转中心的坐标为 (40.7337，56.2729)，探测器单元之间的距离为 0.2768 mm，以及 180 次旋转的角度（见正文）.

问题二要求根据已知的探测器接收信息，利用第一问求出的标定参数，计算出未知介质的位置、几何形状以及吸收率等信息，且给出题目要求的 10 个点的吸收率. 本文首先将正方形托盘分为 256×256 个像素块，依据像素块和射线的几何关系建立了物质重建的线性方程组模型. 通过 Matlab 编程得到了该介质在正方形托盘中的位置图和吸收率（见附件 problem2.xls），并通过观察得出该介质是由五段椭圆边界所围成的复合图形，并给出了题目所求的 10 个坐标处的吸收率数据.

问题三的本质与问题二并无区别，但所求目标的复杂度却大大增高. 因此我们使用 R-L 滤波器对数据进行预处理后，再通过第二问的模型进行求解. 通过 Matlab 编程得到了该介质在托盘上的位置和吸收率（见附件 problem3.xls），并观察得知该介质是一个不规则的几何体，疏松多孔，其中心大致在托盘中央，并同样给出了题目所求的十个坐标处的吸收率数据.

问题四要求对问题一的参数标定模型进行精度和稳定性分析. 本文借助于 MAE 和 RMSE 两个预测精度指标对模型进行了误差分析，其结果均小于题目所要求的精度 10^{-4}，据此可以认为该模型足够精确. 本文通过尝试建立预测期数与误差水平的相关关系来进行稳定性分析，发现 MAE 和 RMSE 都不与预测期数成正相关关系，据此可以认为该模型也足够稳定. 在上述分析的基础上，对原模版进行改造，使用模拟-拟合-误差分析的方法对新旧模板进行评价和比较，据此验证了新模板的设计方案更优.

关键词： 非线性优化；最小二乘法；图像重建；R-L 滤波器

1 问题重述

CT 系统可以在不破坏样品的情况下，利用样品会对射线能量进行一定吸收的特性对工程材料和生物组织的样品进行断层成像，由此得到样品内部的结构信息. 这里有一种典型的 CT 系统如图 1.1 所示，平行射入的 X 射线与探测器平面垂直，将每个探测器单元都看成一个接收点，且等距排列. X 射线的发射器与探测器的相对位置是固定不变的，整个发射-接受系统绕某个固定的旋转中心旋转 180 次. 对于每一个 X 射线方向，在具有 512 个等距单元的探测器上测量经位置固定不动的二维待检测介质吸收衰减后的射线能量，而且经过增益等处理后能得到 180 组接收信息.

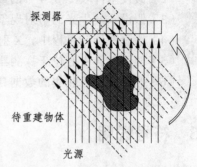

图 1.1　CT 系统示意图

CT 系统安装时通常存在误差，因而影响成像质量，所以需要对安装好的 CT 系统进行参数标定，即借助于结构已知的样品（模板）标定 CT 系统的参数，并据此对结构未知的样品进行成像.

请建立相应的数学模型和算法，求解以下的问题：

（1）将两个均匀固体介质组成的模板放置在正方形托盘上，模板的几何信息如图 1.2 所示，附件 1 为相应的数据文件，其中每一点的数值反映了该点的吸收强度，本题称之为"吸收率". 对应于该模板的接收信息见附件 2. 请根据该模板和其参数信息，确定 CT 系统的旋转中心在托盘中的位置、探测器单元之间的距离和该 CT 系统使用 X 射线的 180 个方向.

（2）附件 3 是利用该 CT 系统得到的未知介质的接收信息. 利用（1）中获得的标定参数，确定该未知介质在正方形托盘中的位置、几何形状以及吸收率等信息. 此外，请求出将图 1.3 所给的 10 个位置的吸收率，相应的坐标见附件 4.

（3）附件 5 是利用该 CT 系统得到的另一个未知介质的接收信息. 同样利用（1）中获得的标定参数，给出此未知介质的相关信息. 此外，请具体给出图 1.3 所给的 10 个位置的吸收率.

（4）分析（1）中参数标定的稳定性和精度. 在此基础上自行设计新的模板、建立对应的标定模型，来改进标定精度及其稳定性，并说明理由.

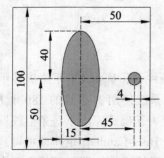

图 1.2　模板示意图（单位：mm）

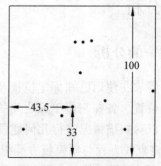

图 1.3　10 个位置示意图

2 问题假设

（1）假设 X 射线在空气中传播不会衰减；

（2）假设附件表 2, 3, 4 中的数据都是辐射强度的对数值的差分格式；

（3）假设不发生光的衍射现象；

（4）假设在旋转过程中，X 射线始终与正方形托盘平面平行；

（5）假设旋转中心位于探测器连线的垂直平分线上；

（6）假设实验所收集的数据真实可靠，能客观反映实际情况.

3 符号说明

I：射线的强度；

I_0：射线的初始强度；

μ：衰减系数；

θ_j：射线第 j 次旋转的方位角；

m_{ij}：椭圆模板在第 i 条射线第 j 次旋转方向的厚度；

n_{ij}：圆形模板在第 i 条射线第 j 次旋转方向的厚度；

L_{ij}：标定模板在第 i 条射线第 j 次旋转方向的厚度；

h_{ij}：第 i 条射线第 j 次旋转时已知的接收信息；

r_{ij}：第 i 条射线第 j 次旋转时理论的接收信息；

c：探测器单元之间的距离；

d：总的探测器长度；

t_N：第 N 个像素块的吸收率；

W_{ij}：题目给出的第 i 条射线第 j 次旋转方向的吸收率；

G：像素块的编号；

b：正方形像素块边长；

h_{R-L}：R-L 滤波函数的滤波系数.

4 问题分析

4.1 问题一的分析

问题一要求在使用已知标定模板及其接收信息的条件下，确定 CT 系统旋转中心在正方形托盘上的位置、各探测器单元之间的距离以及此 CT 系统使用 X 射线的 180 个方位角. 首先，我们可以对扫描情况进行几何建模，以待求解参数为基础还原出了每条射线所在的直线方程. 然后将直线方程与原模板方程组联立求解，结合 Beer-Lambert 定律即可得到探测器的接收信息模型. 以仿真值与实际值误差的平方和最小为目标函数，即可迭代求解出旋转中心的坐标、探测器单元之间的距离和旋转的 180 个方位角.

4.2 问题二的分析

问题二要求在已知探测器接收信息的情况下,利用问题一中得到的标定参数,确定该未知物质在正方形托盘中的位置、几何形状和吸收率等信息,并给出题目要求的 10 个位置处的吸收率. 面对该问题,我们将待求解的吸收率矩阵转化为线性方程组中的待求列向量,并围绕该思想提出构建完整线性方程组的子模型. 通过该模型即可解出每个元素的吸收率.

4.3 问题三的分析

问题三要求利用附件 4 中的数据和问题一中得到的标定参数,确定第三问中未知介质的吸收率. 可以发现问题三和问题二基本相同,所以我们首先考虑套用问题二中的模型进行求解. 但得到的结果并不理想,因此我们先利用 R-L 滤波函数对数据进行预处理,再将处理后的数据代入模型进行求解.

4.4 问题四的分析

问题四要求我们对问题一中求得的标定参数进行精度和稳定性分析,并在此基础上设计新模板、建立对应的标定模型,来改进标定精度和稳定性. 对于此问题我们将尝试借助于 MAE 和 RMSE 两个预测精度指标对模型进行误差分析,再通过尝试建立预测期数与误差水平的相关关系来进行稳定性分析. 最后我们将根据上述分析构造一个新模板,以此提高参数标定模型的性能.

5 问题一模型的建立与求解

5.1 模型准备

5.1.1 X 射线的衰减公式

本文的研究过程涉及 X 射线的强度衰减,为了便于后文的计算,本文依据文献[1]中的 X 射线衰减公式,由此可得:

$$I = I_0 \mathrm{e}^{-\mu l}, \tag{5.1}$$

其中,I 为射线强度,l 为物质在射线方向的厚度,μ 为物质对射线的衰减系数,I_0 为 X 射线的初始强度.

5.1.2 参考图的建立

如图 5.1 所示,以正方形托盘的左下方为坐标原点,以正方形底边为 x 轴,正方形左边为 y 轴,设旋转中心为 $A(x_0, y_0)$,直线 AB 是随意一条 X 射线,与水平夹角为 θ,过 A 点作直线 AB 的垂线且长度等于发射器长度 d,那么这条垂线应和所有射线都有交点,共 512 个点.

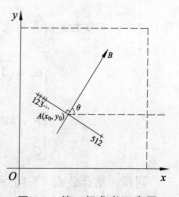

图 5.1　第一问参考示意图

5.1.3 标定模板的方程式

由题目图 1.2 中的数据和上述的参考坐标图，我们可以得到标定模板的方程式为：

$$\frac{(x-50)^2}{15^2}+\frac{(y-50)^2}{40^2}=1, \quad (35 \leqslant x \leqslant 65, \ 10 \leqslant y \leqslant 90), \tag{5.2}$$

$$(x-95)^2+(y-50)^2=4^2, \quad (91 \leqslant x \leqslant 99, \ 46 \leqslant y \leqslant 54). \tag{5.3}$$

5.2 模型的建立

5.2.1 X 射线方程的建立

假设 θ_j 为 CT 系统使用的 X 射线第 j 次的旋转角度，那么直线 AB 的方程为：

$$Y-y_0=\tan\theta_j(X-x_0), \quad (j=1,2,3,\cdots,180). \tag{5.4}$$

易证，旋转中心点 A 就是那 512 个点的中心，所以，在图 5.1 中，第 i 条射线与垂线的交点坐标 $A_i=(x_i,y_i)$ $(i=1,2,3,\cdots,512)$ 满足方程：

$$\begin{cases} x_i=\left(\dfrac{513}{2}-i\right)\dfrac{d\cos\theta_j}{511}+x_0, \\ y_i=\left(\dfrac{513}{2}-i\right)\dfrac{d\sin\theta_j}{511}+y_0, \end{cases} \quad (i=1,2,3,\cdots,512). \tag{5.5}$$

那么当 CT 系统使用的 X 射线的角度为 θ_j 时的第 i 条 X 射线的方程为：

$$Y-y_i=\tan\theta_j(X-x_i), \quad (i=1,2,3,\cdots,512, \quad j=1,2,3,\cdots,180). \tag{5.6}$$

5.2.2 探测器的接收强度公式

结合公式（5.2）和公式（5.6），可以求得椭圆模板在第 i 条射线第 j 次旋转方向时其厚度 m_{ij} 应满足的方程：

$$\begin{cases} \dfrac{(x-50)^2}{15^2}+\dfrac{(Y-50)^2}{40^2}=1, \\ Y-y_i=\tan\theta_j(X-x_i). \end{cases}$$

当上述方程有实数根时，可求得 m_{ij} 为：

$$\begin{cases} m_{ij}=\sqrt{1+\tan^2\theta_j}\left|X_{1ij}-X_{2ij}\right|=\sqrt{1+\tan^2\theta_j}\left|\dfrac{2P_{ij}}{9\tan^2\theta_j+64}\right|, \\ P_{ij}=480\sqrt{Q_{ij}(1-\tan\theta_j)+50\tan\theta_j-\dfrac{91}{4}\tan^2\theta_j-\dfrac{Q_{ij}^2}{100}-9}, \\ Q_{ij}=y_i+x_i\tan\theta_j. \end{cases} \tag{5.7}$$

同理，结合公式（5.3）和公式（5.6），可以求得圆形模板在第 i 条射线第 j 次旋转方向时其厚度 n_{ij} 应满足的方程：

$$\begin{cases} (x-95)^2 + (y-50)^2 = 4^2, \\ Y - y_i = \tan\theta_j(X - x_i). \end{cases}$$

当上述方程有实数根时，可求得 n_{ij} 为：

$$\begin{cases} n_{ij} = \sqrt{1+\tan^2\theta_j}\,|X_{3ij} - X_{4ij}| = \sqrt{1+\tan^2\theta_j}\,\left|\dfrac{2R_{ij}}{\tan^2\theta_j+1}\right|, \\ R_{ij} = \sqrt{100Q_{ij} + 9500\tan\theta_j - 9009\tan^2\theta_j - 190Q_{ij}\tan\theta_j - Q_{ij}^2 - 2484}, \\ Q_{ij} = y_i + x_i\tan\theta_j. \end{cases} \tag{5.8}$$

那么，标定模板在第 i 条射线第 j 次旋转方向的厚度 L_{ij} 为：

$$L_{ij} = m_{ij} + n_{ij}. \tag{5.9}$$

利用公式（5.1），可以得到接收强度 r_{ij} 的计算公式：

$$r_{ij} = \ln\frac{I_0}{I} = \mu L_{ij}. \tag{5.10}$$

5.2.3 参数标定非线性方程组模型的建立

题目已知总共有 512 个探测器，各探测器单元之间又是等距的，那么各探测器单元之间的距离为：

$$C = \frac{d}{511}. \tag{5.11}$$

综合以上各式，本文建立了可用于描述旋转中心在托盘中的位置、探测器单元之间的距离、射线角度方向的参数标定模型：

$$\begin{cases} r_{ij} = \mu L_{ij}, \\ L_{ij} = m_{ij} + n_{ij}, \\ m_{ij} = \sqrt{1+\tan^2\theta_j}\,|X_{1ij} - X_{2ij}| = \sqrt{1+\tan^2\theta_j}\,\left|\dfrac{2P_{ij}}{9\tan^2\theta_j+64}\right|, \\ P_{ij} = 480\sqrt{Q_{ij}(1-\tan\theta_j) + 50\tan\theta_j - \dfrac{91}{4}\tan^2\theta_j - \dfrac{Q_{ij}^2}{100} - 9}, \\ n_{ij} = \sqrt{1+\tan^2\theta_j}\,|X_{3ij} - X_{4ij}| = \sqrt{1+\tan^2\theta_j}\,\left|\dfrac{2R_{ij}}{\tan^2\theta_j+1}\right|, \\ R_{ij} = \sqrt{100Q_{ij} + 9500\tan\theta_j - 9009\tan^2\theta_j - 190Q_{ij}\tan\theta_j - Q_{ij}^2 - 2484}, \\ Q_{ij} = y_i + x_i\tan\theta_j, \\ Y - y_0 = \tan\theta_j(X - x_0), \\ Y - y_i = \tan\theta_j(X - x_i), \end{cases}$$

$$\begin{cases} x_i = \left(\dfrac{513}{2} - i\right)\dfrac{L\cos\theta_j}{511} + x_0, \\[2mm] y_i = \left(\dfrac{513}{2} - i\right)\dfrac{L\sin\theta_j}{511} + y_0, \\[2mm] Y - y_i = \tan\theta_j(X - x_i), \\[1mm] \theta_j < \theta_{j+1}, \\[2mm] c = \dfrac{d}{511}, \end{cases}$$

其中，$i = 1,2,3,\cdots,512$，$j = 1,2,3,\cdots,180$.

由于以上方程组中的方程数量远超过待求解的未知数数量，其实质为一个超定的方程组，无法断言可行解的存在，故向方程组中引入误差项，将其转化为以误差项最小为目标的非线性优化问题：

$$K = \frac{\sum\limits_{i=1}^{512}\sum\limits_{j=1}^{180}(h_{ij} - r_{ij})^2}{512 \times 180}. \tag{5.12}$$

5.3 问题一的求解

5.3.1 求解算法

首先将附件 2 中的原始数据按比例缩放至灰度值域[0,1]，作图 5.2 如下：

图 5.2 附件 2 原始数据缩放图

通过观察该次扫描的起点处可知模版的小圆一开始处于大圆的右侧，且两次扫描之间的间隔角度大约为 1°，另对扫描数据中的传感器间距进行除法计算可知间距 d 属于区间[0.2,0.3]. 于是我们对其进行粗略近似，以 x0=y0=50，d=0.3，alpha=[-90,-89,$\cdots$,88,89]为初始值，代入模型进行迭代.

考虑到该优化问题具有非线性的约束条件，且在可行解空间该约束函数在每一点处都连续可偏导，也即不需在算法中引入低效的缩放过程. 据此我们采用有效集法对模型求解.

有效集法的基本思路是：

Step1. 使用原模型中的全部约束条件作为约束条件工作集的初始值.

Step2. 从自变向量[x0,y0,d,alpha1,$\cdots$,alpha180]的第一个参数开始，依次计算各参数的中心差商，作为当前点在各方向上的偏导数近似值.

Step3. 检验偏导数是否都为 0，如果是则说明算法已迭代至目标函数极小值，算法结束.

Step4. 将偏导为 0 的参数所对应的约束条件从工作集中删去，保持工作集为有效集.

Step5. 将从左至右第一个偏导不为 0 的参数向函数值减小方向移动步长 d，d=(b-a)* p，其中 b 为约束上限，a 为下限，p 为偏导值.

Step6. 若移动后的参数 x 超出范围[a,b]，则将 x 移动至距离最近的约束边界，并将该边界添加至工作集中.

Step7. 回到 Step2，重复.

通过对算法的分析，我们可以知道该算法通常会优先保持自变向量中较为靠前的参数的稳定，因此我们将对全局影响较大的 x0,y0 和 d 放置于 alpha 序列之前，可使算法的收敛速度和稳定性都更为理想，这与我们实际的求解顺序是相吻合的.

5.3.2 求解的结果

通过 Matlab 软件编程，遍历 x_0, y_0, μ, L 和 180 个角度的值，利用最小二乘法找出最优解，程序见附录 1，最终得到拟合效果最好的一次误差为：

$$K = 0.00802$$

此时的旋转中心在正方形托盘中的坐标为(40.7337, 56.2729)，探测器单元之间的距离为 0.2768 mm，180 次旋转的方向见表 5.1：

表 5.1　CT 系统 180 次旋转的角度（角度制）

次数	角度	次数	角度	次数	角度	次数	角度	次数	角度	次数	角度
1	-60.3555	31	-30.3546	61	-0.3538	91	29.6471	121	59.6480	151	89.6486
2	-59.0019	32	-29.4555	62	0.6463	92	30.6472	122	60.6481	152	90.6489
3	-58.4464	33	-28.3546	63	1.6463	93	31.6472	123	61.6481	153	91.6490
4	-57.357	34	-27.3545	64	2.6463	94	32.6472	124	62.6481	154	92.6490
5	-56.3246	35	-26.3545	65	3.6464	95	33.6472	125	63.6481	155	93.6490
6	-55.3554	36	-25.3545	66	4.6464	96	34.6473	126	64.6482	156	94.6490
7	-54.3553	37	-24.3545	67	5.6464	97	35.6473	127	65.6482	157	95.6491
8	-53.3553	38	-23.3544	68	6.6465	98	36.6473	128	66.6482	158	96.6491
9	-52.3553	39	-22.3544	69	7.6465	99	37.6474	129	67.6483	159	97.6491
10	-51.3553	40	-21.3544	70	8.6465	100	38.6474	130	68.6483	160	98.6492
11	-50.3552	41	-20.3543	71	9.6465	101	39.6474	131	69.6483	161	99.6492
12	-49.3552	42	-19.3543	72	10.6466	102	40.6475	132	70.6483	162	100.6492
13	-48.3552	43	-18.3543	73	11.6466	103	41.7475	133	71.6484	163	101.6493
14	-47.3551	44	-17.3543	74	12.6466	104	42.6475	134	72.6484	164	102.6493

次数	角度	次数	角度	次数	角度	次数	角度	次数	角度	次数	角度
15	-46.3551	45	-16.3542	75	13.6467	105	43.6475	135	73.6484	165	103.6493
16	-45.2046	46	-15.3542	76	14.6467	106	44.6476	136	74.6485	166	104.6493
17	-44.355	47	-14.3542	77	15.6467	107	45.6476	137	75.6485	167	105.6494
18	-43.355	48	-13.3541	78	16.6467	108	46.6476	138	76.6485	168	106.6494
19	-42.355	49	-12.3541	79	17.6468	109	47.6477	139	77.6486	169	107.6494
20	-41.355	50	-11.3541	80	18.6468	110	48.6477	140	78.6486	170	108.6495
21	-40.3549	51	-10.3540	81	19.6468	111	49.6477	141	79.6486	171	109.6495
22	-39.3549	52	-9.3540	82	20.6469	112	50.6478	142	80.6486	172	110.6495
23	-38.3549	53	-8.3540	83	21.6469	113	51.6478	143	81.6487	173	111.6495
24	-37.3548	54	-7.3540	84	22.6469	114	52.6478	144	82.6487	174	112.6496
25	-36.3548	55	-6.3539	85	23.6470	115	53.6478	145	83.6487	175	113.6496
26	-35.3548	56	-5.3539	86	24.6470	116	54.6479	146	84.6488	176	114.6496
27	-34.3547	57	-4.3539	87	25.6470	117	55.6479	147	85.6488	177	115.6497
28	-33.3547	58	-3.3538	88	26.6471	118	56.6479	148	86.6488	178	116.6497
29	-32.3547	59	-2.3538	89	27.4445	119	57.6480	149	87.6488	179	117.6497
30	-31.3547	60	-1.3538	90	28.6471	120	58.6480	150	88.6489	180	118.6393

5.4　结果分析

我们模拟出来的最小误差为 $K = 0.0082$，可以说明我们的拟合结果和真实值基本一致. 从表 5.1 的数据中可以看出，每次旋转的角度并不是一个确定的值，但基本都是在 1° 左右波动，经过 180 次旋转后总的旋转角度是 178.9948°，和实际情况也是非常接近的.

6　问题二模型的建立与求解

6.1　线性物质重建模型的建立

6.1.1　系数矩阵 A 的生成

为了便于理解和计算，我们依然将正方形托盘的左下角作为坐标原点，下边为 x 轴，左边为 y 轴，如图 6.1 所示. 我们将此正方形区域划分为 $256 \times 256 = 65536$ 个正方形区域，按照图中先列后行的形式来进行编号.

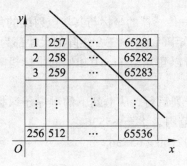

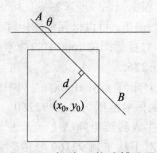

图 6.1　问题二求解参考图　　　　　图 6.2　矩阵 A 构造辅助图

如图 6.2 所示，我们取任意一个小块为研究对象，它的左下角坐标应为：

$$\begin{cases} x_N = \dfrac{100}{256}\left[\dfrac{N}{256}\right], \\ y_N = \dfrac{100}{256}\left(256 - N + 256\left[\dfrac{N}{256}\right]\right), \end{cases} \quad (N=1,2,3,\cdots,65536). \tag{6.1}$$

图中第 N 个小块中心坐标为 (x_{N0}, y_{N0}) 为：

$$\begin{cases} x_{N0} = x_N + \dfrac{b}{2}, \\ y_{N0} = y_N + \dfrac{b}{2}. \end{cases} \tag{6.2}$$

X 射线的角度为 θ_j 时的第 i 条 X 射线的方程为：

$$y - y_i = \tan\theta_j(x - x_i). \tag{6.3}$$

第 N 个小块中心到该射线的距离 d 为：

$$d_{ij} = \frac{\left| y_{N0} - x_{N0}\tan\theta_j - Q_{ij}\right|}{\sqrt{1 + \tan^2\theta_j}}. \tag{6.4}$$

设定 $d_{\max}$，当 d 小于 $d_{\max}$ 时，X 射线与该小块有交集，$d_{\max}$ 由下式给出：

$$d_{\max} = \begin{cases} \dfrac{\sqrt{2}b}{2}\cos\left(\theta - \dfrac{\pi}{4}\right), & \theta \in \left[0, \dfrac{\pi}{2}\right), \\ \dfrac{\sqrt{2}b}{2}\cos\left(\theta - \dfrac{3\pi}{4}\right), & \theta \in \left[\dfrac{\pi}{2}, \pi\right). \end{cases} \tag{6.5}$$

对于矩阵 $A = (a_{mn})_{M \times N}$，其中的每一个元素 a_{mn} 定义为：

$$a_{mn} = \begin{cases} \max\{0, 1 - d_{ij}\}, & d_{ij} < d_{\max}, \\ 0, & d_{ij} > d_{\max}. \end{cases} \tag{6.6}$$

因此我们就能得到一个系数矩阵 A_{MN}。其中，此系数矩阵的每一行代表一条 X 射线在托盘上各区域内的辐射强度，每一列代表某一个小块在所有 X 射线下的辐射强度。

6.1.1.1　矩阵 A 的生成算法

矩阵 A 的本质是描述传感器与图片相关关系的边权矩阵，其生成步骤如下：

Step1：根据问题一所求答案，可以计算得到任一传感器的坐标与其接收射线的角度，对所有传感器进行遍历，可以得到坐标矩阵 x，y 以及角度矩阵 alpha，三个矩阵的尺寸都为 512×180.

Step2：对目标图像 img 中的像素进行遍历，可以建立与 Step1 相似的坐标矩阵 x' 和 y'，尺寸为 256×256.

Step3：对矩阵 x，y，alpha，x'，y' 中的各元素按先列后行，从上到下的顺序予以标号，其中 x，y，alpha 的标号范围为 1 至 92160，x'，y' 的标号范围是 1 至 65536.

Step4. 生成稀疏矩阵 A（三元表），其大小为 92160×65536.

Step5. 对于从 1 到 92160 号传感器，有：

Step6. 对于从 1 到 65536 号像素，有：

Step7. 若当前像素<x',y'>与传感器所在直线<x,y,alpha>的距离小于 1，有：

Step8. 该处的矩阵 A 值更新为像素与传感器的距离

Step9. 跳到 Step6，直至遍历完最后一个像素

Step10. 跳到 Step5，直至遍历完最后一个传感器，程序结束

6.1.1.2　矩阵 A 的数据样例

取矩阵 A 的第 256 行数据，也即第一个角度下第 256 个传感器所接受到的数据作为样例（见表 6.1）. 考虑到即使是一行数据仍然规模巨大，故给出其局部，并使用整体数据作图 6.3：

表 6.1　样例矩阵的局部数据

序号	31092	31348	31604	31860	30581	30837	31093	31349
值	0	0	0.6544	0.4076	0	0	0.9686	0.5313

图 6.3　样例射线

6.1.2　吸收率求解模型

我们再假设像素块的吸收率为 $t_1, t_2, t_3, \cdots, t_N (N = 65536)$，那么就能得到一个吸收率矩阵 B_N：

$$B_N = \begin{pmatrix} t_1 \\ t_2 \\ t_3 \\ \vdots \\ t_N \end{pmatrix} (N = 65536). \qquad (6.7)$$

系数矩阵已知，最终 X 射线在每个像素块被吸收的能量 W 已由附件 3 给出，借助公式（5.1），就可以列出关于吸收率的方程组：

$$A_{M \times N} B_{N \times 1} = \ln \frac{I_0}{I} = W_{M \times 1}. \qquad (6.8)$$

综合以上各式，本文就建立了可以求解各像素块吸收率的模型：

$$
\begin{cases}
A_{M\times N}B_{N\times 1}=W_{M\times 1}, \\[4pt]
B_{N\times 1}=\begin{pmatrix} t_1 \\ t_2 \\ t_3 \\ \vdots \\ t_N \end{pmatrix}, \\[4pt]
A_{M\times N}=(a_{mn})_{M\times N}, \\[4pt]
a_{mn}=\begin{cases} \max\{0,1-d_{ij}\}, & d_{ij}<d_{\max}, \\ 0, & d_{ij}>d_{\max}, \end{cases} \\[4pt]
x_N=\dfrac{100}{256}\left[\dfrac{N}{256}\right], \\[4pt]
y_N=\dfrac{100}{256}\left(256-N+256\left[\dfrac{N}{256}\right]\right), \\[4pt]
x_{N0}=x_N+\dfrac{b}{2}, \\[4pt]
y_{N0}=y_N+\dfrac{b}{2}, \\[4pt]
y-y_i=\tan\theta_j(x-x_i), \\[4pt]
d_{ij}=\dfrac{\left|y_{N0}-x_{N0}\tan\theta_j-Q_{ij}\right|}{\sqrt{1+\tan^2\theta_j}}, \\[4pt]
d_{\max}=\begin{cases} \dfrac{\sqrt{2}b}{2}\cos\left(\theta-\dfrac{\pi}{4}\right), & \theta\in\left[0,\dfrac{\pi}{2}\right), \\[8pt] \dfrac{\sqrt{2}b}{2}\cos\left(\theta-\dfrac{3\pi}{4}\right), & \theta\in\left[\dfrac{\pi}{2},\pi\right), \end{cases} \\[8pt]
b=\dfrac{100}{256},
\end{cases}
$$

其中 $M=512\times180=92160$，$N=256\times256=65536$.

6.1.2 模型的求解

6.1.2.1 求解算法

对于本模型中所求解的线性方程组，因其规模过大，故采用三元表结构（sparse 稀疏数组）对矩阵进行存储. 而该存储模式会让依赖内存交换的消元和迭代算法在时空复杂度上遇到难以克服的困难. 因此我们从矩阵的现实意义出发，观察到矩阵 A 的本质是描述像素-探测器关系的带权邻接矩阵. 因此我们尝试使用图论领域的迭代卷积算法求近似解：

Step1. 将原数据从 512×180 的矩阵按照先列后行的顺序变换成 92160×1 大小的列向量

Step2. 将得到的列向量与矩阵 A 进行点对点相乘，以将向量上的值作为权重分配到矩阵 A 上

Step3. 对作乘法后的矩阵 A，将第一维卷积，得到 1×65536 大小的行向量

Step4. 将得到的行向量与 A 相乘并对第二维卷积，在所得列向量中减去原数据得到误差项

Step5. 将误差项与 A 相乘，并将第一维卷积结果与 Step3 所得向量相减

Step6. 回到 Step4 进行重复，直到所有误差项收敛至 0.0001 以内结束循环，此时得到的行向量即为未知向量 x 的转置

Step7. 将迭代得到的行向量变换回 256×256 大小的矩阵，该矩阵即为所求吸收率矩阵

6.1.2.2 求解结果及分析

将上述算法编入 Matlab 软件后得到了最终的吸收率矩阵（见表 6.2），将此矩阵中的 0 值全部刷黑即可得到形状和图 6.4 基本一样的图形，这就是第二问未知介质的形状. 从图中可以直接看出这个介质在正方形托盘中的位置和形状：位置基本在托盘的正中央呈竖直方向；形状由三个椭圆交叉和两个椭圆洞组成，两个小的椭圆交叉在一起后内嵌在大椭圆的上方，两个椭圆黑洞在大椭圆下方.

表 6.2　问题二吸收率局部图

	98	99	100	101	102
70	0.0032	0.0000	0.0000	0.0163	0.0089
71	0.0047	0.0000	0.0000	0.0109	0.0034
72	0.0000	0.0158	0.0140	0.0000	0.0120
73	0.0150	0.0000	0.0008	0.0031	0.0015
74	0.0000	0.0000	0.0000	0.0061	0.0000
75	0.0000	0.0000	0.0000	0.0078	0.0000
76	0.0062	0.0000	0.0014	0.0174	0.0000
77	0.0000	0.0137	0.0000	0.0000	0.0048
78	0.0000	0.0000	0.0000	0.0070	0.0000
79	0.0166	0.0000	0.0146	0.0000	0.0000

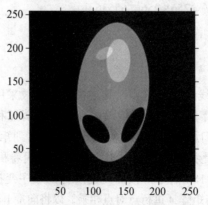

图 6.4　问题二未知图形的形状

6.2 十个坐标吸收率的确定

6.2.1 各像素块坐标的确定

为了确定未知介质的图像，需要知道所有像素块的坐标，再将有吸收率的像素块筛选出来后组合. 我们还是借助图 6.1 的坐标系来计算像素块（只算左下角）的坐标:

$$
\begin{cases}
x_N = \dfrac{100}{256}\left[\dfrac{N}{256}\right], \\[3mm]
y_N = \dfrac{100}{256}\left(256 - N + 256\left[\dfrac{N}{256}\right]\right),
\end{cases}
\quad (N = 1,2,3,\cdots,65536). \tag{6.4}
$$

6.2.2 像素块位置的建立

用题目给出的 10 个位置的坐标可以确定这些坐标所属的像素块编号 G:

$$
G = 256\left[\dfrac{x_a}{\frac{100}{256}}\right] + \left(256 - \left[\dfrac{y_a}{\frac{100}{256}}\right]\right), \quad (a = 1,2,3,\cdots,10). \tag{6.5}
$$

综合以上各式，我们就建立了一个可以描述像素块坐标、特定坐标所属像素块的模型:

$$
\begin{cases}
x_N = \dfrac{100}{256}\left[\dfrac{N}{256}\right], \\[3mm]
y_N = \dfrac{100}{256}\left(256 - N + 256\left[\dfrac{N}{256}\right]\right), \qquad (N = 1,2,3,\cdots,65536). \\[5mm]
G = 256\left[\dfrac{x_a}{\frac{100}{256}}\right] + \left(256 - \left[\dfrac{y_a}{\frac{100}{256}}\right]\right), \quad (a = 1,2,3,\cdots,10).
\end{cases} \tag{6.6}
$$

由于前面已经解出所有像素块的吸收率，所以只要求出某个位置坐标所属的像素块编号 G 就能求出这个坐标的吸收率.

6.2.3 模型的求解

所有像素块的吸收率知道后，将所有像素块拼在一起，筛掉所有吸收率为 0 的像素块，就能得到未知物质的图形.

通过 Matlab 编程，求得了每个像素块的吸收率、未知物质的形状以及那 10 个位置处的吸收率，求解结果见附件 problem2.xls 和表 6.1.

我们随机抽取了附件 problem2.xls 中的 5×10 个数据成表 6.3.

表 6.3　10 个位置的吸收率

序号	x 坐标	y 坐标	吸收率
1	10.0	18.0	0. 0155
2	34.5	25.0	0.9988
3	43.5	33.0	0
4	45.0	75.5	1.2284
5	48.5	55.5	1.0470
6	50.0	75.5	1.4722
7	56.0	76.5	1.3341
8	65.5	37.0	0.0066
9	79.5	18.0	0
10	98.5	43.5	0

7　问题三模型的建立与求解

7.1　问题分析

经过分析后，我们认为问题三和问题二的实质是一样的，故可采用第二问的模型来尝试对第三问求解（见表 7.1），结果却得到了图片 7.1：

表 7.1　尝试求解的吸收率局部数据

	98	99	100	101	102
70	812.5574	819.3361	822.4387	825.3980	827.6553
71	819.2504	827.4280	830.8893	834.1304	836.9135
72	823.0668	832.2257	836.0484	839.1104	841.9535
73	827.8566	837.7947	841.7920	845.1991	848.2419
74	839.3788	850.0584	854.6420	858.6136	861.5429
75	845.7791	856.5433	861.4071	865.5305	868.5852
76	860.4006	870.1764	874.8541	879.3546	882.1859
77	867.9560	877.5668	881.2725	884.5046	887.2263
78	875.5615	884.4567	886.8237	889.0999	891.4674
79	889.2039	895.4463	896.6893	897.4527	899.9166

图 7.1　尝试求解的结果图

通过观察发现，得到的结果并不尽如人意，该物体似乎具有疏松多孔且不规则的特征，第二问的模型面对该问题的数据集暴露了其抗干扰能力差、噪音多的缺点. 我们认为这计算过程中有噪音进入，经过分析可能是由于大多数情况下矩阵 A 的行秩小于列数，此时方程组（6.2）实质是一个欠定的线性方程组，其在求解时并不能对噪音产生有效的限制. 故我们就引入滤波对噪音进行消除，在此处对原始数据引入傅里叶变换，并对从时域转换出的频域数据使用 ram-lak 滤波器进行滤波.

R-L 滤波函数滤波计算简单，避免了大量的正弦、余弦计算，得到的采样序列是分段性的，并没有明显地降低图像质量，所重建图像轮廓清楚，空间分辨率高. 因为本题数据过于庞大，采用复杂的滤波函数会严重影响效率，而且我们尝试时做出的结果是非常模糊的，R-L 滤波函数恰好具有计算简单、所重建图像清晰的特点，所以我们选择用 R-L 滤波器对数据进行滤波.

7.2 滤波吸收率模型的建立

7.2.1 对数据进行滤波

首先，要计算每一个像素点的接收信息值（附件表 4 中的值）的一维傅里叶变换：

$$F(\omega) = \sum_{n=0}^{k-1} y_n \mathrm{e}^{-\frac{\mathrm{j}2\pi\omega n}{k}}, \ (\omega = 0,1,2,\cdots,k-1).\tag{7.1}$$

其中，y_n 为每次旋转第 n 条光线的投影数据.

接着，用滤波函数 h_{R-L} 乘每一个傅里叶变换后，求傅里叶逆变换：

$$\begin{cases} y_n' = \dfrac{1}{k}\sum\limits_{\omega=0}^{k-1} h_{R-L}F(\omega)\mathrm{e}^{\frac{\mathrm{j}2\pi\omega n}{k}}, \ (n = 0,1,2,\cdots,k-1), \\[2mm] h_{R-L} = \begin{cases} \dfrac{1}{4}, n = 0 \\[1mm] 0, n \text{ 为非零整数} \\[1mm] \dfrac{-1}{n^2\pi^2}, n \text{ 为奇数} \end{cases} \\[2mm] k = 512 \end{cases}\tag{7.2}$$

其中，y_n' 为每次旋转第 n 条光线经过滤波过后的投影数据.

7.2.2 模型的建立

用上述滤波方法将附件 4 中所有数据进行滤波后得到了一张新的表，将这表中的数据用图 7.2 的方式进行编号：

1	513	...	91649
2	514	...	91650
3	515	...	91651
.	.	.	.
.	.	.	.
.	.	.	.
512	1024	...	92160

图 7.2　编号示意图

再用这些数构造一个列向量

$$C = \begin{bmatrix} W_1 \\ W_2 \\ W_3 \\ \vdots \\ W_M \end{bmatrix},$$

式中 $M = 92160$，此向量所包含的信息全是滤波后的接收信息.

利用第二问的方法可以得到一个系数矩阵 A_{MN}，那么我们就能得到一个关系式:

$$A_{M \times N} T_{N \times 1} = C_{M \times 1}, \tag{7.3}$$

式中，$M = 92160$，$N = 65536$，T_N 为由 N 个像素块的吸收率组成的列向量.

综合上述公式，再利用第二问的模型，就能建立一个可以描述第三问物质吸收率的模型:

$$\begin{cases} y'_n = \dfrac{1}{k} \sum\limits_{\omega=0}^{k-1} h_{R-L} F(\omega) \mathrm{e}^{\frac{j2\pi\omega n}{k}}, \ (n = 0,1,2,\cdots,k-1), \\[2mm] h_{R-L} \begin{cases} \dfrac{1}{4}, n = 0 \\[1mm] 0, n \text{为非零整数} \\[1mm] \dfrac{-1}{n^2\pi^2}, n \text{为奇数} \end{cases} \\[2mm] k = 512 \\[1mm] A_{M \times N} T_{N \times 1} = C_{M \times 1} \end{cases}$$

式中 $M = 92160, N = 65536$.

7.2.3 模型的求解

7.2.3.1 滤波算法

Step1. 对于 512 列的原始数据表，将其扩展至原长度的两倍，即 1024 列

Step2. 构造滤波器（列向量），使其尺寸为 1024×1

Step3. 将滤波器的偶数项值按公式更新

Step4. 更新滤波器的第一项为 0.25

Step5. 分别对原始数据和滤波器按列进行一维傅立叶变换并将变换结果相乘

Step6. 对相乘结果进行反傅立叶变换得到滤波后数据

Step7. 取滤波结果的前 512 项，即为所求

7.2.3.2 模型结果及分析

通过 Matlab 编程，再结合第二问的算法，求得了每个像素块的吸收率（见表 7.2），用和第二问同样的方法，将吸收率为 0 的像素块涂黑，即可得到图 7.3 的形状:

表 7.2　第三问吸收率局部数据

	98	99	100	101	102
70	1.5073	1.9065	2.0443	2.3765	2.3011
71	1.4890	1.9593	2.0063	2.4118	2.5806
72	1.3539	1.9445	2.1666	2.4194	2.4558
73	1.5507	2.1755	2.4289	2.7387	2.8794
74	1.8570	2.4556	2.8120	3.2976	3.3163
75	1.8382	2.5419	3.0078	3.4865	3.5647
76	2.5144	2.8387	3.4029	4.2218	4.2610
77	2.6866	3.3812	3.6005	3.8943	4.1101
78	3.1329	3.7833	3.5995	3.6877	3.8357
79	3.3157	3.5724	3.2735	2.9400	3.0618

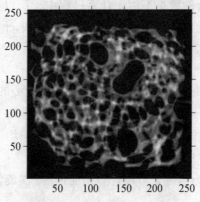

图 7.3　问题三未知图形的形状

从图 7.3 可以明显看出第三问的介质是个完全不规则的图形，疏松多孔，毫无规律；该介质的中心大致在正方形托盘的中央处.

7.3　10 个位置坐标的吸收率确定

采用公式（6.6）的模型，用和第二问同样的算法，得到所有像素块吸收率以及那 10 个位置处的吸收率，求解结果见附件 problem3.xls 和表 7.1.

我们随机抽取了附件 problem3.xls 中的 10×10 个数据成表 7.3.

表 7.3　10 个位置的吸收率

序号	x 坐标	y 坐标	吸收率
1	10.0	18.0	0.1697
2	34.5	25.0	2.7348
3	43.5	33.0	6.8472

297

序号	x 坐标	y 坐标	吸收率
4	45.0	75.5	0.0172
5	48.5	55.5	0.2830
6	50.0	75.5	3.2592
7	56.0	76.5	5.9918
8	65.5	37.0	0
9	79.5	18.0	7.6428
10	98.5	43.5	0.1517

8 问题四模型的建立与求解

8.1 标定参数的精度分析

由于我们在求解时将所有的数据都用于计算过程中，所以直接从求解结果去计算标定参数的精确度无疑是没有意义的，故我们优化了求解的算法来计算标定参数的精度.

8.1.1 算法步骤

Step1：将模拟结果最好的参数进行切割，只保留旋转中心的位置 $A(x_0, y_0)$，μ, L 和前 90 次旋转时的角度值；

Step2：将前 90 次旋转时的角度增量算出，可以得到平均每次旋转时的角度增量 Δs；

Step3：利用 Δs 估算出后 90 次旋转时射线的角度值；

Step4：以这 184 个参数为基准，可以计算出后面 90 次旋转时每次旋转的 512 个探测器接收值；

Step5：将计算出来的接收值和附件 2 中的实际接收值进行做差，计算出所有的误差值，再计算误差的 MAE 值和 RMSE 值；

Step6：将前 90 次旋转的拟合结果接收值和附件 2 中的实际接收值进行做差，计算出模拟结果的误差值，再计算误差的 MAE 值和 RMSE 值.

$$\text{MAE} = \frac{1}{T} \sum_{t=1}^{T} \left| \hat{\rho}_{ij,t} - \rho_{ij,t} \right|,$$

$$\text{RMSE} = \sqrt{\frac{1}{T} \sum_{t=1}^{T} (\hat{\rho}_{ij,t} - \rho_{ij,t})^2}.$$

图 8.1　MAE 和 RMSE 计算公式

8.1.2 精度结果及分析

将上述算法编入 Matlab 软件，得到表 8.1 所示的结果：

表 8.1 计算结果

计算条件	MAE $(\times 10^{-5})$	RMSE $(\times 10^{-3})$
拟合部分	0.0036	0.0001
预测部分	0.4731	0.1305

从表中数据可知，前半段拟合的结果，计算出的误差值非常小；后半段预测的结果，计算出的误差值放大了成百上千倍，但仍处于可接受的范围之内. 第一问中标定参数的误差都比 10^{-4} 还小，因此在题目要求的 10^{-4} 的精度之下，可以认为我们得到的答案是准确无误的.

8.2 标定参数的稳定性分析

为了反映出标定参数的稳定性，我们不停地一直往下预测旋转的角度，计算出在预测角度时的 MAE 和 RNMSE 值，利用这两个值随预测次数增加时的变化来观察标定参数的稳定性.

8.2.1 算法步骤

Step1：利用现在已有的前 90 个角度值，预测出旋转第 91 次时的角度；

Step2：模拟旋转到下一次时的情况，计算出模拟出来的接收信息，再与附件中的值进行比较，计算出其 MAE 和 RMSE 值；

Step3：回到 Step1，直到预测次数等于 90 为止.

8.2.2 稳定性结果及分析

通过 Matlab 软件编程，我们得到了图 8.1 所示的图像，从图中可以直观地看出，MAE 值和 RMSE 的值不随预测次数的增加而增加，反而出现了减小的趋势，而且最大值都比题目要求的精度低，所以第一问中标定参数的稳定性非常好.

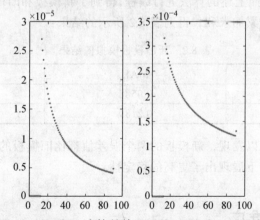

图 8.1 预测 90 次旋转情况下的 MAE 和 RMSE 值

8.3 新模板的设计及改进

我们将第一问已知模板中的椭圆改为圆形，那么我们新的模板就为一个大圆和一个小圆，如图 8.2 所示.

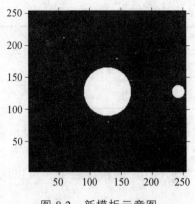

图 8.2　新模板示意图

大圆的圆心在正方形的正中央，半径为 15 mm.

8.3.1　标定模型的建立

由于要把新模板和旧模板进行比较，所以我们需要将第一问中的所有标定参数运用到这个新模板中来. 整体步骤如下：

Step1：用这些标定参数在新模板中模拟一圈，得到了对应的接收信息；

Step2：将这些接收信息用第一问的模型重新跑出一组在旧模板中的标定参数；

Step3：利用现在已有的前 90 个角度值，预测出旋转第 91 次时的角度；

Step4：模拟旋转到下一次时的情况，计算出新模板和旧模板模拟出来的接收信息，再与新模板第一次跑出来的值进行比较，分别计算出新模板和旧模板的 MAE 和 RMSE 值；

Step5：回到 Step3，直到预测次数等于 90 为止.

8.3.2　模型的求解

利用 Matlab 软件，按照上述的算法进行编程，得到了新模板和旧模板关于 MAE 和 RMSE 共 360 个值，再分别将其累加求和，得到表 8.2 所示的结果：

表 8.2　新旧模板模拟值结果

模板	MAE	RMSE
新	0.0588	0.1220
旧	0.2189	0.4528

通过表中数据我们可以发现，新模板的两个误差值都比旧模板的值低，所以在面对重复估值时，新模板在该算法下展现出了更高的稳定性.

9　模型的评价与推广

9.1　模型的评价

第一问中，本文在严格的几何分析基础上，推导出了误差值和探测器接收信息强度的计算公式，建立了以方均误差最小为目标的非线性模拟优化模型，在对模型求解时，巧妙采用遍历搜索的方法来找到最优解，提高了结果的准确性. 第二问中，巧妙地运用像素块的方法来求解问题，避免了连续状况下计算困难的障碍，提高了计算效率. 第三问中，合理运用 R-L 滤波器对数据进行滤波，使得计算过程简单、实用，避免了大量的正弦、余弦计算，而且重建的图像轮廓也是清楚的，空间分辨率高.

模型的不足之处在于为了使得计算简便，避开射线初始强度的问题，把附件中所给的数都认为是 $\ln\frac{I_0}{I}$，这是对计算过程的一个简化，不符合实际. 在第三问进行滤波的时候，未完全了解整个滤波的过程，可能写出的滤波模型有错.

9.2 模型的推广

由于计算限制，对于这个 CT 系统求解未知介质时进行了很多简化处理. 因此在改进模型时，可以考虑更多复杂、更切实际的情况. 例如，构造系数矩阵 A 时采用射线方程和像素块方程来计算其穿透长度；仔细分析附件中数据的特点，找出其是衰减公式（5.1）中的哪一部分.

10 参考文献

[1] 百度百科，郎伯比尔定律
[2] VASILIKI D. SKINTZI AND SPYROS XANTHOPOULOS- SISINIS, Evaluation of Correlation Forecasting Models for Risk Management,
[3] 张斌. 滤波反投影图像重建算法中插值和滤波器的研究，中北大学
[4] 梁国贤. CT 图像的代数重建技术研究，华南理工大学